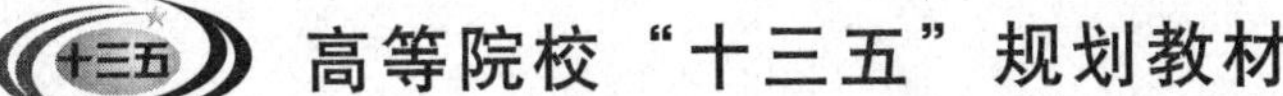

高等院校“十三五”规划教材

概率论与数理统计

主　编　韦　俊　葛玉凤

扫码加入学习圈　轻松解决重难点

南京大学出版社

内容简介

本书共分九章，内容包括第一章随机事件与概率，第二章一维随机变量及其分布，第三章二维随机变量及其分布，第四章随机变量的数字特征，第五章大数定律及中心极限定理，第六章数理统计的基本概念，第七章参数估计，第八章假设检验，第九章 MATLAB 在数理统计中的应用.本书内容丰富，选材恰当，重点突出，叙述精练、准确，便于自学.每章后面均有习题，书后附有答案.本书适用于高等院校本科各专业学生，特别适用于应用型本科院校的学生，也可供相关专业的工程技术人员、经济管理人员参考.

图书在版编目(CIP)数据

概率论与数理统计 / 韦俊，葛玉凤主编. — 南京 ： 南京大学出版社，2020.1(2025.1 重印)

ISBN 978 - 7 - 305 - 22732 - 5

Ⅰ.①概… Ⅱ.①韦… ②葛… Ⅲ.①概率论 - 高等学校 - 教材②数理统计 - 高等学校 - 教材 Ⅳ.①O21

中国版本图书馆 CIP 数据核字(2019)第 267386 号

出版发行　南京大学出版社

社　　址　南京市汉口路 22 号　　邮　编　210093

书　　名　概率论与数理统计

GAILÜLUN YU SHULI TONGJI

主　　编　韦　俊　葛玉凤

责任编辑　吴　华　　编辑热线　025 - 83596997

照　　排　南京开卷文化传媒有限公司

印　　刷　常州市武进第三印刷有限公司

开　　本　787mm×1092mm　1/16　印张 13.25　字数 329 千

版　　次　2020 年 1 月第 1 版　2025 年 1 月第 8 次印刷

ISBN 978 - 7 - 305 - 22732 - 5

定　　价　35.00 元

网　　址：http://www.njupco.com

官方微博：http://weibo.com/njupco

微信公众号：njupress

销售咨询热线：(025)83594756

扫码教师可免费获取教学资源

前　言

概率论与数理统计是研究随机现象统计规律性的一门学科，它的思想与方法在工业、农业、国防、社会、经济等许多领域以及自然科学和社会科学的诸多学科中得到了广泛的应用. 因而它已经成为高等院校各类专业的一门重要的公共必修基础课程，也是一门应用性很强的课程.

本书以培养高等应用型人才为目标，以教育部颁布的高等学校(工科)本科基础课教学基本要求(概率统计部分)为依据，在内容的取舍上以必需、够用、简明为原则，力求用通俗的语言和生动的例子帮助读者建立概率统计的基本概念，用大量的例题，帮助读者学习概率统计的基本方法，尽力做到叙述准确、简洁、通俗易懂，选用例题与习题典型、规范、由浅入深、易于计算.

本书的第一章至第五章是概率论的基本理论，第六章至第八章是数理统计的基本内容. 同时，为方便学生学习概率论与数理统计的实验知识，特意增加了 MATLAB 软件在数理统计中的应用作为第九章. 本书将概率统计实验内容写入教材，不仅给学生提供了一个加深对本学科理解和应用的机会，也给教师提供了根据需要对讲授内容进行选择的余地，是一种教学改革的尝试.

本书由韦俊、葛玉凤担任主编，任耀庆、陈丽娟参加了编写，由韦俊负责全书的统稿和定稿.

本书由薛长峰教授担任主审. 薛教授认真审阅了全书，对此表示衷心的感谢.

本书受到盐城工学院教材出版基金的资助，并得到盐城工学院教务处、数理学院及其他相关部门的大力支持和帮助，在此表示衷心的感谢.

由于编者水平有限，书中难免有疏漏差错之处，恳请同行及广大读者批评指正.

编　者

2019 年 9 月 10 日

前　言

[illegible]

编　者

2019年9月30日

目 录

第一章 随机事件与概率

1.1 随机试验与随机事件

1.1.1 随机试验

人们在自己的实践活动中，常常会遇到两种现象，一种是确定性现象，另一种是随机现象.所谓确定性现象是在一定条件下必然发生的现象，例如，“太阳不会从西边升起”、“水从高处流向低处”、“同性电荷必然互斥”、“函数在间断点处不存在导数”等等，其特征是条件完全决定结果.而在一定条件下可能出现也可能不出现的现象称为随机现象. 随机现象的特征是条件不能完全决定结果，如：远距离射击较小的目标，可能击中，也可能击不中，每一次射击的结果是随机(偶然)的；自动车床加工的零件，可能是合格品，也可能是废品，结果也是随机的、不确定的.

随机现象在一次观察中出现什么结果具有偶然性，但在大量试验或观察中，这种结果的出现具有一定的统计规律性.概率论是研究随机现象(偶然现象)的规律性的科学.在事物联系和发展的过程中，随机现象是客观存在的.但是，在表现上是偶然性在起作用，这种偶然性又始终是受事物内部隐藏着的必然性所支配的.

现实世界上事物的联系是非常复杂的，一切事物的发展过程中既包含着必然性的方面，也包含着偶然性的方面，它们是互相对立而又互相联系的，必然性经常通过无数的偶然性表现出来.

科学研究的任务就在于要从看起来是错综复杂的偶然性中揭露出潜在的必然性，即事物的客观规律性.这种客观规律性是在大量现象中发现的.

在科学研究和工程技术中，我们会经常遇到，在不变的条件下，重复地进行多次实验或观测，抽去这些实验或观测的具体性质，就得到概率论中试验的概念.所谓试验就是一定的综合条件的实现，我们假定这种综合条件可以任意多次地重复实现.大量现象就是很多次试验的结果，如果试验满足以下条件，则称该试验为随机试验(简称为试验)：

(1) 在相同的条件下可以重复进行；

(2) 试验的所有可能结果是预先知道的，且不止一个；

(3) 每做一次试验总会出现可能结果中的一个，但在试验之前，不能预言会出现哪个结果.

随机试验通常用 E 来表示.

例 1.1.1 “抛掷一枚硬币,观察字面、花面出现的情况”.该试验可以在相同的条件下重复地进行;试验的所有可能结果是字面和花面;进行一次试验之前不能确定哪一个结果会出现.

同理可知下列试验都为随机试验.

例 1.1.2 抛掷一枚骰子,观察出现的点数.

例 1.1.3 从一批产品中,依次任选三件,记录出现正品与次品的件数.

例 1.1.4 记录某公共汽车站某日上午某时刻的等车人数.

例 1.1.5 考察某地区 10 月份的平均气温.

例 1.1.6 从一批灯泡中任取一只,测试其寿命.

1.1.2 随机事件与样本空间

当一定的条件实现时,也就是在试验的结果中,所发生的现象叫作事件.如果在每次试验的结果中某事件一定发生,则这一事件叫作必然事件;相反地,如果某事件一定不发生,则叫作不可能事件.

在试验的结果中,可能发生、也可能不发生的事件,叫作随机事件(偶然事件).

例如,抛掷一枚骰子,观察出现的点数.试验中,骰子“出现 1 点”,“出现 2 点”,……,“出现 6 点”,以及“点数不大于 3”,“点数为奇数”等都为随机事件.“点数不大于 6”就是必然事件,“点数大于 6”就是不可能事件.

随机事件可简称为事件,并以大写英文字母 $A,B,C,\cdots$ 来表示.

例如,抛掷一枚骰子,观察出现的点数.可设 $A=$“点数不大于 4”,$B=$“点数为奇数”,等等,必然事件用字母 U 表示,不可能事件用字母 V 表示.

为了深入理解随机事件,我们来叙述试验与样本空间和样本点的概念.

在不变的条件下重复地进行试验,虽然每次试验的结果中所有可能发生的事件是可以明确知道的,并且其中必有且仅有一个事件发生,但是在试验之前却无法预知究竟哪一个事件将在试验的结果中发生.随机试验 E 的所有可能结果组成的集合称为 E 的样本空间,通常记为 Ω.

试验的结果中每一个可能发生的结果叫作试验的样本点,通常用字母 ω 表示.

在例 1.1.1 中有样本点:H 表示“字面向上”,T 表示“花面向上”,于是样本空间是由两个样本点构成的集合:$\Omega_1=\{H,T\}$.

在例 1.1.2 中有样本点:i 表示骰子“出现 i 点”,于是样本空间是由六个样本点构成的集合:$\Omega_2=\{1,2,3,4,5,6\}$.

在例 1.1.3 中有样本点:N 表示“正品”,D 表示“次品”,于是样本空间是由八个样本点构成的集合:$\Omega_3=\{NNN,NND,NDN,DNN,NDD,DDN,DND,DDD\}$.

在例 1.1.4 中有样本点:i 表示“上午某时刻的等车人数”,则样本空间 $\Omega_4=\{0,1,2,3,\cdots\}$.

在例 1.1.5 中有样本点:t 表示“平均温度”,则样本空间 $\Omega_5=\{t\mid T_1\leqslant t\leqslant T_2\}$.

在例 1.1.6 中有样本点:t 表示“灯泡寿命”,则样本空间 $\Omega_6=\{t\mid t\geqslant 0\}$.

因为样本空间 Ω 中任一样本点 ω 发生时,必然事件 U 都发生,所以 U 是所有样本点构成的集合,即必然事件 U 就是样本空间 Ω.今后就把必然事件记作 Ω.

又因为样本空间 Ω 中任一样本点 ω 发生时，不可能事件 V 都不发生，所以 V 是不含任何样本点的集合，即不可能事件 V 是空集 $\varnothing$. 今后就把不可能事件记作 $\varnothing$.

1.1.3　随机事件的关系及运算

为了研究随机事件及其概率，我们需要说明事件之间的各种关系及运算.

从前面不难看出，任一随机事件都是样本空间的一个子集，所以事件之间的关系及运算与集合之间的关系及运算是完全类似的. 在下面的讨论中，我们叙述事件的关系及运算时所用的符号也是与集合的关系及运算的符号基本上一致的.

设试验 E 的样本空间为 Ω，而 $A,B,A_k(k=1,2,\cdots)$ 是 Ω 的子集.

1. 包含关系

若事件 A 出现，必然导致事件 B 出现，则称事件 B 包含事件 A，记作 $A\subset B$.

例 1.1.7　某种产品的合格与否是由该产品的长度与直径是否合格所决定，"长度不合格"必然导致"产品不合格". 记 A 表示"长度不合格"，B 表示"产品不合格"，则 $A\subset B$，也称 A 是 B 的子事件.

2. 相等关系

若事件 A 包含事件 B，而且事件 B 包含事件 A，则称事件 A 与事件 B 相等，记作 $A=B$.

3. 事件 A 与 B 的和(或并)

"两事件 A 与 B 中至少有一事件发生"这一事件称为事件 A 与事件 B 的和(或并)，记作 $A\cup B$.

例 1.1.8　某种产品的合格与否是由该产品的长度与直径是否合格所决定，记 A 表示"长度不合格"，B 表示"直径不合格"，C 表示"产品不合格"，则 $C=A\cup B$.

两个事件的和可以推广到多个事件的和，事件"$A_1,A_2,A_3,\cdots,A_s$ 至少有一事件发生"这一事件称为事件 $A_1,A_2,A_3,\cdots,A_s$ 的和，记为 $A_1\cup A_2\cup\cdots\cup A_s$ 或 $\bigcup\limits_{i=1}^{s}A_i$，用 $A_1\cup A_2\cup\cdots\cup A_s\cup\cdots$(即 $\bigcup\limits_{i=1}^{\infty}A_i$)表示可列个事件 $A_1,A_2,A_3,\cdots,A_s,\cdots$ 的和.

4. 事件 A 与 B 的积(或交)

"两事件 A 与 B 都发生"这一事件称为事件 A 与事件 B 的积(或交)，记作 $A\cap B$ 或 AB.

例 1.1.9　某种产品的合格与否是由该产品的长度与直径是否合格所决定，记 A_1 表示"长度合格"，B_1 表示"直径合格"，C 表示"产品合格"，则 $C=A_1B_1$.

两个事件的积可以推广到多个事件的积，"事件 $A_1,A_2,A_3,\cdots,A_s$ 都发生"这一事件称为事件 $A_1,A_2,A_3,\cdots,A_s$ 的积，记为 $A_1\cap A_2\cap\cdots A_s$ 或 $\bigcap\limits_{i=1}^{s}A_i$，用 $A_1\cap A_2\cap\cdots\cap A_s\cap\cdots$(即 $\bigcap\limits_{i=1}^{\infty}A_i$)表示无数个事件 $A_1,A_2,A_3,\cdots,A_s,\cdots$ 的积.

5. 事件 A 与 B 互不相容(互斥)

若两事件 A 与 B 不可能同时发生，则称事件 A 与 B 是互不相容的(或互斥的)，即 $AB=\varnothing$.

例如：抛掷一枚硬币，"出现花面"与"出现字面"是互不相容的两个事件.

如果 s 个事件 $A_1,A_2,A_3,\cdots,A_s$ 中任何两个事件都不可能同时发生，则称这 s 个事件是互不相容的(或互斥的).

通常把互不相容的事件 $A_1,A_2,A_3,\cdots,A_s$ 的和,记为 $A_1+A_2+\cdots+A_s$ 或 $\sum_{i=1}^{s}A_i$.

6. 事件 A 与 B 的差

事件 A 出现而事件 B 不出现所组成的事件称为事件 A 与 B 的差,记作 $A-B$.

例如"长度合格但直径不合格"是"长度合格"与"直径合格"的差.

7. 对立事件(逆事件)

若设 A 表示"事件 A 出现",则"事件 A 不出现"称为事件 A 的对立事件或逆事件,记作 $\overline{A}$.

例如,$A=$"骰子出现 1 点",则 $\overline{A}=$"骰子不出现 1 点".

对于任意的事件 A,我们有 $\overline{\overline{A}}=A$,$A+\overline{A}=\Omega$,$A\overline{A}=\varnothing$.

8. 完备事件组

若 s 个事件 $A_1,A_2,A_3,\cdots,A_s$ 至少有一事件发生,即 $\bigcup_{i=1}^{s}A_i=\Omega$,则称这 s 个事件 $A_1,A_2,A_3,\cdots,A_s$ 构成完备事件组;若 s 个事件 $A_1,A_2,A_3,\cdots,A_s$ 满足 $\bigcup_{i=1}^{s}A_i=\Omega$,且 $A_iA_j=\varnothing(i,j=1,2,\cdots,s$ 且 $i\neq j)$,则称这 s 个事件 $A_1,A_2,A_3,\cdots,A_s$ 构成互不相容的完备事件组.

在这里,我们用平面上的一个矩形表示样本空间 Ω,矩形内的每个点表示一个样本点,用两个小圆分别表示事件 A 和 B,则事件的关系与运算可用图 1-1 来表示,其中 $A\cup B$,$A-B$,$\overline{A}$ 分别为图中阴影部分.

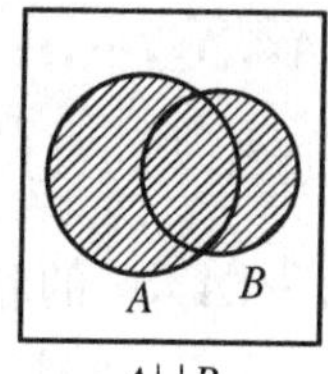

$A\cup B$

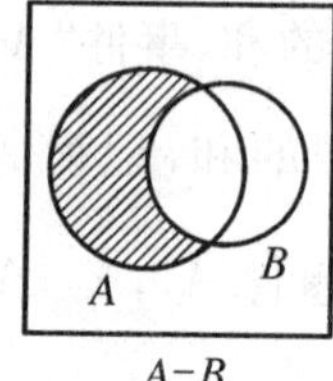

$A-B$

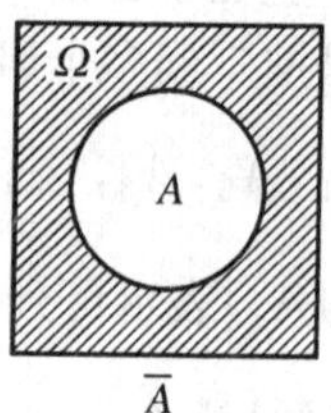

$\overline{A}$

图 1-1

9. 事件的运算规律

事件间的运算规律满足以下性质:

① 交换律:$A\cup B=B\cup A$,$A\cap B=B\cap A$.

② 结合律:$A\cup(B\cup C)=(A\cup B)\cup C$,$(AB)C=A(BC)$.

③ 分配律:$A(B\cup C)=AB\cup AC$.

推广 $A(\bigcup_{i=1}^{n}B_i)=\bigcup_{i=1}^{n}(AB_i)$.

④ 德·摩根定律:$\overline{A\cup B}=\overline{A}\overline{B}$,$\overline{AB}=\overline{A}\cup\overline{B}$.

推广 $\overline{\bigcup_{i=1}^{n}A_i}=\bigcap_{i=1}^{n}\overline{A}_i$,$\overline{\bigcap_{i=1}^{n}A_i}=\bigcup_{i=1}^{n}\overline{A}_i$.

如果把事件 A(或 B)所包含的基本事件构成的集合简称为集合 A(或 B),则事件的关系及运算可以用集合的关系及运算表述如下:

$A\subset B$	事件 A 包含于事件 B	集合 A 是集合 B 的子集
$A=B$	事件 A 与事件 B 相等	集合 A 与集合 B 相等
$A\cup B$	事件 A 与事件 B 的和	集合 A 与集合 B 的并集
$A\cap B$	事件 A 与事件 B 的积	集合 A 与集合 B 的交集
$AB=V$	事件 A 与事件 B 互不相容	集合 A 与集合 B 不相交
$\overline{A}$	事件 A 的对立事件	集合 A 的余集

1.2　随机事件的概率

随机事件 A 在一次试验中可能发生也可能不发生，事前无法预知，但是在大量重复试验中，它发生的可能性的大小有一定的规律，可以用一个数来表示，这个数就是事件的概率，用 $P(A)$来表示.

1.2.1　概率的统计定义

设随机事件 A 在 n 次试验中发生了 m 次，则比值$\frac{m}{n}$叫作随机事件 A 的相对频率(简称频率)，记作 $f_N(A)$，用公式表示如下：

$$f_N(A)=\frac{m}{n}. \tag{1-1}$$

显然，任何随机事件的频率是介于 0 与 1 之间的一个数：

$$0\leqslant f_N(A)\leqslant 1. \tag{1-2}$$

对于必然事件，在任何试验序列中，我们有 $m=n$，所以必然事件的频率恒等于 1：

$$f_N(\Omega)=1. \tag{1-3}$$

对于不可能事件，我们有 $m=0$，所以不可能事件的频率恒等于 0：

$$f_N(\varnothing)=0. \tag{1-4}$$

经验证明，当试验重复多次，随机事件 A 的频率具有一定的稳定性，也就是说，在不同的试验序列中，当试验次数充分大时，随机事件 A 的频率常在一个确定的数字附近摆动.

我们来看下面的实验结果，表 1－1 中 n 表示抛掷硬币的次数，m 表示徽花向上的次数，$W=f_N(A)=\frac{m}{n}$ 表示徽花向上的频率.

表 1-1

实验序号	$n=5$		$n=50$		$n=500$	
	m	W	m	W	m	W
1	2	0.4	22	0.44	251	0.502
2	3	0.6	25	0.5	249	0.498
3	1	0.2	21	0.42	256	0.512
4	5	1	25	0.5	253	0.506
5	1	0.2	24	0.48	251	0.502
6	2	0.4	21	0.42	246	0.492
7	4	0.8	18	0.36	244	0.488
8	2	0.4	24	0.48	258	0.516
9	3	0.6	27	0.54	262	0.524
10	3	0.6	31	0.62	247	0.494

从表 1-1 我们可以看出，当抛掷硬币的次数较少时，徽花向上的频率是不稳定的，但是，随着抛掷硬币次数的增多，频率越来越明显地呈现出稳定性.如上表最后一列所示，我们可以说，当抛掷硬币的次数充分多时，徽花向上的频率大致是在 0.5 这个数的附近摆动.

类似的例子可以举出很多，这说明随机事件在大量重复试验中存在着某种客观规律性，即频率的稳定性.因为它是通过大量统计显示出来的，所以称为统计规律性.

由随机事件的频率的稳定性可以看出，随机事件发生的可能性可以用一个数来表示，这个刻画随机事件 A 在试验中发生的可能性大小的、介于 0 与 1 之间的数叫随机事件 A 的概率，记作 $P(A)$.概率的这个定义通常称为概率的统计定义.

当试验次数充分大时，随机事件 A 的频率正是在它的概率 $P(A)$ 的附近摆动.在上面的例子中，我们可以认为徽花向上的概率等于 0.5.

直接估计某一事件的概率是非常困难的，甚至是不可能的，仅在比较特殊的情况下才可以计算随机事件的概率.概率的统计定义实际上给出了一个近似计算随机事件的概率的方法:我们把多次重复试验中随机事件 A 的频率 $f_N(A)$ 作为随机事件 A 的概率 $P(A)$ 的近似值，即当试验次数 n 充分大时，

$$P(A)\approx f_N(A)=\frac{m}{n}.$$

因为必然事件的频率恒等于 1，所以必然事件的概率等于 1：

$$P(\Omega)=1.$$

又因为不可能事件的频率恒等于 0，所以不可能事件的概率等于 0：

$$P(\varnothing)=0.$$

这样，任何事件 A 的概率满足不等式

$$0\leqslant P(A)\leqslant 1.$$

1.2.1　古典概型

在叙述概率的古典定义以前，我们先介绍“事件的等可能性”的概念.

如果试验时，由于某种对称性条件，使得若干个随机事件中每一事件发生的可能性在客观上是完全相同的，则称这些事件是等可能的.

例如，任意抛掷一枚钱币，“徽花向上”与“字向上”这两个事件发生的可能性在客观上是相同的，也就是等可能的；又如，抽样检查产品质量时，一批产品中每一个产品被抽到的可能性在客观上是相同的，因而抽到任一产品是等可能的.

现在我们叙述概率的古典定义：

设试验的样本空间总共有 N 个等可能的基本事件，其中有且仅有 M 个基本事件是包含于随机事件 A 的，则随机事件 A 所包含的基本事件数 M 与基本事件的总数 N 的比值叫作随机事件 A 的概率，记作 $P(A)$：

$$P(A)=\frac{M}{N}.$$

例 1.2.1　从 0,1,2,…,9 十个数字中任取一个数字，求取得奇数数字的概率.

解　基本事件的总数 $N=10$，设事件 A 表示取得奇数数字，则它所包含的基本事件数 $M=5$.因此，所求的概率

$$P(A)=\frac{5}{10}=0.5.$$

例 1.2.2　在一批 N 个产品中有 M 个次品，从这批产品中任取 n 个产品，求其中恰有 m 个次品的概率.

解　基本事件的总数为 C_N^n，随机事件所包含的基本事件数为 $\mathrm{C}_M^m\cdot\mathrm{C}_{N-M}^{n-m}$，因此，所求的概率

$$P(A)=\frac{\mathrm{C}_M^m\mathrm{C}_{N-M}^{n-m}}{\mathrm{C}_N^n}.$$

例 1.2.3　袋内有 a 个白球与 b 个黑球，每次从袋中任取一个球，取出的球不再放回去，接连取 k 个球($k\leqslant a+b$)，求第 k 次取得白球的概率.

解　由于考虑到取球的顺序，这相当于从 $a+b$ 个球中任取 k 个球的排列，所以基本事件的总数为

$$\mathrm{A}_{a+b}^k=(a+b)(a+b-1)\cdots(a+b-k+1).$$

设事件 B_k 表示“第 k 次取得白球”，则因为第 k 次取得的白球可以是 a 个白球中的任一个，有 a 种取法；其余 $k-1$ 个球可在前 $k-1$ 次中顺次地从 $a+b-1$ 个球中任意取，故基本事件的总数为 $\mathrm{A}_{a+b-1}^{k-1}\cdot a=(a+b-1)(a+b-2)\cdots(a+b-k+1)a$，因此，所求概率

$$P(B_k)=\frac{(a+b-1)\cdots(a+b-k+1)\cdot a}{(a+b)(a+b-1)\cdots(a+b-k+1)}=\frac{a}{a+b}.$$

值得注意的是，这个结果与 k 的值无关，这表明无论哪一次取得白球的概率都是一样的，或者说，取得白球的概率与先后次序无关.

因此，随机事件 A 所包含的基本事件数 $M\geqslant 0$，又不大于基本事件的总数 N，所以由概率的古典定义易知：

$$0\leqslant P(A)\leqslant 1.$$

显然，当且仅当所论事件包含所有的基本事件时概率等于 1.这就是说，必然事件的概率等于 1，即以下等式成立：

$$P(\Omega)=1.$$

当且仅当所论事件不包含任一基本事件时概率等于 0.这就是说，不可能事件的概率等于 0，即以下等式成立：

$$P(\varnothing)=0.$$

1.3 概率的加法定理

我们可将相对复杂的事件用简单事件的关系及运算来表示，那么它们的概率之间有没有关系呢？这一节我们先讨论概率加法定理.

1.3.1 互不相容事件的加法定理

定理 1.3.1 两个互不相容事件的和的概率，等于这两个事件的概率的和：

$$P(A+B)=P(A)+P(B).$$

证明 我们就概率的古典定义来证明这个定理.设试验的样本空间共有 N 个等可能的基本事件，而随机事件 A 包含其中的 M_1 个基本事件，随机事件 B 包含其中的 M_2 个基本事件.由于事件 A 与事件 B 互不相容，因而它们所包含的基本事件应该是完全不相同的.所以，事件 A 与事件 B 的和 $A+B$ 所包含的基本事件共有 M_1+M_2 个，于是得到

$$P(A+B)=\frac{M_1+M_2}{N}=\frac{M_1}{N}+\frac{M_2}{N}=P(A)+P(B).$$

这一定理不难推广到有限多个互不相容事件的情形，因此有下列定理.

定理 1.3.2 有限个互不相容事件的和的概率等于这些事件的概率的和，即

$$P(A_1+A_2+\cdots+A_n)=P(A_1)+P(A_2)+\cdots+P(A_n).$$

由此可得下面的推论.

推论 1 如果事件 $A_1,A_2,\cdots,A_n$ 构成互不相容的完备事件组，则这些事件的概率的和等于 1，即

$$P(A_1)+P(A_2)+\cdots+P(A_n)=1.$$

事实上，因为事件 $A_1, A_2, \cdots, A_n$ 构成完备组，所以它们之中至少有一事件一定发生，即这些事件的和 $A_1+A_2+\cdots+A_n$ 是必然事件，所以

$$P(A_1+A_2+\cdots+A_n)=1.$$

由此，根据定理 1.3.2，即得.

特别的，对于仅由两个互不相容事件构成的完备组，即这两个事件是对立事件，我们有下面的推论.

推论 2　对立事件的概率的和等于 1，即

$$P(A)+P(\overline{A})=1.$$

我们强调指出，上述概率加法定理仅适用于互不相容的事件，对于任意的两个事件 A 与 B，我们有下面一般的概率加法定理.

1.3.2　一般的概率加法定理

定理 1.3.3　任意两事件的和的概率，等于两事件的概率的和减去两事件的积的概率，即

$$P(A\cup B)=P(A)+P(B)-P(AB).$$

证明　事件 $A\cup B$ 等于以下三个互不相容事件的和：

$$A\cup B=A\overline{B}+\overline{A}B+AB,$$

其中 $A\overline{B}$ 表示事件 A 发生而事件 B 不发生，$\overline{A}B$ 表示事件 B 发生而事件 A 不发生，AB 表示事件 A 与事件 B 都发生.因此，根据定理 1.3.2，有

$$P(A\cup B)=P(A\overline{B})+P(\overline{A}B)+P(AB),$$

但是，事件 A 又等于互不相容事件 AB 与 $A\overline{B}$ 的和：

$$A=AB+A\overline{B},$$

所以

$$P(A)=P(AB)+P(A\overline{B}).$$

由此得

$$P(A\overline{B})=P(A)-P(AB),$$

同理可得

$$P(\overline{A}B)=P(B)-P(AB).$$

把最后两式代入，即得 $P(A\cup B)=P(A)+P(B)-P(AB)$.

易见当事件 A 与事件 B 互不相容时，定理 1.3.3 公式就化为定理 1.3.1 公式，因为这时 $P(AB)=0$.

1.3.3　可推广到有限个事件情形

定理 1.3.4　任意有限个事件的和的概率可按下面的公式计算：

$$P(A_1 \cup A_2 \cup \cdots \cup A_n)=\sum_{i=1}^{n} P(A_i)-\sum_{1 \leqslant i<j \leqslant n} P(A_i A_j)+\sum_{1 \leqslant i<j<k \leqslant n} P(A_i A_j A_k) -\cdots+(-1)^{n-1} P(A_1 A_2 \cdots A_n).$$

定理 1.3.4 可用数学归纳法证明得到,我们做如下说明:

(1) 当 $n=3$ 时,有

$$P(A_1 \cup A_2 \cup A_3)=P(A_1)+P(A_2)+P(A_3)-P(A_1 A_2) -P(A_1 A_3)-P(A_2 A_3)+P(A_1 A_2 A_3).$$

(2) 当 $n=4$ 时,有

$$\begin{aligned} P(A_1 \cup A_2 \cup A_3 \cup A_4)= & P(A_1)+P(A_2)+P(A_3)+P(A_4) \\ & -P(A_1 A_2)-P(A_1 A_3)-P(A_1 A_4)-P(A_2 A_3) \\ & -P(A_2 A_4)-P(A_3 A_4)+P(A_1 A_2 A_3)+P(A_1 A_2 A_4) \\ & +P(A_1 A_3 A_4)+P(A_2 A_3 A_4)-P(A_1 A_2 A_3 A_4). \end{aligned}$$

1.3.4 运用有关定理求概率的实例

例 1.3.1 某工厂生产的一批产品共 100 个,其中有 5 个次品,从这批产品中任取 5 个来检查,求发现次品数不多于 1 个的概率.

解 设事件 A 为“取出次品数不多于 1 个”,事件 B 为“取出的产品中次品数为 0 个”,事件 C 为“取出的产品中次品数为 1 个”,根据题意

$$P(B)=\frac{\mathrm{C}_{95}^{5}}{\mathrm{C}_{100}^{5}}, P(C)=\frac{\mathrm{C}_{95}^{4} \mathrm{C}_{5}^{1}}{\mathrm{C}_{100}^{5}}.$$

于是有 $P(A)=P(B+C)=P(B)+P(C) \approx 0.981$.

例 1.3.2 一个盒中含有 $N-1$ 只黑球,1 只白球,每次从盒中随机地取 1 只球,并换入一只黑球,这样继续下去,求“第 k 次取到黑球”的概率.

解 设事件 A 表示“第 k 次取到黑球”,则 $\bar{A}$ 表示“第 k 次取到白球”,现在计算 $P(\bar{A})$.

因为盒中只有一只白球,而每次取出白球总是换入黑球,故为了在第 k 次取到白球,则前面第 $k-1$ 次一定不能取到白球,即前面第 $k-1$ 次只能取黑球,因此,$\bar{A}$ 等价于下列事件:“在前面第 $k-1$ 次取黑球,而第 k 次取到白球”,所以

$$P(\bar{A})=\frac{(N-1)^{k-1} \cdot 1}{N^{k}}=\left(1-\frac{1}{N}\right)^{k-1} \frac{1}{N},$$

$$P(A)=1-P(\bar{A})=1-\left(1-\frac{1}{N}\right)^{k-1} \frac{1}{N}.$$

例 1.3.3 在所有的两位数 10~99 中任取一个数,求这个数能被 2 或 3 整除的概率.

解 设事件 A 表示取出的两位数能被 2 整除,事件 B 表示取出的两位数能被 3 整除,则事件 $A \cup B$ 表示取出的两位数能被 2 或 3 整除;而事件 AB 表示取出的两位数能同时被 2 与 3 整除,即能被 6 整除.因为所有的 90 个两位数中,能被 2 整除的有 45 个,能被 3 整除的有 30 个,而能被 6 整除的有 15 个,所以我们有

$$P(A)=\frac{45}{90},P(B)=\frac{30}{90},P(AB)=\frac{15}{90},$$

于是,根据定理 1.3.3 得

$$P(A\cup B)=\frac{45}{90}+\frac{30}{90}-\frac{15}{90}\approx 0.667.$$

例 1.3.4　把一表面涂有颜色的立方体等分为 1 000 个小立方体,在这些立方体中任取一个,求至少一面涂有颜色的概率.

解　方法一:设 A 表示至少一面涂颜色,A_i 表示恰有 i 面涂有颜色,则

$$A=A_1+A_2+A_3.$$

$$P(A)=P(A_1)+P(A_2)+P(A_3)=\frac{8\times 8\times 6}{1\ 000}+\frac{8\times 12}{1\ 000}+\frac{8}{1\ 000}=0.488.$$

方法二:$\overline{A}$ 表示"一面也没有涂有颜色",则有

$$P(A)=1-P(\overline{A})=1-\frac{8\times 8\times 8}{1000}=0.488.$$

1.4　条件概率、全概率公式、贝叶斯公式

1.4.1　条件概率

在这之前,我们一直讨论的是某事件的概率,其实在很多问题中事件的发生都是有条件的,这就有必要讨论一下条件概率.

在"事件 B 已发生"的条件下,考虑事件 A 发生的概率,称为事件 A 在事件 B 已发生的条件下的条件概率,记为 $P(A|B)$.

例 1.4.1　在 100 件产品中有 5 件是不合格品,而在不合格品中又有 3 件是次品,2 件是废品.先从 100 件产品中任意抽取一件,假定每件产品被抽到的可能性都相同,求:

(1) 抽到的产品是次品的概率;

(2) 在抽到的产品是不合格品的条件下,产品是次品的概率.

解　设 A 表示"抽到的产品是次品",B 表示"抽到的产品是不合格品".

(1) 由于 100 件产品中有 3 件是次品,按古典概型计算,得

$$P(A)=\frac{3}{100}.$$

(2) 5 件不合格品中有 3 件是次品,故

$$P(A|B)=\frac{3}{5}.$$

从上例不难看出,一般情况下 $P(A)\neq P(A|B)$,但两者之间应当有一定的关系.我们先

从该例看出因为 100 件产品中有 5 件是不合格品，所以 $P(B)=\frac{5}{100}$，而 $P(AB)$ 表示事件“抽到的产品是不合格品，且产品是次品”的概率，再由 100 件产品中只有 3 件既是不合格品又是次品，得 $P(AB)=\frac{3}{100}$，通过计算得

$$P(A|B)=\frac{3}{5}=\frac{\frac{3}{100}}{\frac{5}{100}}=\frac{P(AB)}{P(B)}.$$

受此式启发，我们有下面的定理.

定理 1.4.1 设事件 B 的概率 $P(B)>0$，则在事件 B 已发生的条件下事件 A 的条件概率等于事件 AB 的概率除以事件 B 的概率所得的商，即

$$P(A|B)=\frac{P(AB)}{P(B)}. \tag{1-5}$$

证明 我们用概率的古典定义来证明这个定理.设试验的样本空间 Ω 共有 N 个等可能的基本事件，而随机事件 A 包含其中的 M_1 个基本事件，随机事件 B 包含其中的 M_2 个基本事件，则

$$P(A)=\frac{M_1}{N},P(B)=\frac{M_2}{N}.$$

又设事件 A 与事件 B 的积 AB 包含其中的 M 个基本事件（显然，这 M 个事件就是事件 A 所包含的 M_1 个基本事件与事件 B 所包含的 M_2 个基本事件中共有的那些基本事件），则

$$P(AB)=\frac{M}{N}.$$

于是，我们有

$$P(A|B)=\frac{M}{M_2}=\frac{\frac{M}{N}}{\frac{M_2}{N}}=\frac{P(AB)}{P(B)}.$$

同理可证，设事件 A 的概率 $P(A)>0$，则在事件 A 已发生的条件下事件 B 的条件概率

$$P(B|A)=\frac{P(AB)}{P(A)}. \tag{1-6}$$

1.4.2 概率的乘法公式

由等式(1-5)及(1-6)可得到下述的概率乘法定理.

定理 1.4.2 两事件的积的概率等于其中某一事件的概率与另一事件在前一事件已发生的条件下的条件概率的乘积，即

$$P(AB)=P(A)P(B|A)=P(B)P(A|B). \tag{1-7}$$

这一定理不难推广到有限多个随机事件的情形,因此有下面的定理.

定理 1.4.3 有限个事件的积的概率等于这些事件的概率的乘积,而其中每一事件的概率是在它前面的一切事件都已发生的条件下的条件概率,即

$$P(A_1A_2\cdots A_n)=P(A_1)P(A_2 \mid A_1)P(A_3 \mid A_1A_2)\cdots P(A_n \mid A_1A_2\cdots A_{n-1}). \tag{1-8}$$

概率乘法公式在概率计算中起重要作用.

例 1.4.2 某罐中有三个白球两个黑球,从中依次取出三个,试求取出的三个球都是白球的概率.

解 记 $A_i=\{$第 i 次取球得白球$\}$,易得

$$P(A_1)=\frac{3}{5},P(A_2|A_1)=\frac{2}{4},P(A_3|A_1A_2)=\frac{1}{3}.$$

故
$$P(A_1A_2A_3)=P(A_1)P(A_2|A_1)P(A_3|A_1A_2)=\frac{1}{10}.$$

例 1.4.3 一批零件共 100 个,次品率为 10 %,每次从其中任取一个零件,取出的零件不再放回去,求第三次才取得合格品的概率.

解 设事件 A_i 表示第 i 次取得合格品($i=1,2,3$).按题意,即指第一次取得次品,第二次取得次品,第三次取得合格品,也就是事件 $\overline{A}_1\,\overline{A}_2A_3$,易知

$$P(\overline{A}_1)=\frac{10}{100},P(\overline{A}_2|\overline{A}_1)=\frac{9}{99},P(A_3|\overline{A}_1\,\overline{A}_2)=\frac{90}{98}.$$

由此得到所求的概率

$$\begin{aligned}P(\overline{A}_1\overline{A}_2\overline{A}_3)&=P(\overline{A}_1)P(\overline{A}_2|\overline{A}_1)P(A_3|\overline{A}_1\overline{A}_2)\\&=\frac{10}{100}\cdot\frac{9}{99}\cdot\frac{90}{98}\approx 0.008\,3.\end{aligned}$$

当计算比较复杂的事件概率时,往往需要同时利用概率加法定理与乘法定理.

例 1.4.4 在例 1.4.3 中,如果取得一个合格品后就不再继续取零件,求在三次内取得合格品的概率.

解 方法一:按题意,第一次取得合格品或第二次才取得合格品,或第三次才取得合格品,所以“在三次内取得合格品”这一事件为

$$A=A_1+\overline{A}_1A_2+\overline{A}_1\,\overline{A}_2A_3.$$

由此得到所求的概率

$$\begin{aligned}P(A)&=P(A_1)+P(\overline{A}_1A_2)+P(\overline{A}_1\overline{A}_2A_3)\\&=P(A_1)+P(\overline{A}_1)P(A_2|\overline{A}_1)+P(\overline{A}_1)P(\overline{A}_2|\overline{A}_1)P(A_3|\overline{A}_1\overline{A}_2)\\&=\frac{90}{100}+\frac{10}{100}\cdot\frac{90}{99}+\frac{10}{100}\cdot\frac{9}{99}\cdot\frac{90}{98}\\&\approx 0.999\,3.\end{aligned}$$

方法二:事件 A 的对立事件 $\overline{A}$ 就是三次都取得次品,即

$$\overline{A}=\overline{A}_1\overline{A}_2\overline{A}_3.$$

由概率乘法定理得

$$P(\overline{A})=P(\overline{A}_1)P(\overline{A}_2|\overline{A}_1)P(\overline{A}_3|\overline{A}_1\overline{A}_2)=\frac{10}{100}\cdot\frac{9}{99}\cdot\frac{8}{98}\approx 0.000\,7.$$

因此,所求的概率

$$P(A)=1-P(\overline{A})=1-0.000\,7=0.999\,3.$$

例 1.4.5 袋中有同型号小球 $b+r$ 个,其中 b 个是黑球,r 个是红球,每次从袋中任取一球,观察其颜色后放回,并再放入同颜色、同型号的小球 c 个,求第一、第三次取红球,第二次取到黑球的概率.

解 设 B 表示第一、第三次取红球,第二次取到黑球,A_i 表示第 i 次取到红球($i=1,2,3$),则

$$B=A_1\overline{A}_2A_3,$$

于是

$$P(B)=P(A_1\overline{A}_2A_3)=P(A_1)P(\overline{A}_2|A_1)P(A_3|A_1\overline{A}_2)=\frac{r}{b+r}\cdot\frac{b}{b+r+c}\cdot\frac{r+c}{(b+c)+(r+c)}=\frac{rb(r+c)}{(b+r)(b+r+c)(b+r+2c)}.$$

注意

在第一次取到红球后、第二次取球之前,袋中有 $r+c$ 个红球,b 个黑球,在第一次取到红球、第二次取到黑球后、第三次取球之前,袋中有 $r+c$ 个红球,$b+c$ 个黑球.

1.4.3 全概率公式

在实际计算中经常会遇到这样问题:若某个事件 A 可以与若干事件同时发生,如果已经知道这些事件所占的份额或发生的概率,同时也知道在这些事件发生的前提下事件 A 发生的概率,对于这类问题,将引入全概率公式.下面我们先引入样本空间划分的概念.

定义 1.4.1 设 Ω 为试验 E 的样本空间,$B_1,B_2,\cdots,B_n$ 为一组事件,若 $B_1,B_2,\cdots,B_n$ 两两互不相容,且 $B_1\cup B_2\cup\cdots\cup B_n=\Omega$,则称 $B_1,B_2,\cdots,B_n$ 为样本空间 Ω 的一个划分.

易见,若 $B_1,B_2,\cdots,B_n$ 为样本空间 Ω 的一个划分,则每次试验时,事件 $B_1,B_2,\cdots,B_n$ 中有且仅有一个发生.

定理 1.4.4 设 Ω 为试验 E 的样本空间,$B_1,B_2,\cdots,B_n$ 为样本空间 Ω 的一个划分,且 $P(B_i)>0(i=1,2,\cdots,n)$,则

$$P(A)=\sum_{i=1}^{n}P(B_i)P(A\mid B_i).\tag{1-9}$$

证明　因为事件 B_i 与 $B_j(i\neq j)$ 是互不相容的，所以事件 AB_i 与 AB_j 也是互不相容的. 因此，事件 A 可以看作 n 个互不相容的事件 $AB_i(i=1,2,\cdots,n)$ 的和，即

$$A=AB_1+AB_2+\cdots+AB_n.$$

根据概率加法定理得

$$P(A)=P(AB_1)+P(AB_2)+\cdots+P(AB_n)=\sum_{i=1}^{n}P(AB_i).$$

再应用概率乘法定理即得全概率公式(1-9).

例 1.4.6　有一批同一型号的产品，已知其中由一厂生产的占 30%，二厂生产的占 50%，三厂生产的占 20%，又知这三个厂的产品次品率分别为 2%，1%，1%，问从这批产品中任取一件是次品的概率是多少？

解　设事件 A 为“任取一件为次品”，事件 B_i 为“任取一件为 i 厂的产品”，$i=1,2,3$.据题意，$B_1\cup B_2\cup B_3=\Omega$，且 B_1,B_2,B_3 两两互不相容，由全概率公式，有

$$P(A)=\sum_{i=1}^{3}P(B_i)P(A\mid B_i),$$

$$P(B_1)=0.3,P(B_2)=0.5,P(B_3)=0.2,$$

$$P(A|B_1)=0.02,P(A|B_2)=0.01,P(A|B_3)=0.01,$$

$$\begin{aligned}P(A)&=\sum_{i=1}^{3}P(B_i)P(A\mid B_i)\\&=0.3\times0.02+0.5\times0.01+0.2\times0.01=0.013.\end{aligned}$$

例 1.4.7　有 10 个袋子，各袋中装球的情况如下：

(1) 2 个袋子中各装有 2 个白球与 4 个黑球；

(2) 3 个袋子中各装有 3 个白球与 3 个黑球；

(3) 5 个袋子中各装有 4 个白球与 2 个黑球.

任选 1 个袋子，并从其中任取 2 个球，求取出的 2 个球都是白球的概率.

解　设事件 A 表示“取出的 2 个球都是白球”，事件 B_i 表示所选袋子中装球的情况属于第 i 种$(i=1,2,3)$.易知

$$P(B_1)=\frac{2}{10},P(A|B_1)=\frac{C_2^2}{C_6^2}=\frac{1}{15}\ ;$$

$$P(B_2)=\frac{3}{10},P(A|B_2)=\frac{C_3^2}{C_6^2}=\frac{3}{15}\ ;$$

$$P(B_3)=\frac{5}{10},P(A|B_3)=\frac{C_4^2}{C_6^2}=\frac{6}{15}\ .$$

于是，按全概率公式得所求的概率

$$P(A)=\frac{2}{10}\cdot\frac{1}{15}+\frac{3}{10}\cdot\frac{3}{15}+\frac{5}{10}\cdot\frac{6}{15}=\frac{41}{150}\approx0.273.$$

例 1.4.8　盒中 12 个乒乓球，其中 9 个新的，第 1 次比赛时从中任取 3 个，比赛后放回，

第 2 次比赛时再从中任取 3 个，求第二次取出的都是新球的概率.

解 设 B_i 表示"第一次用了 i 个新球"($i=0,1,2,3$)，A 表示"第二次取出的均是新球"，则

$$P(B_i)=\frac{C_9^i C_3^{3-i}}{C_{12}^3}, P(A \mid B_i)=\frac{C_{9-i}^3}{C_{12}^3}.$$

$$\begin{aligned}P(A)&=\sum_{i=0}^{3}P(B_i)P(A \mid B_i)\\&=\frac{C_9^0 \cdot C_3^3}{C_{12}^3}\cdot\frac{C_9^3}{C_{12}^3}+\frac{C_9^1 \cdot C_3^2}{C_{12}^3}\cdot\frac{C_8^3}{C_{12}^3}+\frac{C_9^2 \cdot C_3^1}{C_{12}^3}\cdot\frac{C_7^3}{C_{12}^3}+\frac{C_9^3 \cdot C_3^0}{C_{12}^3}\cdot\frac{C_6^3}{C_{12}^3}\\&=\frac{1\,764}{12\,100}\approx 0.146.\end{aligned}$$

例 1.4.9 设在一个男、女人数相等的人群中,已知 5% 的男人和 0.25% 的女人患有色盲.今从该人群中随机选择一人,试问:该人患有色盲的概率是多少?

解: 用 B 表示"所选的一人是男人"，A 表示"所选的一人患有色盲"，则

$$P(B)=P(\bar{B})=\frac{1}{2}, P(A|B)=0.05, P(A|\bar{B})=0.002\,5.$$

$$P(A)=P(B)\times P(A|B)+P(\bar{B})P(A|\bar{B})=\frac{1}{2}\times 0.05+\frac{1}{2}\times 0.002\,5=0.026\,25.$$

1.4.4 *贝叶斯公式

已知结果 A 发生，要求引起这一结果 A 发生的各种原因的概率 $P(B_i|A)$，解决这类问题的公式就是下述的贝叶斯公式.

定理 1.4.5 设 Ω 为试验 E 的样本空间，$B_1,B_2,\cdots,B_n$ 为样本空间 Ω 的一个划分，且 $P(A)>0, P(B_i)>0, i=1,2,\cdots,n$，则

$$P(B_i|A)=\frac{P(B_i)P(A|B_i)}{\sum_{i=1}^{n}P(B_i)P(A|B_i)}.$$

证明 根据概率乘法定理，我们有

$$P(A)P(B_i \mid A)=P(B_i)P(A \mid B_i),$$

由此得

$$P(B_i \mid A)=\frac{P(B_i)P(A \mid B_i)}{P(A)},$$

再应用全概率公式，就得到

$$P(B_i|A)=\frac{P(B_i)P(A|B_i)}{\sum_{i=1}^{n}P(B_i)P(A|B_i)}.$$

例 1.4.10 对以往数据的分析表明，当机器调整为良好时，产品的合格率为 98%，有故

障时其合格率为55%，每天早上开机先调整机器，经验知道机器调整好的概率为95%，试求已知某日第一件产品是合格品时，机器调整好的概率.

解　设A是事件"产品合格"，B为事件"机器调整好"，则

$$P(A|B)=0.98, P(A|\bar{B})=0.55, P(B)=0.95, P(\bar{B})=0.05,$$

$$P(B|A)=\frac{P(B)P(A|B)}{P(A|B)P(B)+P(A|\bar{B})P(\bar{B})}=\frac{0.95\times0.98}{0.98\times0.95+0.55\times0.05}=0.97.$$

1.4.5　事件的独立性

设A和B是两个事件，若$P(B)>0$，则可定义条件概率$P(A|B)$，它表示在事件B发生的条件下事件A发生的概率；而$P(A)$表示不管事件B发生与否，事件A发生的概率.若$P(A|B)=P(A)$，则表明事件B的发生并不影响事件A发生的概率，这时称事件A与B相互独立，并且乘法公式变成了

$$P(AB)=P(A|B)P(B)=P(A)P(B).$$

由此我们引入事件的独立性概念.

定义 1.4.2　如果事件B的发生不影响事件A的概率，即$P(A|B)=P(A)$，则称事件A对事件B是独立的；否则，称为是不独立的.

例如，袋中有5个白球和3个黑球，现从袋中陆续取出两个球，假定情形一：第一次取出的球仍放回去；情形二，第一次取出的球不再放回去，设事件A是"第二次取出的球是白球"，事件B是"第一次取出的球是白球"，则在情形一中，事件A对事件B是独立的. 因为

$$P(A|B)=P(A)=\frac{5}{8},$$

但在情形二中，事件A对事件B是不独立的，因为

$$P(A|B)=\frac{4}{7},\text{而 }P(A)=\frac{5}{8}.$$

我们指出，如果事件A对事件B是独立的，则事件B对事件A也是独立的.事实上，如果

$$P(A|B)=P(A),$$

则由等式

$$P(A)P(B|A)=P(B)P(A|B)$$

可得

$$P(B|A)=P(B).$$

由此可见，随机事件的独立性是一种相互对称的性质，所以，我们又可将随机事件的独立性的定义叙述如下：如果两事件中任一事件的发生不影响另一事件的概率，则称它们是相互独立的.

定理 1.4.6 两独立事件的积的概率等于这两事件的概率的乘积：

$$P(AB)=P(A)P(B).$$

证明 由乘法定理，有

$$P(AB)=P(A)P(B|A).$$

因为事件 A 对事件 B 是独立的，$P(B|A)=P(B)$，所以

$$P(AB)=P(A)P(B).$$

此结论反过来也成立，我们经常用它来证明两个事件独立.

若事件 A,B 相互独立，由 A 关于 B 的条件概率等于无条件概率，两事件 A,B 独立的实际意义应是事件 B 发生对事件 A 发生的概率没有任何影响.更进一步地讲，事件 A,B 独立的实际意义是其中任一事件发生与否对另一事件发生与否的概率没有任何影响，于是我们有以下定理.

定理 1.4.7 若事件 A,B 相互独立，则下列各对事件 A 与 $\overline{B}$，$\overline{A}$ 与 B，$\overline{A}$ 与 $\overline{B}$ 也相互独立.

证明 我们只证事件 A 与 $\overline{B}$ 相互独立.

因为 $A=AB\cup A\overline{B}$，且 $AB\cap A\overline{B}=\varnothing$，所以

$$P(A)=P(AB)+P(A\overline{B}),\text{即 } P(A\overline{B})=P(A)-P(AB).$$

又因为 A,B 相互独立，所以

$$P(AB)=P(A)P(B),$$

$$P(A\overline{B})=P(A)-P(AB)=P(A)-P(A)P(B)=P(A)(1-P(B))=P(A)P(\overline{B}).$$

从而有 A 与 $\overline{B}$ 相互独立的结论，其余结论同理可得.

现在我们把两事件的独立性概念推广到有限多个事件的情形.

n 个事件 $A_1,A_2,\cdots,A_n$ 称为是相互独立的，如果这些事件中的任一事件 $A_i(i=1,2,\cdots,n)$ 与其他任意几个事件的积是独立的，即

$$P(A_i|\underbrace{A_jA_k\cdots}_{m})=P(A_i),$$

其中 $\underbrace{A_jA_k\cdots}_{m}$ 表示除事件 A_i 外的其他 $n-1$ 个事件中任意 $m(m=1,2,\cdots,n-1)$ 个事件的积.

例如，三个事件 A,B,C 是相互独立的，如果下列等式成立：

$$P(A)=P(A|B)=P(A|C)=P(A|BC),$$
$$P(B)=P(B|C)=P(B|A)=P(A|CA),$$
$$P(C)=P(C|A)=P(C|B)=P(C|AB).$$

应该注意到两两独立的随机事件组（即其中任意两个事件是独立的）合起来不一定是相互独立的.

最后，我们应该指出，在实际问题中，判断随机事件的独立性很少借助于上述等式来验证，通常是根据经验的直观想法进行判断.

例 1.4.11　加工某零件需三道工序，第一、二、三道工序的次品率分别是 2%、3%、5%，设各道工序互不影响，问加工出来的零件的次品率是多少？

解　设 $\overline{A}$ 表示加工出来的零件是合格品，$\overline{A}_i$ 表示"第 i 道工序加工出来的零件是合格品"$(i=1,2,3)$，根据题意，有 $\overline{A}=\overline{A_1\cup A_2\cup A_3}=\overline{A}_1\overline{A}_2\overline{A}_3$.

由事件的独立性

$$P(\overline{A})=P(\overline{A}_1)P(\overline{A}_2)P(\overline{A}_3)=0.98\times0.97\times0.95=0.903\ 07,$$

所以

$$P(A)=1-P(\overline{A})=0.096\ 93.$$

例 1.4.12　三门高射炮同时独立地向来犯敌机射击，每门高射炮的命中率都为 0.4，飞机若被击中一处，被击落的概率为 0.3；若被击中两处，被击落的概率为 0.6；若三处被击中，则一定被击落.问该飞机被击落的概率.

我们先来分析一下：先利用事件的独立性分别求出飞机被击中一处、两处、三处的概率，然后用它们来构成样本空间的一个划分，再用全概率公式求出飞机被击落的概率.

解　设事件 A_i 为"飞机被击中 i 处"$(i=1,2,3)$，事件 B_i 为"第 i 门高射炮击中敌机"$(i=1,2,3)$，事件 C 为"飞机被击落"，于是有

$$A_1=(B_1\overline{B}_2\overline{B}_3)\cup(\overline{B}_1B_2\overline{B}_3\cup(\overline{B}_1\overline{B}_2B_3),A_2=B_1B_2\overline{B}_3\cup B_1\overline{B}_2B_3\cup\overline{B}_1B_2B_3,$$
$$A_3=B_1B_2B_3.$$

利用事件的独立性求得：

$$P(A_1)=0.4\times0.6\times0.6+0.6\times0.4\times0.6+0.6\times0.6\times0.4=0.432,$$
$$P(A_2)=0.4\times0.4\times0.6+0.4\times0.6\times0.4+0.6\times0.4\times0.4=0.288,$$
$$P(A_3)=0.4\times0.4\times0.4=0.064.$$

而$\{A_1,A_2,A_3\}$构成样本空间 Ω 的一个划分，由题意可得

$$P(C|A_1)=0.3,P(C|A_2)=0.6,P(C|A_3)=1,$$

由全概率公式知 $P(C)=\sum\limits_{i=1}^{3}P(A_i)P(C|A_i)=0.432\times0.3+0.288\times0.6+0.064\times1=0.366\ 4.$

例 1.4.13　如果 A,B,C 相互独立，证明 $A\cup B$ 与 C 相互独立.

证明　因为

$$\begin{aligned}P[(A\cup B)C]&=P((AC)\cup(BC))=P(AC)+P(BC)-P(ABC)\\&=P(A)P(C)+P(B)P(C)-P(A)P(B)P(C)\\&=[P(A)+P(B)-P(AB)]P(C)\\&=P(A\cup B)P(C),\end{aligned}$$

所以 $A\cup B$ 与 C 相互独立.

1.5　独立试验序列

当我们进行一系列试验，在每次试验中，事件 A 或者发生，或者不发生.假设每次试验的

结果与其他各次试验的结果无关,事件 A 的概率 $P(A)$ 在整个系列试验中保持不变,这样的一系列试验叫作独立试验序列. 例如,前面提到的重复抽样就是独立试验序列.

独立试验序列是伯努利首先研究的.假设每次试验只有两个互相对立的结果 A 与 $\overline{A}$

$$P(A)=p, P(\overline{A})=q, p+q=1.$$

在这种情形下,我们有下面的定理.

定理 1.5.1 若在独立试验序列中,设 $P(A)=p$, $P(\overline{A})=q$, $p+q=1$,则 n 次试验中 A 恰好发生 m 次的概率

$$P_n(m)=C_n^m p^m q^{n-m}=\frac{n!}{m!\,(n-m)!}p^m q^{n-m}.$$

证明 按独立事件的概率乘法定理,n 次试验中事件 A 在某 m 次(例如前 m 次)发生而其余 $n-m$ 次不发生的概率应等于

$$\underbrace{pp\cdots p}_{m}\underbrace{qq\cdots q}_{n-m}.$$

因为我们只考虑事件 A 在 n 次试验中发生 m 次而不论在哪 m 次发生,所以由组合可知应有 C_n^m 种不同的方式.按概率加法定理,便得所求的概率

$$P_n(m)=C_n^m p^m q^{n-m}=\frac{n!}{m!\,(n-m)!}p^m q^{n-m}.$$

如果我们要考虑事件 A 在 n 次试验中所有可能的结果,即事件 A 发生 $0,1,2,\cdots,n$ 次,因为这些结果是互不相容的,所以显然应有

$$\sum_{m=0}^{n}P_n(m)=1.$$

这个关系式也可以不用概率的理论,而由二项式定理

$$\sum_{m=0}^{n}C_n^m p^m q^{n-m}=(q+p)^n=1^n=1$$

推得.

容易看出,概率 $P_n(m)$ 就等于二项式 $(q+px)^n$ 的展开式中 x^m 的系数,因此,我们把概率 $P_n(m)$ 的分布叫作二项分布.

定理 1.5.1 讨论的概率问题又称为伯努利概型.

在 n 次重复独立试验中,我们可进一步推得:

(1) A 发生的次数介于 m_1 与 m_2 之间的概率为

$$P(m_1\leqslant m\leqslant m_2)=\sum_{m=m_1}^{m_2}P_n(m).$$

(2) A 至少发生 r 次的概率为 $P(m\geqslant r)=\sum_{m=r}^{n}P_n(m)=1-\sum_{m=0}^{r-1}P_n(m).$

(3) A 至少发生一次的概率为 $P(m\geqslant 1)=1-(1-p)^n.$

例 1.5.1　甲、乙两人投篮命中率分别为 0.7 和 0.8，每人投篮 3 次，则有人投中的概率为多少？

解　设 A 为"有人投中"，那么 $\overline{A}$ 表示"无人投中"，又设 B_0 为"甲未投中"，C_0 为"乙未投中"，那么有 $\overline{A}=B_0\cap C_0$.

而计算 B_0 和 C_0 的概率则分别用伯努利概型可得

$$P(B_0)=(0.3)^3=0.027, P(C_0)=(0.2)^3=0.008.$$

于是　$P(\overline{A})=P(B_0C_0)=0.027\times 0.008=0.000\ 216$,

$P(A)=1-P(\overline{A})=0.999\ 784$.

例 1.5.2　射击中，一次射击最多得 10 环.某人一次射击中得 10 环、9 环、8 环的概率分别为 0.4，0.3，0.2，则他在五次独立射击中得到不少于 48 环的概率为多少？

解　设 A_1,A_2,A_3 分别表示"得 48 环"、"得 49 环"、"得 50 环"，有

$$P(A_1)=C_5^3\times 0.3^2\times 0.4^3+C_5^4\times 0.4^4\times 0.2=0.083\ 2,$$
$$P(A_2)=C_5^4\times 0.4^4\times 0.3=0.038\ 4,$$
$$P(A_3)=0.4^5=0.010\ 2.$$

故所求的概率为

$$P(A_1+A_2+A_3)=P(A_1)+P(A_2)+P(A_3)=0.131\ 8.$$

例 1.5.3　甲、乙两个乒乓球运动员进行乒乓球单打比赛，已知每一局甲胜的概率为0.6，乙胜的概率为 0.4.比赛时可以采用三局二胜制或五局三胜制，问在哪一种比赛制度下，甲获胜的可能性较大？

解　(1) 如果采用三局二胜制，则甲在下列两种情况下获胜：A_1——2∶0(甲净胜两局)；A_2——2∶1(前两局中各胜一局，第三局甲胜)，故有

$$P(A_1)=P_2(2)=0.6^2=0.36, P(A_2)=P_2(1)\times 0.6=C_2^1\times 0.6\times 0.4\times 0.6=0.288,$$

所以甲胜的概率为

$$P(A_1+A_2)=P(A_1)+P(A_2)=0.648.$$

(2) 如果采用五局三胜制，则甲在下列三种情况下获胜：B_1——3∶0(甲净胜三局)；

B_2——3∶1(前三局中甲胜两局，负一局，第四局甲胜)；

B_3——3∶2(前四局中甲、乙各胜两局，第五局甲胜).

故有

$$P(B_1)=P_3(3)=0.6^3=0.216,$$
$$P(B_2)=P_3(2)\times 0.6=C_3^2\times 0.6^2\times 0.4\times 0.6\approx 0.259,$$
$$P(B_3)=P_4(2)\times 0.6=C_4^2\times 0.6^2\times 0.4^2\times 0.6\approx 0.207,$$

所以甲胜的概率为

$$P(B_1+B_2+B_3)=P(B_1)+P(B_2)+P(B_3)=0.682.$$

由(1)、(2)的结果可知，甲在五局三胜制中获胜的可能性较大.

习题一

1.1 写出下列随机试验的样本空间：

(1) 将一枚硬币连掷两次，观察出现正面或反面的情况；

(2) 有编号 1、2、3、4、5 的五张卡片，从中一次任取两张，记录编号的和；

(3) 袋中有标为 1,2,3 号的 3 个球.

① 随机取 2 次，1 次取 1 个，取后不放回，观察取到球的序号；

② 随机取 2 次，1 次取 1 个，取后放回，观察取到球的序号；

③ 每次随机取 2 个，观察取到球的号数.

1.2 设 A,B,C 表示三个随机事件，试将下列事件用 A,B,C 表示出来：

(1) 仅 A 发生；

(2) A,B,C 都不发生；

(3) A 不发生，且 B,C 中至少有一事件发生；

(4) A,B,C 至少有一事件发生；

(5) A,B,C 中最多有一事件发生.

1.3 任意抛掷一颗骰子，观察出现的点数，设事件 A 表示“出现偶数点”，事件 B 表示“出现的点数能被 3 整除”.下列事件：$\overline{A}$，$\overline{B}$，$A\cup B$，$\overline{A\cup B}$，AB 分别表示什么事件？并把它们表示为样本点的集合.

1.4 设有 50 张考签，分别予以编号 1，2，…，50.一次任抽其中两张进行考试，求抽到的两张都是前 10 号(包括第 10 号)考签的概率.

1.5 同时掷四个均匀的骰子，求下列事件的概率：

(1) 四个骰子的点数各不相同；

(2) 恰有两个骰子的点数相同；

(3) 恰有三个骰子的点数相同；

(4) 四个骰子的点数都相同.

1.6 在 1～100 中任取一数，求该数能被 2 或 3 或 5 整除的概率.

1.7 从 45 个正品、5 个次品的一批产品中任取 3 个，求其中有次品的概率.

1.8 设 n 对新人参加集体婚礼，现进行一项游戏，随机地把这些人分成 n 对，则每对恰为夫妻的概率为多少？

1.9 从 0,1,2,3,4 中任取两个数字，组成没有重复数字的两位数，求这个两位数是偶数的概率.

1.10 任意将 10 本书放在书架上.其中有两套书，一套 3 本，另一套 4 本.求 3 本一套的放在一起的概率.

1.11 袋中 10 个球，其中有 4 个白球，6 个红球.从中任取 3 个，求这三个球中至少有 1 个白球的概率.

1.12 在两位数 10～39 中任取一个数，这个数能被 2 或 3 整除的概率为多少？

1.13　有一批零件，其中$\frac{1}{2}$从甲厂进货，$\frac{1}{3}$从乙厂进货，$\frac{1}{6}$从丙厂进货，已知甲、乙、丙三厂的次品率分别为0.02，0.06，0.03.求这批混合零件的次品率.

1.14　试卷中有一道选择题，共有4个答案可供选择，其中只有1个答案是正确的.任一考生，如果会解这道题，则一定能写出正确答案；如果他不会解这道题，则不妨任选一个答案.设考生会解这道题的概率是0.8，试求考生选出正确答案的概率.

1.15　一只包装好的玻璃杯，当它第一次摔到地上时被摔碎的概率为0.6；当它未碎时，第二次掉下被摔碎的概率为0.8；当它未碎时，第三次掉下被摔碎的概率为0.9.求该包装好的玻璃杯掉下三次时被摔碎的概率.

1.16　某商店从四个工厂进同一品种商品，进货量分别为总数的20%，45%，25%，10%，经过检验发现都有次品，次品率分别为5%，3%，1%，4%，问此时该商品的总次品率是多少？

1.17　设有来自三个地区的各10名、15名和25名考生的报名表，其中女生的报名表分别为3份、7份和5份.现随机地从一个地区的报名表中抽出一份，求该份是女生的表的概率.

1.18　临床诊断表明，用某试验检查癌症有如下效果：对癌症患者进行试验结果呈阳性反应者占95%；对未得癌症者进行试验.结果呈阴性反应者占96%.现在用这种试验对某市居民进行癌症普查，若该市癌症患者数约占居民总数的4‰，求：

(1) 试验结果呈阳性反应的被检查者确实患有癌症的概率；

(2) 试验结果呈阴性反应的被检查者确实未患癌症的概率.

1.19　一人看管车床，在一小时内车床不需要工人照管概率分别是第一台0.9，第二台0.8，第三台0.7，求一小时内三台车床中最多有一台需工人照管的概率.

1.20　证明：如果$P(A|B)=P(A|\bar{B})$，则事件A与B是独立的.

1.21　现有产品10只，其中次品为2只，每次从中任取一只，取出后不再放回，求第二次才取得次品的概率.

1.22　有一大批电子元件，其中一级品率为0.2，现随机取10个，求恰有6个一级品的概率.

1.23　对某一目标依次进行了三次独立的射击，设第一、二、三次射击命中概率分别为0.4、0.5和0.7，试求：

(1) 三次射击中恰好有一次命中的概率；

(2) 三次射击中至少有一次命中的概率.

1.24　甲、乙两个篮球队员的投篮命中率分别为0.7及0.6，每人投3次，求两人进球数相等的概率.

1.25　三个人独立地去破译一个密码，他们能译出的概率分别为1/5，1/3，1/4，问能将此密码译出的概率是多少？

第二章
一维随机变量及其分布

在上一章中,我们讨论了随机事件及概率.在实际问题中,有些随机试验的随机事件是数量,有些随机试验的随机事件并不是数量,而不是数量的随机事件可以人为地和数量联系起来.这就涉及概率论中另一个重要概念,也就是随机变量的概念.本章主要介绍一维随机变量的概念及概率分布等.

2.1 随机变量的概念

在很多随机试验中,试验的结果往往是变化的数值.例如,掷一颗质地均匀的骰子出现的点数;袋中有 5 个球(三白二红),任取 2 个,取得的白球数;在每隔一定时间有一辆公共汽车通过的汽车停车站上乘客候车的时间;一批电子元件的寿命等等.这些例子中所提到的量,尽管它们是各种各样的,但从数学观点来看,它们表现了同一种情况,这就是每个变量都可以在试验的结果中随机地取得不同的数值,当试验结果确定后,它也就相应地取得确定的数值,而在进行试验之前我们要预言它将取得什么数值则是不可能的.

2.1.1 随机变量的定义

定义 2.1.1 设 Ω 是一样本空间,ω 是样本空间 Ω 中的样本点,如果对每一个样本点 ω,变量 X 都有一个确定的实数值与之对应,则变量 X 是样本点 ω 的实函数,记作 $X=X(\omega)$,我们称这样的变量 X 为随机变量.

随机变量一般用大写的英文字母 $X,Y,Z,\cdots$ 表示,或用小写的希腊字母 $\xi,\eta,\zeta,\cdots$ 表示,而用小写的英文字母 $x,y,z,\cdots$ 表示随机变量相应于某个试验结果所取的值.

例 2.1.1 掷两颗质地均匀的骰子,出现的点数之和是一个随机变量,用 X 表示,则对于样本空间

$$\Omega=\{\omega_1,\omega_2,\omega_3,\cdots,\omega_{12}\}$$

来说,我们有

$$X=i,\omega=\omega_i\,(i=1,2,3,\cdots,12).$$

例 2.1.2 从装有三个白球(记为 1,2,3 号)与两个红球(记为 4,5 号)的袋中任取两个球,设随机变量 X 表示取出白球的个数.

(1) 对于样本空间

$$\Omega'=\{\omega_{00},\omega_{01},\omega_{11}\}$$

来说,我们有

$$X=\begin{cases}0 & \text{当 } \omega=\omega_{11}\\ 1 & \text{当 } \omega=\omega_{01}.\\ 2 & \text{当 } \omega=\omega_{00}\end{cases}$$

(2) 对于样本空间

$$\Omega''=\{\omega_{12},\omega_{13},\omega_{14},\omega_{15},\omega_{23},\omega_{24},\omega_{25},\omega_{34},\omega_{35},\omega_{45}\}$$

来说,我们有

$$X=\begin{cases}0 & \text{当 } \omega=\omega_{45}\\ 1 & \text{当 } \omega=\omega_{14},\omega_{15},\omega_{24},\omega_{25},\omega_{34} \text{ 或 } \omega_{45}.\\ 2 & \text{当 } \omega=\omega_{12},\omega_{13} \text{ 或 } \omega_{23}\end{cases}$$

例 2.1.3　5 分钟来一次车,乘客候车的时间是一个随机变量 X,则样本空间

$$\Omega=\{\omega_x \mid 0\leqslant x\leqslant 5\},$$

于是我们有

$$X=x,\omega=\omega_x(0\leqslant x\leqslant 5).$$

上面三个例子中,试验的结果都是与数量直接相关的;有时,虽然试验的结果与数量无直接联系,但是也可以引进随机变量,并用随机变量取不同的数值来表示试验的结果.

例 2.1.4　任意抛掷一枚硬币,字向上的面是一个随机变量 X,对于样本空间

$$\Omega=\{\omega_1,\omega_2\},$$

其中 ω_1 表示徽花向上,ω_2 表示字向上.现在我们引进如下的随机变量:

$$X=\begin{cases}0 & \text{当 } \omega=\omega_1\\ 1 & \text{当 } \omega=\omega_2\end{cases}.$$

值得注意的是,这个随机变量 X 实际上就表示在抛掷硬币的一次试验中字向上的次数.

我们指出,在试验的结果中,随机变量 X 取得某一数值 x,记作 $X=x$,这是一个随机事件.同样,随机变量 X 取得小于实数 x 的值,记作 $X<x$;随机变量 X 取得区间 (x_1,x_2) 内的值,记作 $x_1<X<x_2$,这些都是随机事件.

这样,引入随机变量 X 以后,随机事件就和数量等同起来,对随机事件的研究就可以转化为对随机变量的研究.这就能很方便地用高等数学的方法全面深入地研究随机试验.

从上面的例子可以看出,随机变量的取值有时是有限的或可列的,有时为一个区间.这样,我们一般将随机变量分为离散型随机变量与连续型随机变量两大类.

离散型随机变量仅可能取得有限个或无限可列多个数值.例如,一批产品中的次品数,电话用户在某一段时间内对电话站的呼唤次数,等等.

连续型随机变量可以取得某一区间内的任何数值.例如,车床加工的零件尺寸与规定尺寸的偏差,射击时击中点与目标中心的偏差,等等.

2.1.2 分布函数

为了研究随机变量的理论分布,我们引进随机变量的分布函数的概念.

定义 2.1.2 设 X 是随机变量,x 是任何实数,则称 $P(X \leqslant x)$ 为 X 的概率分布函数或分布函数,记作

$$F(x)=P(X \leqslant x) \qquad (-\infty < x < +\infty).$$

分布函数具有以下性质:

(1) $0 \leqslant F(x) \leqslant 1$;

(2) $F(-\infty)=\lim\limits_{x \to -\infty} F(x)=0, F(+\infty)=\lim\limits_{x \to +\infty} F(x)=1$;

(3) $F(x)$ 是 x 的单调非减函数,即当 $x_1 < x_2$ 时,$F(x_1) \leqslant F(x_2)$;

(4) $F(x)$ 是右连续的,即 $F(x_0^+)=F(x_0)$.

有了分布函数 $F(x)$,则随机变量取某值或某个区间上的概率都可以用分布函数表示出来,例如

$$P(X=x_0)=F(x_0)-F(x_0^-),$$

$$P(X < x_0)=F(x_0^-),$$

$$P(X \leqslant x_0)=F(x_0),$$

$$P(X \geqslant x_0)=1-F(x_0^-),$$

$$P(X > x_0)=1-F(x_0).$$

对于任意实数 $x_1 < x_2$,有

$$P(x_1 < X \leqslant x_2)=P(X \leqslant x_2)-P(X \leqslant x_1)=F(x_2)-F(x_1).$$

类似地有

$$P(x_1 \leqslant X \leqslant x_2)=F(x_2)-F(x_1^-),$$

$$P(x_1 < X < x_2)=F(x_2^-)-F(x_1),$$

$$P(x_1 \leqslant X < x_2)=F(x_2^-)-F(x_1^-).$$

2.2 离散型随机变量

2.2.1 离散型随机变量的分布列

要了解离散型随机变量 X 的概率分布,就是要知道 X 的所有可能的取值以及取其中每一个值的概率.

定义 2.2.1　设离散型随机变量 X 的所有可能取值为 $x_i(i=1,2,3,\cdots)$，而 X 取值 x_i 的概率为 $p(x_i)$，即

$$P(X=x_i)=p(x_i)=p_i, i=1,2,3,\cdots,$$

可列出概率分布表为

X	x_1	x_2	x_3	…	x_i	…
p	p_1	p_2	p_3	…	p_i	…

其中 p_i 满足下列性质：

(1) $p_i \geqslant 0, i=1,2,3,\cdots$；

(2) $\sum\limits_i p_i=1$.

则称上述表格为 X 的概率分布表(或称为分布列).

例 2.2.1　某人掷硬币，设徽花向上是一个随机变量.它可以列成如下概率分布表：

X	徽花向上	字面向上
p	0.5	0.5

为了研究的方便，我们可以引入数字来描述上面的随机变量，如

$$X=\begin{cases}0 & \text{字面向上} \\ 1 & \text{徽花向上}\end{cases}.$$

这样上表可以写作

X	0	1
p	0.5	0.5

例 2.2.2　设有 10 件产品，其中 2 件次品，从中任取 3 件，求取到的次品数的概率分布.

解　设随机变量 X 是取到的次品数，它的全部可能的取值为 0，1，2.欲求上述值的概率，必须将这些值与事件对应起来，即找出相应的随机事件，随机事件的概率值即为随机变量相应的概率.

$$P(X=0)=P(3\text{ 件产品全是正品})=\frac{C_8^3}{C_{10}^3}=\frac{7}{15},$$

$$P(X=1)=P(1\text{ 件次品},2\text{ 件正品})=\frac{C_2^1C_8^2}{C_{10}^3}=\frac{7}{15},$$

$$P(X=2)=P(2\text{ 件次品},1\text{ 件正品})=\frac{C_2^2C_8^1}{C_{10}^3}=\frac{1}{15}.$$

因此,所求概率分布为:

X	0	1	2
p	$\frac{7}{15}$	$\frac{7}{15}$	$\frac{1}{15}$

例 2.2.3 考虑下列表格哪些是概率分布表.

(1)

X	-2	0	2
p	-0.2	0.4	0.3

(2)

X	-2	0	2
p	0.2	0.4	0.1

(3)

X	-2	0	2
p	0.5	0.2	0.3

(4)

X	-2	1	2	4
p	0.1	0.2	0.3	0.4

解 (1)(2)不是概率分布,(3)(4)是概率分布.根据概率的两条性质,(1)不满足性质 1,(2)不满足性质 2.

例 2.2.4 能否找到合适的参数,使下列表格成为概率分布表.

(1)

X	1	2	3	4
p	x	$2x$	$-x$	0.2

(2)

X	0	2	4	6
p	x	$2x$	$3x$	$4x$

解　(1) 根据概率的两条性质，要使 $x \geqslant 0$，又要使 $-x \geqslant 0$，x 只能取 0，这样 $0.2 \neq 1$，没有参数值使上表成为概率分布表.

(2) 因为 $x+2x+3x+4x=1$，当 $x=0.1$，满足性质 1 与 2，所以当 $x=0.1$，表格是概率分布表.

例 2.2.5　设随机变量 X 的概率为 $P(X=m)=a\times 0.6^{m-1}$，$m=1,2,3,\cdots$，试确定 a.

解　由概率性质 2，有

$$\sum_{m=1}^{\infty} a\times 0.6^{m-1}=a\sum_{m=1}^{\infty} 0.6^{m-1}=a(1+0.6+0.6^2+\cdots)=a\,\frac{1}{1-0.6}=1.$$

所以，$a=0.4$.

2.2.2　离散型随机变量的分布函数

注意到分布函数 $F(x)$ 的值不是取之于 x 时的概率，而是在 $(-\infty, x)$ 整个区间上 X 取值的"累积概率"的值.因此，对于离散型随机变量，如果已知它的概率分布，则很容易求出它的分布函数.事实上，按概率加法定理，我们有

$$F(x)=P(X\leqslant x)=\sum_{x_i\leqslant x}P(X=x_i)=\sum_{x_i\leqslant x}p(x_i).$$

这里和式是对不大于 x 的一切 x_i 求和.

由此可见，当 x 在离散型随机变量 X 的两个相邻的可能值之间变化时，分布函数 $F(x)$ 的值保持不变；当 x 增大时，每经过 X 的任一可能值 x_i，$F(x)$ 的值总是跳跃式地增加，其跃度就等于概率

$$P(X=x_i)=F(x_i)-F(x_i^-),$$

其中 $F(x_i^-)$ 表示分布函数 $F(x)$ 在点 x_i 处的左极限.所以，离散型随机变量 X 的任一可能值 x_i 是其分布函数 $F(x)$ 的跳跃间断点，函数在该点仅是右连续.因此，离散型随机变量的分布函数 $F(x)$ 的图形是由若干直线段组成的台阶形"曲线".

例 2.2.6　求例 2.2.2 中随机变量 X 的分布函数，并求 $P(X\leqslant 1.5)$，$P(0\leqslant X<2)$，$P(0<X\leqslant 2)$.

解　在例 2.2.2 中已求出随机变量 X 的概率分布表为

X	0	1	2
p	$\frac{7}{15}$	$\frac{7}{15}$	$\frac{1}{15}$

根据 $F(x)=\sum\limits_{x_i\leqslant x}p(x_i)$ 可得

$$F(x)=P(X\leqslant x)=\begin{cases}0 & x<0\\ \dfrac{7}{15} & 0\leqslant x<1\\ \dfrac{14}{15} & 1\leqslant x<2\\ 1 & x\geqslant 2\end{cases}.$$

用分布函数可求出

$$P(X\leqslant 1.5)=F(1.5)=\frac{14}{15},$$

$$P(0\leqslant X<2)=F(2^-)-F(0^-)=\frac{14}{15}-0=\frac{14}{15},$$

$$P(0<X\leqslant 2)=F(2)-F(0)=1-\frac{7}{15}=\frac{8}{15}.$$

2.2.3 常见的离散型随机变量的分布

1. “0－1”分布

定义 2.2.2 若随机变量 X 只能取得两个数值:0 与 1,并且有

$$p(x)=p^x q^{1-x},x=0,1;$$

其中 $0<p<1,p+q=1$. 于是,概率分布表为:

X	0	1
$p(x)$	q	p

我们通常把这种分布叫作“0－1”分布(或两点分布).

如例 2.2.1 中随机变量服从两点分布.

例 2.2.7 100 件产品中,有 95 件正品,5 件次品,从中随机抽一件,假如抽到每件的机会相同. 那么,P(正品)＝0.95,P(次品)＝0.05. 现定义随机变量如下:

$$X=\begin{cases}1 & \text{正品}\\ 0 & \text{次品}\end{cases},$$

那么,

$$P(X=1)=0.95,P(X=0)=0.05,$$

即 X 服从二点分布.

两点分布在实际中经常出现,如“中”与“不中”,“正面”与“反面”,“合格”与“不合格”,“成功”与“不成功”,“好”与“坏”,“大”与“小”等随机变量都服从两点分布.

2. 二项分布

定义 2.2.3 若随机变量 X 的可能值是 $0,1,2,\cdots,n$,并且有

$$p(X=k)=C_n^k p^k q^{n-k}\quad (k=0,1,2,\cdots,n)(0<p<1,q=1-p),$$

则称 X 服从参数为 n,p 的二项分布，又称为贝努利分布，记为 $X\sim B(n,p)$.

当 $n=1$ 时的二项分布就是两点分布.

由上一章我们知道：设单次试验中，事件 A 发生的概率为 $p(0<p<1)$，则在 n 次独立试验中，P（A 发生 k 次）$=C_n^k p^k q^{n-k}(q=1-p)(k=0,1,2,\cdots,n)$. 由此可见，在 n 次独立试验中，“A 发生的次数” X 这个随机变量服从二项分布.

二项分布是一种简单但是非常重要的分布，在实际中大量存在，有着广泛的应用，特别是在产品抽样检查中用得最多.

例 2.2.8　设一批产品的废品率为 5%，从中任取 100 件，求下面两事件的概率：

(1) 最多有 1 件废品；(2) 最少有 1 件废品.

解　设 X 为 100 件产品中废品的件数，$p=0.05,q=1-p=0.95$，显然

$$X\sim B(100,0.05).$$

(1) P（最多 1 件废品）$=P(X\leqslant 1)=P(X=0)+P(X=1)$

$$=C_{100}^0(0.05)^0(0.95)^{100}+C_{100}^1(0.05)^1(0.95)^{99}\approx 0.0371.$$

(2) P（最少 1 件废品）$=P(X\geqslant 1)=1-P(X<1)=1-P(X=0)$

$$=1-C_{100}^0(0.05)^0(0.95)^{100}\approx 0.9941.$$

3. 泊松分布

定义 2.2.4　若随机变量 X 的可能值为 $k=0,1,2,\cdots$，而取得这些值的概率分别是：

$$P(X=k)=\frac{\lambda^k}{k!}e^{-\lambda}\quad (k=0,1,2,\cdots,\lambda>0),$$

则称 X 服从泊松(Poisson)分布，记作 $X\sim P(\lambda)$.

泊松分布在很多地方都有应用，如一段时间内电话用户对电话站的呼唤次数，一段时间内候车的旅客数，一段时间内某放射物质放射的粒子数等等，这些都服从泊松分布.

例 2.2.9　已知某电话交换台每分钟接到呼唤的次数 X 服从参数 $\lambda=4$ 的泊松分布，求 (1) 每分钟内恰好接到 3 次呼唤的概率，(2) 每分钟内接到呼唤次数不超过 4 次的概率.

解　(1) $P(X=3)=\dfrac{4^3e^{-4}}{3!}\approx 0.1954$；

(2) $P(X\leqslant 4)=\displaystyle\sum_{k=0}^{4}\frac{e^{-4}4^k}{k!}\approx 0.6288$.

计算可查泊松分布表.

事实上，泊松分布可看作二项分布的极限形式.

定理 2.2.1　设随机变量 X 服从二项分布 $B(n,p)$，则当 $n\to+\infty$ 时，X 近似地服从泊松分布 $P(\lambda)$，其中 $\lambda=np$，即下面的近似等式成立：

$$C_n^k p^k q^{n-k}\approx\frac{\lambda^k}{k!}e^{-\lambda}.$$

证明

$$
\begin{aligned}
C_n^k p^k q^{n-k} &= \frac{n!}{k!\ (n-k)!} p^k\ (1-p)^{n-k} \\
&= \frac{n(n-1)\cdots(n-k+1)}{k!}\left(\frac{\lambda}{n}\right)^k\left(1-\frac{\lambda}{n}\right)^{n-k} \\
&= \frac{\lambda^k}{k!}\left(1-\frac{1}{n}\right)\cdots\left(1-\frac{k-1}{n}\right)\left(1-\frac{\lambda}{n}\right)^{n-k}.
\end{aligned}
$$

因为

$$\lim_{n\to+\infty}\left(1-\frac{\lambda}{n}\right)^{n-k}=e^{-1},$$

所以，当 $n\to+\infty$ 时，得

$$\lim_{n\to+\infty} C_n^k p^k q^{n-k}=\frac{\lambda^k}{k!}e^{-1}.$$

因此，当 n 充分大时，近似等式成立.

值得注意的是，由于在定理 2.2.1 及其证明过程中，设 $p=\frac{\lambda}{n}$，所以 p 的值必须很小(一般说来，$p\leqslant 0.1$)，才能利用定理 2.2.1 的近似等式进行近似计算.

例 2.2.10 为了保证设备正常工作，需要配备适量的维修工人，现有同类型设备若干台，各台工作是相互独立的，发生故障的概率都是 0.01，在通常情况下一台设备可由一个人来处理，若由一个人承包维修 20 台设备，求设备发生故障而不能及时处理的概率?

解 设随机变量 X 表示同一时间内设备发生故障的台数，由题意知，X 服从二项分布 $X\sim B(20,0.01)$，此时 $n=20, p=0.01, \lambda=np=0.2$，其中 n 比较大，p 比较小，所求的概率为

$$
\begin{aligned}
P(X>1) &= 1-P(X\leqslant 1) \\
&= 1-P(X=0)-P(X=1) \\
&= 1-C_{20}^0\ (0.99)^{20}-C_{20}^1(0.01)\ (0.99)^{19} \\
&\approx 1-\frac{e^{-0.2}\ (0.2)^0}{0!}-\frac{e^{-0.2}\ (0.2)^1}{1!} \\
&= 1-e^{-0.2}-0.2e^{-0.2} \\
&\approx 0.017\ 5.
\end{aligned}
$$

4. 几何分布

定义 2.2.5 若随机变量 X 的可能值是 $1,2,3,\cdots$，并且有

$$P(X=k)=pq^{k-1}(0<p<1, q=1-p),$$

则称 X 服从几何分布，记作 $X\sim G(p)$.

例 2.2.11 某射手命中率为 0.7，求到击中目标为止射击次数 X 服从的概率分布.

解

X	1	2	3	…	k	…
p	0.7	0.3×0.7	$0.3^2\times 0.7$	…	$0.3^{k-1}\times 0.7$	…

X 服从几何分布，$X\sim G(0.7)$.

5. 超几何分布

定义 2.2.6　若随机变量 X 的可能值是 $0,1,2,\cdots,\min\{M,n\}$，并且有

$$P(X=k)=\frac{C_M^k C_{N-M}^{n-k}}{C_N^n}.$$

其中 M,N,n 都是正整数，且 $M\leqslant N,n\leqslant N$，我们通常把这种分布叫作超几何分布，记为 $X\sim H(n,M,N)$.

2.3　连续型随机变量

在实际中有很多随机现象所出现的试验结果是不可列的，例如测量中的误差、电子产品使用寿命、某一时期的降雨量等，这些都是连续型随机变量.本节将考虑连续型随机变量的概率分布问题.

2.3.1　连续型随机变量

连续型随机变量的取值是某一实数区间或整个实数集.对于这类随机变量，不可能用有限个或可列无穷多个点的概率去描述，因此，主要考虑区间上的概率问题.

定义 2.3.1　考虑连续型随机变量 X 落在区间 $(x,x+\Delta x)$ 内的概率

$$P(x<X<x+\Delta x),$$

其中 x 是任何实数，Δx 是区间的长度，比值

$$\frac{P(x<X<x+\Delta x)}{\Delta x}$$

叫作随机变量 X 在该区间上的平均概率分布密度.如果当 $\Delta x\to 0$ 时上述比例的极限存在，则这极限叫作随机变量 X 在点 x 处的概率密度函数(简称密度函数，有时也称其为概率函数)，记作 $f(x)$：

$$f(x)=\lim_{\Delta x\to 0}\frac{P(x<X<x+\Delta x)}{\Delta x}.$$

对于连续型随机变量的分布函数 $F(x)$ 与概率密度函数 $f(x)$ 之间具有如下的关系：由概率密度函数定义以及导数的定义可知

$$f(x)=\lim_{\Delta x\to 0}\frac{P(x<X<x+\Delta x)}{\Delta x}=\lim_{\Delta x\to 0}\frac{F(x+\Delta x)-F(x)}{\Delta x}=F'(x).$$

所以,连续型随机变量的概率密度函数 $f(x)$ 是分布函数 $F(x)$ 的导函数;也就是说,分布函数 $F(x)$ 是概率密度函数 $f(x)$ 的一个原函数.进一步,由分布函数的定义和牛顿-莱布尼茨公式可得

$$F(x)=P(-\infty<X\leqslant x)=\int_{-\infty}^{x}f(x)\mathrm{d}x.$$

对于概率密度函数,我们有如下性质:

(1) 由定义可知,连续型随机变量的概率密度函数是非负数 $P(x<X<x+\Delta x)$ 与正数 Δx 的比值的极限,所以概率密度函数 $f(x)$ 是非负函数:

$$f(x)\geqslant 0.$$

(2) 一般情况下,当随机变量 X 可以取得一切实数值时,注意到 $F(-\infty)=0$, $F(+\infty)=1$,我们有

$$\int_{-\infty}^{+\infty}f(x)\mathrm{d}x=1.$$

已知连续型随机变量 X 的概率密度函数,则不难计算随机变量 X 落在任一区间 $[a,b]$ 内的概率.事实上,由牛顿-莱布尼茨公式可得

$$P(a<X<b)=\int_{a}^{b}f(x)\mathrm{d}x.$$

这就是说,连续型随机变量 X 落在区间 $[a,b]$ 内的概率等于它的概率密度函数 $f(x)$ 在该区间上的定积分.

对于连续型随机变量 X,它在一点的概率 $P(X=a)=0$(a 为一常数),因此,连续型随机变量的分布函数 $F(x)$ 是连续函数. 由此可见,当计算连续型随机变量落在某一区间内的概率时,我们可不必区别该区间是开区间或闭区间或半开半闭区间,因为所有这些概率都是相等的,即

$$\begin{aligned}P(a\leqslant X\leqslant b)&=P(a<X\leqslant b)=P(a\leqslant X<b)=P(a<X<b)\\&=F(b)-F(a)=\int_{a}^{b}f(x)\mathrm{d}x.\end{aligned}$$

例 2.3.1 函数 $f(x)=\begin{cases}\sin x & x\in D\\ 0 & x\notin D\end{cases}$ 在以下区间是否是概率密度函数.(1) $D=\left[0,\frac{\pi}{2}\right]$;(2) $D=[0,\pi]$;(3) $D=\left[0,\frac{3\pi}{2}\right]$.

解 (1) 在 $D=\left[0,\frac{\pi}{2}\right]$ 上,$f(x)\geqslant 0$,$\int_{-\infty}^{+\infty}f(x)\mathrm{d}x=\int_{0}^{\frac{\pi}{2}}\sin x\mathrm{d}x=1$,故(1) 是.

(2) 在 $D=[0,\pi]$ 上,$f(x)\geqslant 0$,$\int_{-\infty}^{+\infty}f(x)\mathrm{d}x=\int_{0}^{\pi}\sin x\mathrm{d}x=2$,故(2) 不是.

(3) 在 $D=\left[0,\frac{3\pi}{2}\right]$ 上,$f(x)\geqslant 0$ 不再成立,故(3) 不是.

例 2.3.2　设连续型随机变量 X 的分布函数为

$$F(x)=a+b\arctan x\,(-\infty<x<+\infty).$$

试求(1) 系数 a,b；(2) X 的概率密度函数 $f(x)$；(3) $P(X>1)$.

解　(1) 根据分布函数的性质可得

$$F(-\infty)=\lim_{x\to-\infty}(a+b\arctan x)=a-b\frac{\pi}{2},$$

$$F(+\infty)=\lim_{x\to+\infty}(a+b\arctan x)=a+b\frac{\pi}{2},$$

所以

$$\begin{cases}a-b\dfrac{\pi}{2}=0\\a+b\dfrac{\pi}{2}=1\end{cases},$$

解出

$$a=\frac{1}{2},b=\frac{1}{\pi}.$$

(2) 由于 $f(x)=F'(x)$，

所以

$$f(x)=\frac{1}{\pi(1+x^2)}.$$

(3) $P(X>1)=1-P(X\leqslant 1)=1-F(1)=1-\left(\dfrac{1}{2}+\dfrac{1}{\pi}\arctan 1\right)=\dfrac{1}{2}-\dfrac{1}{\pi}\arctan 1=\dfrac{1}{4}.$

例 2.3.3　设连续型随机变量 X 的概率密度函数为

$$f(x)=\begin{cases}\dfrac{A}{\sqrt{1-x^2}} & |x|<1\\0 & 其他\end{cases}.$$

求(1) 系数 A；(2) $P\left(-\dfrac{1}{2}\leqslant x\leqslant\dfrac{1}{2}\right)$；(3) X 的分布函数 $F(x)$.

解　(1) 由于

$$\int_{-\infty}^{+\infty}f(x)\mathrm{d}x=\int_{-1}^{1}\frac{A}{\sqrt{1-x^2}}\mathrm{d}x=A\times\pi=1,$$

解得

$$A=\frac{1}{\pi}.$$

故

$$f(x)=\begin{cases}\dfrac{1}{\pi\sqrt{1-x^2}} & |x|<1\\ 0 & \text{其他}\end{cases}.$$

(2) $P\left(-\dfrac{1}{2}\leqslant x\leqslant\dfrac{1}{2}\right)=\displaystyle\int_{-\frac{1}{2}}^{\frac{1}{2}}\frac{1}{\pi\sqrt{1-x^2}}\mathrm{d}x=\frac{1}{3}$.

(3) 由 $F(x)=\displaystyle\int_{-\infty}^{x}f(x)\mathrm{d}x$，可得：

当 $x\leqslant-1$ 时，$F(x)=0$；

当 $-1<x<1$ 时，$F(x)=\displaystyle\int_{-\infty}^{-1}0\mathrm{d}x+\int_{-1}^{x}\frac{1}{\pi\sqrt{1-x^2}}\mathrm{d}x=\frac{1}{2}+\frac{1}{\pi}\arcsin x$；

当 $x\geqslant 1$ 时，$F(x)=1$.

故

$$F(x)=\begin{cases}0 & x\leqslant-1\\ \dfrac{1}{2}+\dfrac{1}{\pi}\arcsin x & -1<x<1\\ 1 & x\geqslant 1\end{cases}.$$

对于连续型随机变量，分布函数与概率密度函数统一，两者都能相互表达，区间上的概率对于概率密度函数用积分去实现，对于分布函数用减法去实现，它与微积分中牛顿-莱布尼茨公式相适应.

2.3.2 常见的连续型随机变量分布

1. 均匀分布

定义 2.3.2 设随机变量 X 的概率密度函数为

$$f(x)=\begin{cases}\dfrac{1}{b-a} & a\leqslant x\leqslant b\\ 0 & \text{其他}\end{cases},$$

则称 X 在区间 $[a,b]$ 上服从均匀分布，记为 $X\sim U(a,b)$.

由均匀分布的概率密度函数很容易求出其分布函数

$$F(x)=\begin{cases}0 & x<a\\ \dfrac{x-a}{b-a} & a\leqslant x\leqslant b\\ 1 & x>b\end{cases}.$$

设 $\lambda=\dfrac{1}{b-a}$，若 $a\leqslant c<d\leqslant b$，按照概率的定义

$$P(c < x < d) = \int_c^d f(x)\mathrm{d}x = \lambda(d-c).$$

上式表明，X 取值于 $[a,b]$ 中任一小区间的概率与该小区间的长度成正比，而跟该小区间的具体位置无关，这就是均匀分布的概率意义，它的几何意义在于把单位面积平均分布在区间上，如图 2-1 所示.

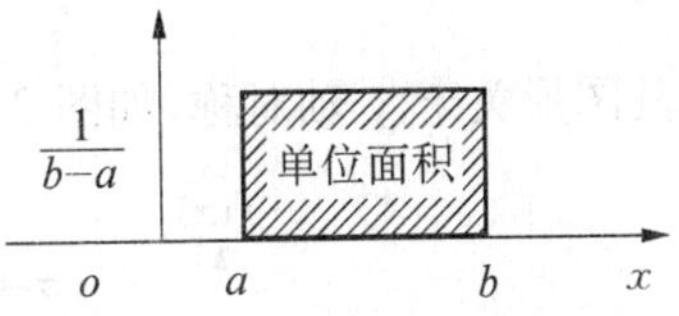

单位面积

$\frac{1}{b-a}$　o　a　b　x

图 2-1

均匀分布常见于下列情形，例如，在刻度器上读数时把零头数化为最靠近整分度时所发生的误差，每隔一定时间有一辆公共汽车通过的汽车停车站上乘客候车的时间，等等.

例 2.3.4　公共汽车站每隔五分钟有一辆汽车通过.乘客到达汽车站的任一时刻是等可能的，求乘客候车时间不超过 3 分钟的概率.

解　设随机变量 X 表示乘客到达汽车站后的等车时间，则 X 在区间 $[0,5]$ 上服从均匀分布，概率密度函数为

$$f(x) = \begin{cases} \frac{1}{5} & 0 \leqslant x \leqslant 5 \\ 0 & \text{其他} \end{cases}.$$

所以，候车时间不超过 3 分钟的概率为

$$P(0 \leqslant x \leqslant 3) = \int_0^3 \frac{1}{5}\mathrm{d}x = \frac{3}{5}.$$

2. 正态分布

在实际中，很多随机变量都近似服从正态分布，如产品的长度、强度，测量的误差，人群的身高、体重，等等.因此，正态分布在概率统计的理论与应用中占有特别重要的地位.

定义 2.3.3　设随机变量 X 的概率密度函数为

$$f(x) = \frac{1}{\sqrt{2\pi}\sigma}\mathrm{e}^{-\frac{(x-\mu)^2}{2\sigma^2}} \quad (-\infty < x < +\infty),$$

其中 μ 及 $\sigma > 0$ 都是常数，则称 X 服从正态分布(或高斯分布)，记为 $X \sim N(\mu,\sigma^2)$.

显然，$\int_{-\infty}^{+\infty} \frac{1}{\sqrt{2\pi}\sigma}\mathrm{e}^{-\frac{(x-\mu)^2}{2\sigma^2}}\mathrm{d}x = 1$.

由正态分布的概率密度函数很容易得到其分布函数为

$$F(x) = \frac{1}{\sqrt{2\pi}\sigma}\int_{-\infty}^{x} \mathrm{e}^{-\frac{(x-\mu)^2}{2\sigma^2}}\mathrm{d}x.$$

正态分布概率密度函数 $f(x)$ 的图像如图 2-2 所示，分布曲线关于 $x=\mu$ 轴对称，呈钟形曲线，并在 $x=\mu$ 处达到极大值，等于 $\frac{1}{\sqrt{2\pi}\sigma}$；在 $x=\mu\pm\sigma$ 处有拐点；以 x 轴作为它的渐近线.若改变参数 μ 的值，则分布曲线沿着 x 轴平行移动而不改变其形状.若使 μ 的值固定不变，σ 越小，图形越向 $x=\mu$ 集中；σ 越大，图形越偏离 $x=\mu$ 轴.

特别当 $\mu=0,\sigma=1$ 时，称 X 服从标准正态分布，记为 $X\sim N(0,1)$，其概率密度函数

$$\varphi(x)=\frac{1}{\sqrt{2\pi}}\mathrm{e}^{-\frac{x^2}{2}}(-\infty<x<+\infty),$$

其图形关于 y 轴对称，如图 2-3 所示。

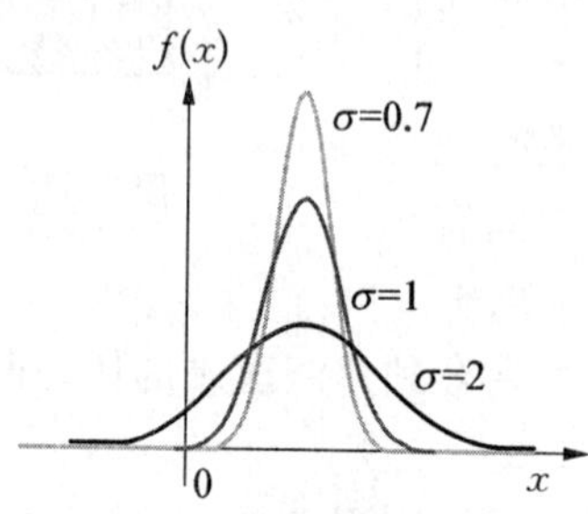

图 2-2　正态分布概率密度函数 $f(x)$ 的图像

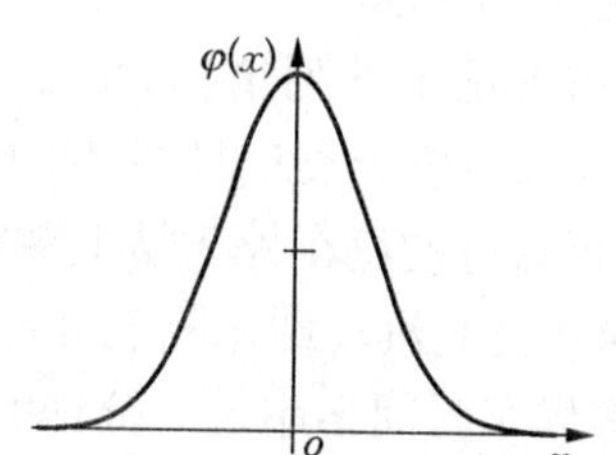

图 2-3　标准正态分布概率密度函数 $\varphi(x)$ 的图像

其分布函数为

$$\Phi(x)=\int_{-\infty}^{x}\frac{1}{\sqrt{2\pi}}\mathrm{e}^{-\frac{t^2}{2}}\mathrm{d}t.$$

函数 $\Phi(x)$ 具有下列性质：

(1) $\Phi(0)=0.5$；

(2) $\Phi(+\infty)=1$；

(3) $\Phi(-x)=1-\Phi(x)$.

借助已编制的 $\Phi(x)$ 的数值表(见附表)和 $\Phi(x)$ 的性质，我们就可以来计算标准正态分布的概率.

例 2.3.5　设 $X\sim N(0,1)$，查表计算：

(1) $P(X<1)$；　(2) $P(X<-3)$；　(3) $P(|X|<2)$；　(4) $P(X>5)$.

解　查表得 (1) $P(X<1)=\Phi(1)\approx 0.841\,3$；

(2) $P(X<-3)=\Phi(-3)=1-\Phi(3)\approx 1-0.998\,7=0.001\,3$；

(3) $P(|X|<2)=P(-2<X<2)=\Phi(2)-\Phi(-2)=2\Phi(2)-1\approx 2\times 0.977\,3-1=0.954\,6$；

(4) $P(X>5)=1-\Phi(5)=0$.

一般正态分布的概率计算可以应用定积分的换元积分法将其转化为标准正态分布的概率计算.若 $X\sim N(\mu,\sigma^2)$，则

$$\begin{aligned}P(a\leqslant X\leqslant b)&=\int_a^b\frac{1}{\sqrt{2\pi}\sigma}\mathrm{e}^{-\frac{(x-\mu)^2}{2\sigma^2}}\mathrm{d}x\\&\xlongequal{t=\frac{x-\mu}{\sigma}}\int_{\frac{a-\mu}{\sigma}}^{\frac{b-\mu}{\sigma}}\frac{1}{\sqrt{2\pi}}\mathrm{e}^{-\frac{t^2}{2}}\mathrm{d}t\\&=\Phi\left(\frac{b-\mu}{\sigma}\right)-\Phi\left(\frac{a-\mu}{\sigma}\right).\end{aligned}$$

事实上,若随机变量 $X \sim N(\mu,\sigma^2)\left(令 Y=\dfrac{X-\mu}{\sigma}\right)$,则随机变量 $Y \sim N(0,1)$.

例 2.3.6　设 $X \sim N(-1,4)$,求 $P(-5 \leqslant X < 1)$,$P(-2 < X \leqslant 2)$,$P(|X| < 1)$,$P\left(|X| \geqslant \dfrac{3}{2}\right)$.

解　$X \sim N(-1,4)$,显然 $\mu=-1,\sigma=2$,则

$$\begin{aligned}P(-5 \leqslant X < 1) &= \Phi\left(\frac{1+1}{2}\right)-\Phi\left(\frac{-5+1}{2}\right)=\Phi(1)-\Phi(-2)\\&=\Phi(1)-1+\Phi(2) \approx 0.8413+0.9772-1=0.8185,\end{aligned}$$

$$\begin{aligned}P(-2 < X \leqslant 2) &= \Phi\left(\frac{2+1}{2}\right)-\Phi\left(\frac{-2+1}{2}\right)=\Phi(1.5)-\Phi(-0.5)\\&=\Phi(1.5)-1+\Phi(0.5) \approx 0.9332+0.6915-1=0.6247,\end{aligned}$$

$$\begin{aligned}P(|X|<1) &= P(-1<X<1)=\Phi\left(\frac{1+1}{2}\right)-\Phi\left(\frac{-1+1}{2}\right)\\&=\Phi(1)-\Phi(0) \approx 0.8413+0.5-1=0.3413,\end{aligned}$$

$$\begin{aligned}P\left(|X| \geqslant \frac{3}{2}\right) &= P\left(X \geqslant \frac{3}{2}\right)+P\left(X \leqslant -\frac{3}{2}\right)=1-\Phi\left(\frac{1.5+1}{2}\right)+\Phi\left(\frac{-1.5+1}{2}\right)\\&=1-\Phi(1.25)+\Phi(-0.25)=1-\Phi(1.25)+1-\Phi(0.25)\\&\approx 2-0.8944-0.5987=0.5069.\end{aligned}$$

例 2.3.7　设 $X \sim N(\mu,\sigma^2)$,求 $P(|X-\mu|<\sigma)$;$P(|X-\mu|<2\sigma)$;$P(|X-\mu|<3\sigma)$.

解　$$\begin{aligned}P(|X-\mu|<\sigma) &= P(\mu-\sigma<X<\mu+\sigma)=P\left(-1<\frac{X-\mu}{\sigma}<1\right)\\&=\Phi(1)-\Phi(-1)=2\Phi(1)-1=0.6826.\end{aligned}$$

同理可得,$P(|X-\mu|<2\sigma)=0.9544$,

$P(|X-\mu|<3\sigma)=0.9974$.

上式说明了统计中经常用到所谓的"3σ"准则,即服从正态分布 $N(\mu,\sigma^2)$ 的随机变量的取值有 99.7%左右落入区间中 $(\mu-3\sigma,\mu+3\sigma)$ 中,仅有 3%左右落在区间 $(\mu-3\sigma,\mu+3\sigma)$ 之外.

3. 指数分布

定义 2.3.4　设随机变量 X 的概率密度函数为

$$f(x)=\begin{cases}\lambda e^{-\lambda x} & x \geqslant 0\\ 0 & x<0\end{cases},$$

其中 $\lambda>0$ 为常数,则称 X 服从参数为 λ 的指数分布,记为 $X \sim e(\lambda)$.

显然，(1) $f(x)\geqslant 0$；(2) $\int_{-\infty}^{+\infty}f(x)\mathrm{d}x=\int_{0}^{+\infty}\lambda\mathrm{e}^{-\lambda x}\mathrm{d}x=(-\mathrm{e}^{-\lambda x})\big|_{0}^{+\infty}=1$.

由指数分布的概率密度函数很容易得到其分布函数为

$$F(x)=\begin{cases}1-\mathrm{e}^{-\lambda x} & x\geqslant 0\\ 0 & x\leqslant 0\end{cases}.$$

例 2.3.8 若已使用了 t 小时的电子产品，在以后的 Δt 小时内损坏的概率为 $\lambda\Delta t+o(\Delta t)$，其中 λ 是不依赖于 t 的数.假定电子产品寿命为零的概率是零，求电子产品在 T 小时内损坏的概率.

解 设 X 为电子产品的寿命.显然 X 为一个随机变量，

$$P(X\leqslant T)=F(T).$$

对于“已使用了 t 小时的电子产品在以后的 Δt 小时内损坏的概率”是一个条件概率，即

$$P(t<X<t+\Delta t\,|\,X>t)=\lambda\Delta t+o(\Delta t).$$

由条件公式计算知，

$$\frac{F(t+\Delta t)-F(t)}{1-F(t)}=\lambda\Delta t+o(\Delta t),$$

$$\frac{F(t+\Delta t)-F(t)}{\Delta t}=[1-F(t)]\left[\lambda+\frac{o(\Delta t)}{\Delta t}\right].$$

当 $\Delta t\to 0$ 时，得 $F'(t)=\lambda[1-F(t)]$ 且 $F(0)=0$.

解微积分方程得

$$F(t)=1-\mathrm{e}^{-\lambda t},$$

所以电子产品在 T 小时内损坏的概率

$$P(X\leqslant T)=F(T)=1-\mathrm{e}^{-\lambda T}.$$

不难看出，X 的概率密度函数为 $f(t)=\begin{cases}\lambda\mathrm{e}^{-\lambda t} & t\geqslant 0\\ 0 & t<0\end{cases}$，即电子产品寿命的分布服从参数为 λ 的指数分布.

4. Γ 分布

定义 2.3.5 如果随机变量 X 的概率密度函数为

$$f(x)=\begin{cases}\dfrac{\beta^{\alpha}}{\Gamma(\alpha)}x^{\alpha-1}\mathrm{e}^{-\beta x} & x>0\\ 0 & x\leqslant 0\end{cases}(\alpha>0,\beta>0),$$

其中 $\Gamma(\alpha)=\int_{0}^{+\infty}x^{\alpha-1}\mathrm{e}^{-x}\mathrm{d}x$，则称 X 服从 Γ 分布.记为 $X\sim\Gamma(\alpha,\beta)$.

Γ 分布含有 α,β 两个参数，$\Gamma(1,\beta)$ 就是指数分布，$\Gamma\left(\dfrac{n}{2},\dfrac{1}{2}\right)$ 就是自由度为 n 的卡方

分布 $\chi^2(n)$.

在实际中，Γ 分布表示等待 n 个事件发生所需的时间分布，它在排队论、可靠性分析中有着重要的应用.这是一种重要的非正态分布.

2.4　随机变量函数分布

在实际应用中，我们常常需要研究随机变量的函数的分布.

定义 2.4.1　设 $g(x)$ 是定义在随机变量 X 的一切可能值 x 的集合上的函数.所谓随机变量 X 的函数就是这样的随机变量 Y，每当变量 X 取值 x 时，它取值 $y=g(x)$，记作

$$Y=g(X).$$

例如，设 X 是球的直径，而 Y 是球的体积，则 Y 是 X 的函数：$Y=\frac{\pi}{6}X^3$.

我们的问题是：如何根据已知的随机变量 X 的分布来寻求 $Y=g(X)$ 的分布.

2.4.1　离散型随机变量函数的分布

对于离散型随机变量 X 服从的概率分布列为：

X	x_1	x_2	…	x_n	…
$P(X=x_i)$	$p(x_1)$	$p(x_2)$	…	$p(x_n)$	…

为了求随机变量 $Y=g(X)$ 的分布，应当求出下表

Y	$y_1=g(x_1)$	$y_2=g(x_2)$	…	$y_n=g(x_n)$	…
$P(Y=y_i)$	$p(x_1)$	$p(x_2)$	…	$p(x_n)$	…

当变量 X 取得它的某一个可能值 x_i 时，随机变量函数 $Y=g(X)$ 取值 $y_i=g(x_i)$. 如果所有的 $y_i=g(x_i)$ 的值全不相等，则随机变量 Y 的概率分布列就是上表.

但是，如果数 $g(x_i)$ 中有相等的，则应把那些相等的值合并起来，并根据概率加法定理把对应的概率 $p(x_i)$ 相加，方能得到 Y 的概率分布列.

例 2.4.1　设随机变量 X 的概率分布列为

X	1	2	3	4
p	0.2	0.1	0.2	0.5

求 $Y=X^2-1$ 的概率分布.

解　Y 的概率分布列为

Y	0	3	8	15
p	0.2	0.1	0.2	0.5

例 2.4.2 设随机变量 X 的概率分布列为

X	-1	-3	0	1	3
p	0.1	0.2	0.3	0.2	0.2

求 $Y=X^2+1$ 的概率分布.

解 Y 的概率分布列为

Y	1	2	10
p	0.3	0.3	0.4

例 2.4.3 设随机变量 X 的概率分布列为

X	0	1	2	3	4
p	0.1	0.1	0.3	0.3	0.2

而 $Y=2X+1, Z=(X-2)^2$，分别求出 Y,Z 的分布列.

解 Y 的概率分布列为

Y	1	3	5	7	9
p	0.1	0.1	0.3	0.3	0.2

Z 的概率分布列为

Z	0	1	4
p	0.3	0.4	0.3

2.4.2 连续型随机变量函数的分布

假设函数 $g(x)$ 及其一阶导函数在随机变量 X 的一切可能值 x 的区间内是连续的.我们的问题是已知随机变量 X 的概率密度函数 $f_X(x)$，要求随机变量 $Y=g(X)$ 的概率密度函数 $f_Y(y)$.

为了求随机变量 $Y=g(X)$ 的概率密度函数 $f_Y(y)$，应先求 Y 的分布函数,对于任意的实数 y，我们有

$$F_Y(y)=P(Y\leqslant y)=P[g(X)\leqslant y]=\sum_i\int_{\Delta_i(y)} f_X(x)\mathrm{d}x,$$

其中 $\Delta_i(y)$ 是与 $g(x)\leqslant y$ 对应的 X 的可能值 x 所在的区间;然后求 $F_Y(y)$ 对 y 的导数，即可得 Y 的概率密度函数 $f_Y(y)$.

例 2.4.4 设 $X\sim N(\mu,\sigma^2)$，求 $Y=\dfrac{X-\mu}{\sigma}$ 的概率密度函数.

解 已知 $X\sim N(\mu,\sigma^2)$，则 $f_X(x)=\dfrac{1}{\sqrt{2\pi}\sigma}\mathrm{e}^{-\frac{(x-\mu)^2}{2\sigma^2}}(-\infty<x<+\infty)$.

设 Y 的分布函数为 $F_Y(y)$，于是

$$F_Y(y)=P(Y\leqslant y)=P\left(\frac{X-\mu}{\sigma}\leqslant y\right)=P(X\leqslant \sigma y+\mu)$$

$$=F_X(\sigma y+\mu),$$

而
$$F_X(x)=\int_{-\infty}^{x}\frac{1}{\sqrt{2\pi}\sigma}\mathrm{e}^{-\frac{(x-\mu)^2}{2\sigma^2}}\mathrm{d}x,$$

所以

$$f_Y(y)=F'_Y(y)=\sigma F_X'(\sigma y+\mu)=\sigma f_X(\sigma y+\mu)=\frac{1}{\sqrt{2\pi}}\mathrm{e}^{-\frac{y^2}{2}}.$$

这表明 $Y\sim N(0,1)$.

例 2.4.5　随机变量 X 的概率密度函数为

$$f(x)=\begin{cases}2x & 0\leqslant x\leqslant 1\\ 0 & \text{其他}\end{cases}.$$

求随机变量 $Y=X^2$ 的概率密度函数.

解　Y 的分布函数为

$$F_Y(y)=P(Y\leqslant y)=P(X^2\leqslant y).$$

当 $y<0$ 时，$F_Y(y)=0$；

当 $0\leqslant y<1$ 时，于是 $F_Y(y)=P(X\leqslant\sqrt{y})=\int_0^{\sqrt{y}}2x\,\mathrm{d}x=y$；

当 $y\geqslant 1$ 时，$F_Y(y)=P(\Omega)=1$.

综上，$Y=X^2$ 的分布函数为 $F_Y(y)=\begin{cases}0 & y<0\\ y & 0\leqslant y<1\\ 1 & y\geqslant 1\end{cases}$.

则 Y 的概率密度函数为对 $F_Y(y)$ 求导数，得

$$f_Y(y)=F_Y'(y)=\begin{cases}1 & 0<y<1\\ 0 & \text{其他}\end{cases}.$$

习题二

2.1　袋中有 5 个球，其中 3 个黑球，2 个白球，现从中任取一球，设

$$X=\begin{cases}0 & \text{若取到白球}\\ 1 & \text{若取到黑球}\end{cases}.$$

求随机变量 X 的分布列.

2.2　设有产品 100 件，其中有 5 件次品，95 件正品，现从中任意抽出 20 件，求“抽得的次品件数” X 的分布列.

2.3 一批产品有 10 件正品，3 件次品，如果随机从中每次取出一件产品后，总以一件正品放回去，直到取到正品为止，求抽出次数 X 的概率分布列及分布函数.

2.4 设袋中有标号为 1,1,2,2,2 的五个球，从中任取一个，求所得球标号数 X 的分布函数.

2.5 设随机变量 X 的分布列为

$$P(X=k)=a\frac{\lambda^k}{k!}(\lambda>0)\quad(k=0,1,2,\cdots),$$

求 a.

2.6 从一批含有 4 件正品和 3 件次品的产品中一件一件地抽取，不放回，求直到取得正品为止所需次数 X 的分布列.

2.7 某人进行射击，设每次射击的命中率是 0.02，独立射击 400 次，试求击中数大于等于 2 的概率?

2.8 设 $X\sim P(\lambda)$，已知 $P(X=1)=P(X=2)$，求 $P(X=4)$.

2.9 一批产品有 20 件产品，其中有 4 件次品，抽样后放回去，抽取 6 个产品，求抽出次品数 X 的分布列.

2.10 将一枚硬币连续抛两次，以 X 表示所抛两次中出现正面的次数，试写出随机变量 X 的分布列.

2.11 某射手有五发子弹，射一次，命中的概率为 0.9. 如果命中了就停止射击，如果不命中就一直射到子弹用尽，求耗用的子弹数的分布列.

2.12 已知随机变量 X 的分布列为

X	0	1	2
p	$\frac{1}{4}$	$\frac{1}{2}$	$\frac{1}{4}$

，求 (1) $F(x)$；(2) $P(-1\leqslant X\leqslant 1)$；(3) $P(X\geqslant 1)$.

2.13 若随机变量 X 服从两点分布，且 $P(X=1)=2P(X=0)$，求 X 的分布列.

2.14 某篮球运动员，每次投篮的命中率为 0.8，设 4 次投篮投中的次数为随机变量 X，(1) 问 X 服从什么分布? (2) 求 $P(X\geqslant 1)$.

2.15 若每次射击中靶的概率为 0.7，射击 10 炮. 求(1) 命中 3 炮的概率；(2) 至少命中 3 炮的概率.

2.16 一大楼装有 5 个同类型的供水设备，调查表明在某时刻 t 每个设备被使用的概率为 0.1，问在同一时刻(1) 恰有 2 个设备被使用的概率；(2) 至少有 1 个设备被使用的概率.

2.17 一电话交换台每分钟的呼唤次数 $X\sim P(4)$，求(1) 每分钟恰有 8 次呼唤的概率；(2) 每分钟的呼唤次数大于 2 的概率.

2.18 一批产品中有 1% 的次品，试问任意挑选多少件产品时才能保证至少有一件次品的概率不小于 0.95.

2.19 随机变量 X 的概率密度函数为 $f(x)=a\mathrm{e}^{-x^2+x}(-\infty<x<+\infty)$，求 a.

2.20 设随机变量 X 的概率密度函数为 $f(x)=\dfrac{A}{\mathrm{e}^x+\mathrm{e}^{-x}}(-\infty<x<+\infty)$. 求

(1) A；(2) $P\left(0<X<\frac{1}{2}\ln 3\right)$；(3) $F(x)$.

2.21　Cauchy 分布的随机变量 X 的分布函数为 $F(x)=A+B\arctan x\ (-\infty<x<+\infty)$，求 (1) A,B；(2) $P(|X|<1)$；(3) $f(x)$.

2.22　设随机变量 X 的概率密度函数为 $f(x)=\begin{cases}x & 0\leqslant x<1\\ 2-x & 1\leqslant x<2\\ 0 & \text{其他}\end{cases}$，求分布函数 $F(x)$.

2.23　设随机变量 X 的概率密度函数为 $f(x)=\frac{3x^2}{\theta^3}, 0<x<\theta$，若 $P(X>1)=\frac{7}{8}$，求 θ 的值.

2.24　设随机变量 X 的概率密度函数为 $f(x)=c\mathrm{e}^{-|x|}\ (-\infty<x<+\infty)$. 求(1) c；(2) $P(-1<X<1)$；(3) $F(x)$.

2.25　已知随机变量 X 的概率密度函数为 $f(x)=\begin{cases}12x^2-12x+3 & 0<x<1\\ 0 & \text{其他}\end{cases}$. 求 (1) $F(x)$；(2) $P(X<0.2)$；(3) $P(0.1<X<0.5)$.

2.26　设连续型随机变量 X 的概率密度函数为 $f(x)=\begin{cases}a\cos x & -\frac{\pi}{2}<x<\frac{\pi}{2}\\ 0 & \text{其他}\end{cases}$. 求 (1) 系数 a；(2) $P\left(0<X<\frac{\pi}{4}\right)$.

2.27　设连续型随机变量 X 的分布函数为 $F(x)=\begin{cases}0 & x\leqslant 0\\ Ax^2 & 0<x\leqslant 1\\ 1 & x>1\end{cases}$. (1) 求系数 A；(2) 求 $f(x)$；(3) $P(0.3<X<0.7)$.

2.28　在四位数学用表中，小数点后第四位数字是根据“四舍五入”的原则得到的，由此而产生的随机误差 X 服从均匀分布，求 X 的概率密度函数.

2.29　对圆片直径进行测量，其值在 $[5,6]$ 上均匀分布.求圆片面积的概率密度函数.

2.30　设 X 服从 $N(0,1)$，查表计算：$P(X<2.35), P(X<-1.24), P(|X|<1.54)$.

2.31　设 $X\sim N(3,4)$，求 $P(2\leqslant X\leqslant 5), P(X>-4), P(|X|<7)$.

2.32　设 X 服从正态分布 $N(10,2^2)$，求 (1) $P(7<X<15)$；(2) 求 d 使 $P(|X-10|<d)=0.9$.

2.33　已知从某批材料中任取一件时，取得的这件材料的强度服从 $N(200,18^2)$，计算取得这件材料的强度不低于 180 的概率.

2.34　某班一次数学考试成绩 $X\sim N(70,10^2)$，若规定低于 60 分为“不及格”，高于 85 分为“优秀”，问该班数学成绩“不及格”与“优秀”率分别为多少？

2.35　某种电池的寿命是一个随机变量 $X\sim N(300,35^2)$，求这样的电池寿命在 250 小时以上的概率，并求一允许限 $(300-x, 300+x)$，使得电池寿命落在这个区间上的概率不小于 90%.

2.36 到某服务单位办事总要排队等待，设等待时间 X 是服从指数分布的随机变量(单位：分钟)，概率密度函数为

$$f(x)=\begin{cases}\frac{1}{10}e^{-\frac{x}{10}} & x\geqslant 0\\ 0 & x<0\end{cases}.$$

某人到此办事，等待时间若超过 15 分钟，他就离去，设此人一个月要去该处 10 次，求最多 2 次离去的概率.

2.37 已知 $X\sim N(\mu,\sigma^2)$，$Y=a+bX$($a,b>0$ 为常数)，求 Y 的概率密度函数.

2.38 已知 X 的分布列为

X	-3	-2	-1	2	4
p	0.1	0.3	0.2	0.2	0.2

，求 $Y=X^2+1$ 的分布列.

2.39 已知 $X\sim f(x)=\begin{cases}\frac{1}{2}x & 0\leqslant x\leqslant 2\\ 0 & \text{其他}\end{cases}$，求 $Y=X^2$ 的概率密度函数.

2.40 若 $X\sim f_X(x)$，$Y=\alpha X+b$($\alpha<0$)，求 Y 的概率密度函数 $f_Y(y)$.

第三章
二维随机变量及其分布

在实际存在的随机现象中,有些试验结果仅仅用一个随机变量去描述是不够的,必须用两个或两个以上的随机变量来描述.例如,射击时击中点的坐标,在平面上画线时定位点的坐标,机械的空间误差,等等.现在我们仅讨论二维随机变量,至于三维或更多维的情形不难类推.

3.1 二维随机变量的联合分布

3.1.1 二维随机变量及分布函数

定义 3.1.1 设 E 是一个随机试验,其样本空间为 Ω,设 $X=X(\omega)$,$Y=Y(\omega)$ 是定义在 Ω 上的随机变量,则由它们构成的一个向量 (X,Y) 称为二维随机变量(或称二维随机向量).

定义 3.1.2 设二维随机变量 (X,Y),对于任意实数 x,y,我们定义二元函数

$$F(x,y)=p(X\leqslant x,Y\leqslant y)$$

为二维随机变量 (X,Y) 的联合分布函数,或称 (X,Y) 的分布函数.

分布函数的几何意义:若把 (X,Y) 看作是平面上随机点的坐标,(x,y) 表示坐标系中任一点,那么分布函数 $F(x,y)$ 就是随机点 (X,Y) 落在以点 (x,y) 为右上顶点的无穷"矩形"内的概率(如图 3-1).

由分布函数的几何意义可以得出(如图 3-2),对于任意的 $x_1<x_2$,$y_1<y_2$ 有

$$P(x_1<X\leqslant x_2,y_1\leqslant Y\leqslant y_2)=F(x_2,y_2)-F(x_2,y_1)-F(x_1,y_2)+F(x_1,y_1).$$

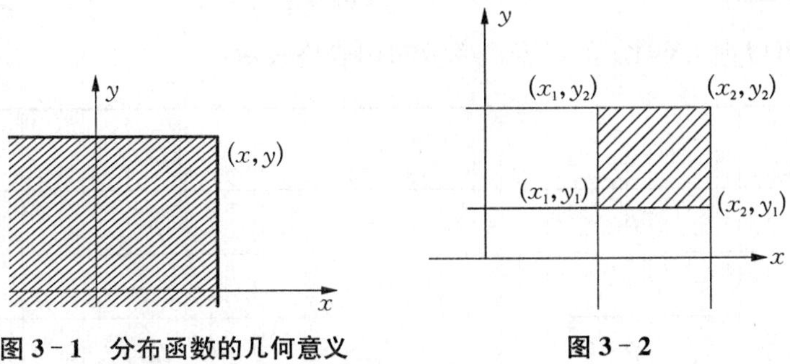

图 3-1 分布函数的几何意义　　图 3-2

(X,Y) 的分布函数 $F(x,y)$ 具有以下性质:

(1) $0 \leqslant F(x,y) \leqslant 1$.

(2) $F(-\infty,y)=0, F(x,-\infty)=0, F(-\infty,-\infty)=0, F(+\infty,+\infty)=1$.

(3) $F(x,y)$ 对 x,y 分别是单调非减函数.若 $x_1 < x_2$，则 $F(x_1,y) \leqslant F(x_2,y)$；对 $y_1 < y_2$，则 $F(x,y_1) \leqslant F(x,y_2)$.

(4) $F(x,y)$ 是关于 x（或 y）的右连续函数.

由二维随机变量可以得到：设 E 是一个随机试验，其样本空间为 Ω，设 $X_1 = x_1(\omega)$，$X_2 = x_2(\omega), \cdots, X_n = x_n(\omega)$ 是定义在 Ω 上的 n 个随机变量，则由它们构成的 n 维向量 $(X_1, X_2, \cdots, X_n)$ 称为 n 维随机变量.

对于任何一组实数 $x_1, x_2, \cdots, x_n$，n 元函数

$$F(x_1, x_2, \cdots, x_n) = p(X_1 \leqslant x_1, X_2 \leqslant x_2, \cdots, X_n \leqslant x_n)$$

称为 n 维随机变量的分布函数.

多维随机变量也分为离散型随机变量与连续型随机变量，对于离散型随机变量，概率分布集中在有限或可列个点上，用分布列描述概率分布比较方便. 对于连续型随机变量，以概率分布密度来描述.

3.1.2　二维离散型随机变量

定义 3.1.3　设二维随机变量 (X,Y) 所有可能取值为有限个或可列个，并且以确定的概率取各个不同的值，则称 (X,Y) 为二维离散型随机变量.

设二维离散型随机变量 (X,Y) 的所有可能取值为 $(x_i, y_j), i,j=1,2,\cdots$，记随机变量 X 取值 x_i，同时随机变量 Y 取值 y_j 的概率为：

$$P(X=x_i, Y=y_j) = P(x_i, y_j) = P_{ij} \quad (i,j=1,2,\cdots),$$

则有

(1) $p_{ij} \geqslant 0, i=1,2,\cdots; j=1,2,\cdots$;

(2) $\sum\limits_i \sum\limits_j p_{ij} = 1$.

而 (X,Y) 的联合分布函数为

$$F(x,y) = \sum_{x_i \leqslant x} \sum_{y_j \leqslant y} p_{ij}.$$

为了直观，可以把 (X,Y) 的联合概率分布用表格表示：

X \ Y	y_1	…	y_j	…
x_1	p_{11}	…	p_{1j}	…
…	…	…	…	…
x_i	p_{i1}	…	p_{ij}	…
…	…	…	…	…

称上述表格为随机变量 (X,Y) 的联合(概率)分布列.

例 3.1.1　袋中有10个大小相等的球(6红4白),任取一件,再取一件,设

$$X=\begin{cases}1 & 第一次取红球\\ 0 & 第一次取白球\end{cases},$$

$$Y=\begin{cases}1 & 第二次取红球\\ 0 & 第二次取白球\end{cases}.$$

(1) 放回抽取,试写出 (X,Y) 的联合分布列,

(2) 不放回抽取,试写出 (X,Y) 的联合分布列.

解　(X,Y) 所有取值为 $(0,0),(0,1),(1,0),(1,1)$.

(1) 有放回地抽取

$$P(X=0,Y=0)=\frac{4}{10}\times\frac{4}{10}=\frac{4}{25};$$

$$P(X=0,Y=1)=\frac{4}{10}\times\frac{6}{10}=\frac{6}{25};$$

$$P(X=1,Y=0)=\frac{6}{10}\times\frac{4}{10}=\frac{6}{25};$$

$$P(X=1,Y=1)=\frac{6}{10}\times\frac{6}{10}=\frac{9}{25}.$$

则 (X,Y) 的联合分布列

X \ Y	0	1
0	$\frac{4}{25}$	$\frac{6}{25}$
1	$\frac{6}{25}$	$\frac{9}{25}$

(2) 不放回地抽取

$$P(X=0,Y=0)=\frac{4}{10}\times\frac{3}{9}=\frac{2}{15};$$

$$P(X=0,Y=1)=\frac{4}{10}\times\frac{6}{9}=\frac{4}{15};$$

$$P(X=1,Y=0)=\frac{6}{10}\times\frac{4}{9}=\frac{4}{15};$$

$$P(X=1,Y=1)=\frac{6}{10}\times\frac{5}{9}=\frac{5}{15}.$$

则 (X,Y) 的联合分布列

X \ Y	0	1
0	$\frac{2}{15}$	$\frac{4}{15}$
1	$\frac{4}{15}$	$\frac{5}{15}$

例 3.1.2 一大批粉笔,其中 60%是白的,25%是黄的,15%是红的,现从中随机地、顺序地取出 6 支,问这 6 支中恰有 3 支白、1 支黄、2 支红的概率.

解 用(白,白,白,黄,红,红)表示第一支是白的,第二支是白的,第三支是白的,第四支是黄的,第五支是红的,第六支是红的.由于是大批量,我们认为是放回抽样,即抽取到黄、白、红的概率不变,有

$$\begin{aligned}P(\text{白},\text{白},\text{白},\text{黄},\text{红},\text{红})&=P(\text{白})P(\text{白})P(\text{白})P(\text{黄})P(\text{红})P(\text{红})\\&=(0.6)^3(0.25)(0.15)^2.\end{aligned}$$

于是,

$$\begin{aligned}P(6\text{ 支中恰有 }3\text{ 支白},1\text{ 支黄},2\text{ 支红})&=\frac{6!}{3!\ 1!\ 2!}(0.6)^3(0.25)(0.15)^2\\&=0.072\ 9.\end{aligned}$$

上例若用随机变量来表述,设

$$X=6\text{ 支中白粉笔的数目},$$

$$Y=6\text{ 支中黄粉笔的数目},$$

则事件"恰有 3 支白,1 支黄,2 支红"就是事件 $(X=3,Y=1)$,即 $\{(X,Y)=(3,1)\}$,上面的结果表示为

$$P\{(X,Y)=(3,1)\}=\frac{6!}{3!\ 1!\ 2!}(0.6)^3(0.25)(0.15)^2.$$

一般地,有(对于 $0\leqslant k_1\leqslant 6,0\leqslant k_1\leqslant 6,k_1+k_2\leqslant 6$)

$$\begin{aligned}&P(6\text{ 支中恰有 }k_1\text{ 支白},k_2\text{ 支黄},6-k_1-k_2\text{ 支红})\\&=P\{(X,Y)=(k_1,k_2)\}\\&=\frac{6!}{k_1!\ k_2!\ (6-k_1-k_2)!}(0.6)^{k_1}(0.25)^{k_2}(0.15)^{6-k_1-k_2}.\end{aligned}$$

这就是参数为 $n=6,p_1=0.6,p_2=0.25$ 的三项分布.

定义 3.1.4 设二维随机变量 (X,Y) 中随机变量 X 取值 x_i,同时随机变量 Y 取值 y_j 的概率是

$$P\{(X,Y)=(k_1,k_2)\}=\frac{n!}{k_1!\ k_2!\ (n-k_1-k_2)!}p_1^{k_1}p_2^{k_2}(1-p_1-p_2)^{n-k_1-k_2},$$

$k_1=0,1,2,\cdots,n,k_2=0,1,2,\cdots,n,k_1+k_2\leqslant n$，其中 n 是给定的自然数，$0<p_1<1,0<p_2<1,p_1+p_2<1$，则称 (X,Y) 服从三项分布.

例 3.1.3　射手对目标独立地进行两次射击，每次的命中率为 0.8，以 X 表示第一次命中的次数，以 Y 表示第二次命中的次数.求 (X,Y) 的联合分布函数.

解　根据随机变量 (X,Y) 的意义，它的概率分布列为

X \ Y	0	1
0	0.04	0.16
1	0.16	0.64

因 (X,Y) 只取四个可能值：$(0,0),(0,1),(1,0),(1,1)$，即平面上的四个点(如图 3－3).

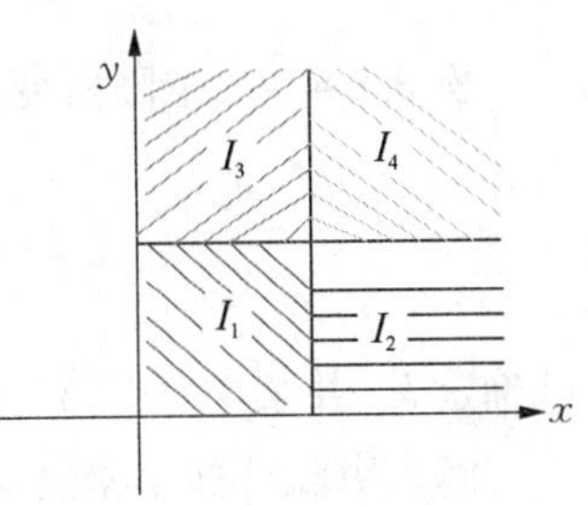

图 3－3　四个区域示意图

显然当点 (x,y) 落在第Ⅱ，Ⅲ，Ⅳ象限，即 $x<0$ 或 $y<0$，有 $F(x,y)=0$.

当 $(x,y)\in I_1$ 时，即 $0\leqslant x<1,0\leqslant y<1$，有

$$F(x,y)=P(X\leqslant x,Y\leqslant y)=P(X=0,Y=0)=0.04;$$

当 $(x,y)\in I_2$ 时，即 $x\geqslant 1,0\leqslant y<1$，有

$$F(x,y)=P(X\leqslant x,Y\leqslant y)=P(X=0,Y=0)+P(X=1,Y=0)=0.2;$$

当 $(x,y)\in I_3$ 时，即 $0\leqslant x<1,y\geqslant 1$，有

$$F(x,y)=P(X\leqslant x,Y\leqslant y)=P(X=0,Y=0)+P(X=0,Y=1)=0.2;$$

当 $(x,y)\in I_4$ 时，即 $x\geqslant 1,y\geqslant 1$，有

$$\begin{aligned}&F(x,y)=P(X\leqslant x,Y\leqslant y)\\&=P(X=0,Y=0)+P(X=0,Y=1)+P(X=1,Y=0)+P(X=1,Y=1)\\&=1.\end{aligned}$$

故 (X,Y) 的联合分布函数为

$$F(x,y)=\begin{cases}0 & x<0\text{ 或 }y<0\\0.04 & 0\leqslant x<1,0\leqslant y<1\\0.2 & x\geqslant 1,0\leqslant y<1\\0.2 & 0\leqslant x<1,y\geqslant 1\\1 & x\geqslant 1,y\geqslant 1\end{cases}.$$

3.1.3　二维连续型随机变量

定义 3.1.5　若随机变量 (X,Y) 的所有可能取值为二维平面 xOy 上的一个连续区域或整个 xOy 的平面，则 (X,Y) 就被称为二维连续型随机变量.

定义 3.1.6　设 (X,Y) 是二维连续型随机变量，如果存在一个非负可积函数 $f(x,y)$，

对于任意实数 x,y 有

$$P\{(X,Y)\in D\}=\iint_D f(x,y)\mathrm{d}x\mathrm{d}y,$$

其中 D 是某一平面区域,则称 $f(x,y)$ 为 (X,Y) 的联合概率密度函数,且满足

(1) $f(x,y)\geqslant 0$;

(2) $\int_{-\infty}^{+\infty}\int_{-\infty}^{+\infty}f(x,y)\mathrm{d}x\mathrm{d}y=1.$

显然,二维连续型随机变量的联合分布函数可以用联合概率密度函数表示出来:

$$F(x,y)=P(X<x,Y<y)=\int_{-\infty}^{x}\int_{-\infty}^{y}f(x,y)\mathrm{d}x\mathrm{d}y.$$

例 3.1.4 二维随机变量 (X,Y) 联合概率密度函数为

$$f(x,y)=\begin{cases}kxy & x^2\leqslant y\leqslant 1,0\leqslant x\leqslant 1\\ 0 & \text{其他}\end{cases}.$$

试确定 k,并求 $P\{(X,Y)\in D\}$,其中 D:$x^2\leqslant y\leqslant x,0\leqslant x\leqslant 1$.

解 由联合概率密度函数的性质有

$$\int_{-\infty}^{+\infty}\int_{-\infty}^{+\infty}f(x,y)\mathrm{d}x\mathrm{d}y=1,$$

所以

$$\int_0^1\mathrm{d}x\int_{x^2}^1 kxy\mathrm{d}y=1,$$

$$\int_0^1\mathrm{d}x\int_{x^2}^1 kxy\mathrm{d}y=\frac{k}{6}=1,$$

所以

$$k=6.$$

$$P\{(X,Y)\in D\}=\iint_D 6xy\mathrm{d}x\mathrm{d}y=\int_0^1\mathrm{d}x\int_{x^2}^{x}6xy\mathrm{d}y=\frac{1}{4}.$$

例 3.1.5 二维随机变量 (X,Y) 的联合概率密度函数为

$$f(x,y)=\begin{cases}C & (x,y)\in D\\ 0 & \text{其他}\end{cases},$$

其中 D 为区域 $x^2+y^2\leqslant 9$,试确定 C 值.

解 由联合概率密度函数的性质有

$$\int_{-\infty}^{+\infty}\int_{-\infty}^{+\infty}f(x,y)\mathrm{d}x\mathrm{d}y=1,$$

所以

$$\iint_D C\mathrm{d}x\mathrm{d}y=1.$$

即

$$9\pi C=1,$$

所以

$$C=\frac{1}{9\pi}.$$

上例中二维随机变量 (X,Y) 在 D 上服从均匀分布. 对于 D 上服从均匀分布的二维连续型随机变量 (X,Y)，若随机事件 A 的事件域 $D_1\subset D$，则

$$P(A)=\frac{D_1\text{ 的面积 }S_1}{D\text{ 的面积 }S}.$$

例 3.1.6 设二维随机变量 (X,Y) 的联合概率密度函数为

$$f(x,y)=\begin{cases}\dfrac{1}{12}x^2y & 0\leqslant x\leqslant 2,0\leqslant y\leqslant 3\\ 0 & \text{其他}\end{cases},$$

求 $P\{(X,Y)\in D\}$，其中 D 是直线 $\dfrac{x}{2}+\dfrac{y}{3}=1$ 与 x 轴、y 轴所围成的区域.

解 由概率的定义知

$$\begin{aligned}P\{(X,Y)\in D\}&=\iint_D f(x,y)\mathrm{d}x\mathrm{d}y\\&=\int_0^2\mathrm{d}x\int_0^{3\left(1-\frac{x}{2}\right)}\frac{1}{12}x^2y\mathrm{d}y\\&=\frac{1}{10}.\end{aligned}$$

二维随机变量 (X,Y) 落在平面上任一区域 D 内的概率，就等于联合概率密度函数 $f(x,y)$ 在 D 上的积分，这样就把概率的计算转化为一个二重积分的计算.由此，顺便指出 $\{(x,y)\in D\}$ 的概率，数值上就等于以曲面 $z=f(x,y)$ 为顶，以平面区域 D 为底的曲顶柱体的体积.这就给出了二维随机变量的分布函数的几何意义.性质 $\int_{-\infty}^{+\infty}\int_{-\infty}^{+\infty}f(x,y)\mathrm{d}x\mathrm{d}y=1$ 说明了 $f(x,y)$ 落在整个二维平面上曲顶柱体为一个单位.

最后指出，二维随机变量 (X,Y) 的分布函数 $F(x,y)$ 与概率密度函数 $f(x,y)$ 的关系：

$$F(x,y)=P(X\leqslant x,Y\leqslant y)=\int_{-\infty}^{x}\int_{-\infty}^{y}f(x,y)\mathrm{d}x\mathrm{d}y.$$

当 $f(x,y)$ 在 (x,y) 处连续，有

$$\frac{\partial^2 F(x,y)}{\partial x \partial y}=f(x,y).$$

只要知道其中之一,两个函数都能相互确定,对于连续型随机变量,由于区域的任意性,用分布函数求概率一般较难,这里不做介绍了.

3.2 边际分布与条件分布

对于二维随机变量 (X,Y),我们只对其中的任何一个变量分量 X 或 Y 进行个别研究,而不管另一个变量的取值,则这样得到的随机变量 X 的概率分布称为 (X,Y) 的关于 X 的边际概率分布,随机变量 Y 的概率分布称为 (X,Y) 的关于 Y 的边际概率分布.

定义 3.2.1 设 (X,Y) 的分布函数为 $F(x,y)$,则称

$$\lim_{y\to+\infty} F(x,y)=F(x,+\infty)=P(X\leqslant x,Y<+\infty)$$

为 (X,Y) 关于 X 的边际分布函数,记为

$$F_X(x)=F(x,+\infty)=P(X\leqslant x),$$

称

$$\lim_{x\to+\infty} F(x,y)=F(+\infty,y)=P(X<+\infty,Y\leqslant y)$$

为 (X,Y) 关于 Y 的边际分布函数,记为

$$F_Y(y)=F(+\infty,y)=P(Y\leqslant y).$$

下面我们主要从联合分布着手考虑边际分布,分离散型与连续型讨论.

3.2.1 二维离散型随机变量的边际分布

定义 3.2.2 若 (X,Y) 联合概率为

$$P\{(X,Y)=(x_i,y_j)\}=p_{ij},i=1,2,\cdots,j=1,2,\cdots.$$

随机变量 X 的可能值是

$$x_1,x_2,\cdots,x_i,\cdots.$$

则随机变量 $X=x_i$ 的概率为

$$\begin{aligned}p_X(x_i)=P(X=x_i)&=\sum_j P(X=x_i,Y=y_j)\\&=\sum_j P\{(X,Y)=(x_i,y_j)\}=\sum_j p_{ij}.\end{aligned}$$

这样,我们得到了关于 X 的边际概率:

$$p_X(x_i)=\sum_j p_{ij}(i=1,2,\cdots).$$

由此可见,概率 $p_X(x_i)$ 就是二维随机变量 (X,Y) 的概率分布表中第 i 行的各概率的和.

类似可得关于 Y 的边际概率:

$$p_Y(y_j)=\sum_i p_{ij}(j=1,2,\cdots).$$

由此可见,概率 $p_Y(y_j)$ 就是二维随机变量 (X,Y) 的概率分布表中第 j 列的各概率的和.

综上所述,可以把 (X,Y) 的联合分布和边际分布用表格表示:

$X \backslash Y$	y_1	$\cdots$	y_j	$\cdots$	$\sum_j$
x_1	p_{11}	$\cdots$	p_{1j}	$\cdots$	$p_X(x_1)$
$\cdots$	$\cdots$	$\cdots$	$\cdots$	$\cdots$	$\cdots$
x_i	p_{i1}	$\cdots$	p_{ij}	$\cdots$	$p_X(x_i)$
$\cdots$	$\cdots$	$\cdots$	$\cdots$	$\cdots$	$\cdots$
$\sum_i$	$p_Y(y_1)$	$\cdots$	$p_Y(y_j)$	$\cdots$	1

例 3.2.1　设二维离散型随机变量 (X,Y) 的联合分布表

$X \backslash Y$	-1	0	1
0	0.1	0	0.2
1	0.3	0.1	0.1
2	0	0.1	0.1

求关于 X 的边际分布及 Y 的边际分布.

解　X 的边际分布列

X	0	1	2
p	0.3	0.5	0.2

Y 的边际分布列

Y	-1	0	1
p	0.4	0.2	0.4

例 3.2.2　求出 3.1 节中的例 3.1.1 的两个边际分布.

解　(1) 有放回地抽取的 (X,Y) 联合分布表为

X \ Y	0	1
0	$\frac{4}{25}$	$\frac{6}{25}$
1	$\frac{6}{25}$	$\frac{9}{25}$

X 的边际分布列

X	0	1
p	$\frac{2}{5}$	$\frac{3}{5}$

Y 的边际分布列

Y	0	1
p	$\frac{2}{5}$	$\frac{3}{5}$

(2) 不放回地抽取的 (X,Y) 联合分布表为

X \ Y	0	1
0	$\frac{2}{15}$	$\frac{4}{15}$
1	$\frac{4}{15}$	$\frac{5}{15}$

X 的边际分布表

X	0	1
p	$\frac{2}{5}$	$\frac{3}{5}$

Y 的边际分布表

Y	0	1
p	$\frac{2}{5}$	$\frac{3}{5}$

根据边际分布的意义，将每行相加，得到 X 的分布，将每列相加，得到 Y 的分布.

从上例我们看到两个不同的联合分布可能得到相同的边际分布，也就是说不能完全由两个边际分布来确定联合分布，那么在什么条件下才能由两个边际分布确定联合分布，我们

将在下节独立性中介绍.

从上例我们还看到两个边际分布 X 与 Y 的取值完全相同,不但如此,它们的概率分布也完全一样,我们把两个分布列或分布函数完全相同的概率分布称为同分布,这在以后的章节中经常会出现.

3.2.2　二维连续型随机变量的边际分布

定义 3.2.3　若二维随机变量 (X,Y) 为连续型随机变量,且联合分布函数为 $F(x,y)$,联合概率密度函数为 $f(x,y)$,则 X 的边际分布函数为

$$\begin{aligned}F_X(x)&=\lim_{y\to+\infty}F(x,y)=F(x,+\infty)\\&=\int_{-\infty}^{x}\mathrm{d}x\int_{-\infty}^{+\infty}f(x,y)\mathrm{d}y\\&=\int_{-\infty}^{x}\left[\int_{-\infty}^{+\infty}f(x,y)\mathrm{d}y\right]\mathrm{d}x,\end{aligned}$$

同理 Y 的边际分布函数为

$$F_Y(y)=\int_{-\infty}^{y}\left[\int_{-\infty}^{+\infty}f(x,y)\mathrm{d}x\right]\mathrm{d}y.$$

而 X 的边际概率密度函数为

$$f_X(x)=\frac{\mathrm{d}}{\mathrm{d}x}F_X(x)=\int_{-\infty}^{+\infty}f(x,y)\mathrm{d}y,$$

同理 Y 的边际概率密度函数为

$$f_Y(x)=\int_{-\infty}^{+\infty}f(x,y)\mathrm{d}x.$$

例 3.2.3　设二维随机变量 (X,Y) 的联合概率密度函数为

$$f(x,y)=\begin{cases}6xy & x^2\leqslant y\leqslant 1,0\leqslant x\leqslant 1\\0 & \text{其他}\end{cases}.$$

求边际概率密度函数 $f_X(x),f_Y(y)$.

解　因为在区域 $0\leqslant x\leqslant 1,x^2\leqslant y\leqslant 1$ 内,被积函数 $f(x,y)$ 才具有非零值,上式右端积分式的积分变量是 y,当 x 为某一固定值时,积分是沿着某一垂直于 x 轴的直线进行的,故应注意在 x 不同的取值范围内,上式的不同积分情况,如图 3-4所示.

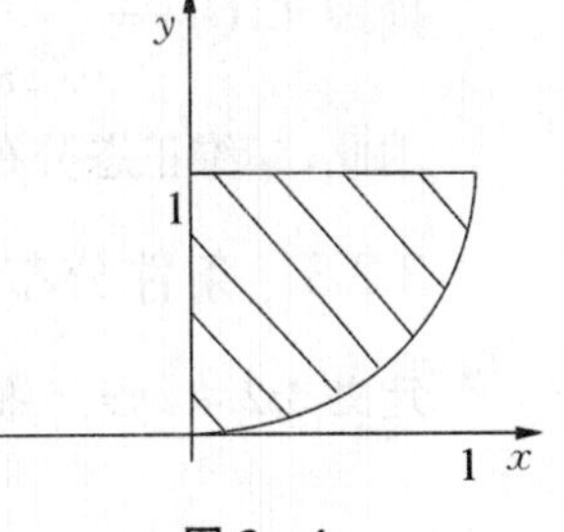

图 3-4

当 $x<0$ 时,$f(x,y)=0$,故 $f_X(x)=\int_{-\infty}^{+\infty}f(x,y)\mathrm{d}y=0$;

当 $0\leqslant x\leqslant 1$ 时,$f_X(x)=\int_{-\infty}^{+\infty}f(x,y)\mathrm{d}y=\int_{x^2}^{1}6xy\mathrm{d}y=3x(1-x^4)$;

当 $x>1$ 时,$f(x,y)=0$,故 $f_X(x)=\int_{-\infty}^{+\infty}f(x,y)\mathrm{d}y=0$.

所以

$$f_X(x)=\begin{cases}3x(1-x^4) & 0\leqslant x\leqslant 1\\ 0 & \text{其他}\end{cases}.$$

当 $y<0$ 时, $f(x,y)=0$, 故 $f_Y(y)=0$;

当 $0\leqslant y\leqslant 1$ 时, $f_Y(y)=\int_0^{\sqrt{y}}6xy\mathrm{d}x=3y^2$;

当 $y>1$ 时, $f(x,y)=0$, 故 $f_Y(y)=0$.

所以

$$f_Y(y)=\begin{cases}3y^2 & 0\leqslant y\leqslant 1\\ 0 & \text{其他}\end{cases}.$$

例 3.2.4 二维正态分布的联合概率密度函数

$$f(x,y)=\frac{1}{2\pi\sigma_1\sigma_2\sqrt{1-\rho^2}}\mathrm{e}^{-\frac{1}{2(1-\rho^2)}\left[\frac{(x-\mu_1)^2}{\sigma_1^2}-2\rho\frac{(x-\mu_1)(y-\mu_2)}{\sigma_1\sigma_2}+\frac{(y-\mu_2)^2}{\sigma_2^2}\right]},$$

其中 $\mu_1,\mu_2,\sigma_1,\sigma_2,\rho$ 为常数, $\sigma_1>0,\sigma_2>0,|\rho|<1$ 是分布参数,求出它的两个边际分布.

解 $f_X(x)=\int_{-\infty}^{+\infty}f(x,y)\mathrm{d}y$

$$\xlongequal{u=\frac{x-\mu_1}{\sigma_1},v=\frac{y-\mu_2}{\sigma_2}}\frac{1}{2\pi\sigma_1\sqrt{1-\rho^2}}\int_{-\infty}^{+\infty}\mathrm{e}^{-\frac{1}{2(1-\rho^2)}[u^2-2\rho uv+v^2]}\mathrm{d}v$$

$$=\frac{1}{\sqrt{2\pi}\sigma_1}\mathrm{e}^{-\frac{u^2}{2}}\int_{-\infty}^{+\infty}\frac{1}{\sqrt{2\pi(1-\rho^2)}}\mathrm{e}^{-\frac{1}{2(1-\rho^2)}[\rho^2u^2-2\rho uv+v^2]}\mathrm{d}v$$

$$=\frac{1}{\sqrt{2\pi}\sigma_1}\mathrm{e}^{-\frac{u^2}{2}}\int_{-\infty}^{+\infty}\frac{1}{\sqrt{2\pi(1-\rho^2)}}\mathrm{e}^{-\frac{(v-\rho u)^2}{2(1-\rho^2)}}\mathrm{d}v$$

$$=\frac{1}{\sqrt{2\pi}\sigma_1}\mathrm{e}^{-\frac{u^2}{2}}$$

$$=\frac{1}{\sqrt{2\pi}\sigma_1}\mathrm{e}^{-\frac{(x-\mu_1)^2}{2\sigma_1^2}},$$

即 $X\sim N(\mu_1,\sigma_1)$.

同理 $f_Y(y)=\frac{1}{\sqrt{2\pi}\sigma_2}\mathrm{e}^{-\frac{(y-\mu_2)^2}{2\sigma_2^2}}$, 即 $Y\sim N(\mu_2,\sigma_2)$.

因此,二维正态分布的边际分布仍为正态分布.

3.2.3 条件分布*

定义 3.2.4 设二维离散型随机变量 (X,Y) 的联合概率分布为

$$P(X=x_i,Y=y_j)=p_{ij}(i,j=1,2,\cdots),$$

对于固定的 j, 若 $P(Y=y_j)>0$, 则称

$$P(X=x_i|Y=y_j)=\frac{P(X=x_i,Y=y_j)}{P(Y=y_j)}=\frac{p_{ij}}{p_{\cdot j}}(i=1,2,\cdots)$$

为在条件 $Y=y_j$ 下 X 的条件概率分布.

同理,对固定的 i,若 $P(X=x_i)>0$,则称

$$P(Y=y_j|X=x_i)=\frac{P(X=x_i,Y=y_j)}{P(X=x_i)}=\frac{p_{ij}}{p_{i\cdot}}(j=1,2,\cdots)$$

为在条件 $X=x_i$ 下 Y 的条件概率分布.

若对于连续型随机变量,$f(x,y)$,$f_X(x)$ 及 $f_Y(y)$ 分别是 (X,Y),X 及 Y 的概率密度函数,若 $f(x,y)$ 在点 (x,y) 处连续,且 $f_X(x)>0$,$f_Y(y)>0$,则分别称

$f\left(\frac{y}{x}\right)=\frac{f(x,y)}{f_X(x)}$ 为在条件 $X=x$ 下 Y 的条件概率密度函数.

$f\left(\frac{x}{y}\right)=\frac{f(x,y)}{f_Y(y)}$ 为在条件 $Y=y$ 下 X 的条件概率密度函数.

$F\left(\frac{y}{x}\right)=\frac{\int_{-\infty}^{y}f(x,v)\mathrm{d}v}{f_X(x)}$ 为在条件 $X=x$ 下 Y 的条件分布函数.

$F\left(\frac{x}{y}\right)=\frac{\int_{-\infty}^{x}f(u,y)\mathrm{d}u}{f_Y(y)}$ 为在条件 $Y=y$ 下 X 的条件分布函数.

例 3.2.5　设 (X,Y) 的联合概率密度为

$$f(x,y)=\begin{cases}\frac{1}{3}(x+y) & 0<x<1,0\leqslant y\leqslant 2\\ 0 & 其他\end{cases},$$

求 $P\left(X<\frac{1}{2}\middle|Y>1\right)$.

解　由条件概率公式知,$P\left(X<\frac{1}{2}\middle|Y>1\right)=\frac{P\left(X<\frac{1}{2},Y>1\right)}{P(Y>1)}$

$$=\frac{\int_0^{\frac{1}{2}}\int_1^2\frac{1}{3}(x+y)\mathrm{d}x\mathrm{d}y}{\int_0^1\int_1^2\frac{1}{3}(x+y)\mathrm{d}x\mathrm{d}y}$$

$$=\frac{7}{16}.$$

例 3.2.6　已知 (X,Y) 的概率密度函数为

$$f(x,y)=\begin{cases}6xy(2-x-y) & 0\leqslant x\leqslant 1,0\leqslant y\leqslant 1\\ 0 & \text{其他}\end{cases}.$$

试求 $f\left(\dfrac{x}{y}\right)$ 与 $f\left(\dfrac{y}{x}\right)$.

解 由条件概率密度公式知

当 $f_Y(y)>0$ 时，$f\left(\dfrac{x}{y}\right)=\dfrac{f(x,y)}{f_Y(y)}$；

当 $f_X(x)>0$ 时，$f\left(\dfrac{y}{x}\right)=\dfrac{f(x,y)}{f_X(x)}$.

其中 $f_X(x)$，$f_Y(y)$ 分别是 X,Y 的边际概率密度函数.

因为 $f_X(x)=\int_{-\infty}^{+\infty}f(x,y)\mathrm{d}y$，

所以 $f_X(x)=\begin{cases}4x-3x^2 & 0<x<1\\ 0 & \text{其他}\end{cases}$.

因为 $f_Y(y)=\int_{-\infty}^{+\infty}f(x,y)\mathrm{d}x$，

所以 $f_Y(y)=\begin{cases}4y-3y^2 & 0<y<1\\ 0 & \text{其他}\end{cases}$.

当 $0<y<1$ 时，$f_Y(y)>0$，

所以
$$f\left(\frac{x}{y}\right)=\frac{f(x,y)}{f_Y(y)}=\begin{cases}\dfrac{6x(2-x-y)}{4-3y} & 0<x<1\\ 0 & \text{其他}\end{cases}.$$

当 $0<x<1$ 时，$f_X(x)>0$，

所以
$$f\left(\frac{y}{x}\right)=\frac{f(x,y)}{f_X(x)}=\begin{cases}\dfrac{6y(2-x-y)}{4-3x} & 0<y<1\\ 0 & \text{其他}\end{cases}.$$

3.3 随机变量的独立性

随机变量的独立性具有重要的意义和广泛的应用.下面先给出独立性的定义.

定义 3.3.1 设二维随机变量 (X,Y)，$F(x,y)$ 及 $F_X(x)$，$F_Y(y)$ 分别是联合分布函数及边际分布函数，若对任意的 x,y 有

$$P(X\leqslant x,Y\leqslant y)=P(X\leqslant x)P(Y\leqslant y),$$

即

$$F(x,y)=F_X(x)F_Y(y),$$

则称随机变量 X 与 Y 是相互独立的.

事实上,如果离散型变量 (X,Y) 中 X 与 Y 相互独立,则对所有的 x_i,y_j 有公式

$$p(x_i,y_j)=p_X(x_i)p_Y(y_j)$$

恒成立.

对于例 3.3.2 中放回抽取的两个随机变量 X 与 Y 是相互独立的,不放回抽取是不相互独立的.

对于连续型随机变量 X 与 Y 称为相互独立的,那么对所有 x,y 有

$$f(x,y)=f_X(x)f_Y(y)$$

恒成立.

两个连续型随机变量相互独立,则联合分布概率密度函数等于两个边际分布概率密度函数的乘积.也就是说,当 X 与 Y 相互独立,条件分布就化为无条件分布,即

$$f_{\frac{X}{Y}}\left(\frac{y}{x}\right)=f_Y(y),f_{\frac{Y}{X}}\left(\frac{x}{y}\right)=f_X(x).$$

对二维正态随机变量 (X,Y),它的联合概率密度函数为

$$f(x,y)=\frac{1}{2\pi\sigma_1\sigma_2\sqrt{1-\rho^2}}\mathrm{e}^{-\frac{1}{2(1-\rho^2)}\left[\frac{(x-\mu_1)^2}{\sigma_1^2}-2\rho\frac{(x-\mu_1)(y-\mu_2)}{\sigma_1\sigma_2}+\frac{(y-\mu_2)^2}{\sigma_2^2}\right]}.$$

但由例 3.2.4 知,其边际概率密度函数 $f_X(x)$ 与 $f_Y(y)$ 的乘积为

$$f_X(x)f_Y(y)=\frac{1}{2\pi\sigma_1\sigma_2}\mathrm{e}^{-\frac{1}{2}\left[\frac{(x-\mu_1)^2}{\sigma_1^2}+\frac{(y-\mu_2)}{\sigma_2^2}\right]}.$$

对比两式,因此,如果 $\rho=0$,则对于所有 x,y 有

$$f(x,y)=f_X(x)f_Y(y),$$

即 X 与 Y 是相互独立的. 反之,如果 X 与 Y 相互独立,则对于所有 x,y 应有

$$f(x,y)=f_X(x)f_Y(y),$$

从而得到 $\rho=0$.

综上所述,二维正态随机变量 (X,Y) 中 X 与 Y 相互独立的充分必要条件是 $\rho=0$.

例 3.3.1　设二维随机变量 (X,Y) 的概率密度函数为

$$f(x,y)=\begin{cases}6xy & x^2\leqslant y\leqslant 1,0\leqslant x\leqslant 1\\0 & \text{其他}\end{cases},$$

判断 X 与 Y 是否相互独立.

解　根据例 3.2.3,求出边际分布分别为

$$f_X(x)=\begin{cases}3x(1-x^4) & 0\leqslant x\leqslant 1\\0 & \text{其他}\end{cases}.$$

$$f_Y(y)=\begin{cases}3y^2 & 0\leqslant y\leqslant 1\\0 & \text{其他}\end{cases}.$$

容易验证

$$f(x,y)\neq f_X(x)f_Y(y),$$

所以 X 与 Y 不相互独立.

例 3.3.2 一负责人到达办公室的时间均匀分布在 8—12 时,他的秘书到达办公室的时间均匀分布在 7—9 时,设他们两人到达的时间是相互独立的,求他们到达办公室的时间相差不超过 5 分钟($\frac{1}{12}$小时)的概率.

解 设 X 与 Y 分别是负责人和他的秘书到达办公室的时间,由假设 X 与 Y 的概率密度函数分别为 $f_X(x)=\begin{cases}\frac{1}{4} & 8\leqslant x\leqslant 12\\0 & \text{其他}\end{cases}$, $f_Y(y)=\begin{cases}\frac{1}{2} & 7\leqslant y\leqslant 9\\0 & \text{其他}\end{cases}$.

因为 X 与 Y 相互独立,故 (X,Y) 的联合概率密度函数为

$$f(x,y)=\begin{cases}\frac{1}{8} & 8\leqslant x\leqslant 12,7\leqslant y\leqslant 9\\0 & \text{其他}\end{cases},$$

则

$$P\left(|X-Y|\leqslant\frac{1}{12}\right)=\iint_D f(x,y)\mathrm{d}x\mathrm{d}y=\frac{1}{8}D=\frac{1}{48},$$

即他们到达办公室的时间相差不超过 5 分钟$\left(\frac{1}{12}\text{小时}\right)$的概率为 $\frac{1}{48}$.

例 3.3.3 设二维随机变量 (X,Y) 的概率密度函数为

$$f(x,y)=\begin{cases}6\mathrm{e}^{-(2x+3y)} & x>0,y>0\\0 & \text{其他}\end{cases}.$$

问随机变量 X 与 Y 是否相互独立.

解 要考虑其独立性,先求 X 与 Y 的边际分布.

当 $x<0$ 时,$f_X(x)=0$.

当 $x>0$ 时,$f_X(x)=\int_0^{+\infty}6\mathrm{e}^{-(2x+3y)}\mathrm{d}y=6\mathrm{e}^{-2x}\int_0^{+\infty}\mathrm{e}^{-3y}\mathrm{d}y=6\mathrm{e}^{-2x}\times\frac{1}{3}=2\mathrm{e}^{-2x}$,

所以

$$f_X(x)=\begin{cases}2\mathrm{e}^{-2x} & x>0\\0 & \text{其他}\end{cases}.$$

同理可得

$$f_Y(x)=\begin{cases}3e^{-3y} & y>0\\0 & \text{其他}\end{cases}.$$

由此

$$f_X(x)f_Y(y)=f(x,y).$$

故 X 与 Y 相互独立.

例 3.3.4　设二维随机变量 (X,Y) 的分布如下表

X \ Y	0	1	2	
0	0.12	0.16	0.12	0.40
1	0.03	0.04	0.03	0.10
2	0.06	0.08	0.06	0.20
3	0.09	0.12	0.09	0.30
	0.30	0.40	0.30	

问 X 与 Y 是否相互独立.

解　由上表易证，$p_{ij}=p_{i\cdot}p_{\cdot j}$，故 X 与 Y 相互独立.

最后，我们指出，从定义出发来验证随机变量的独立性，一般比较困难，在实际问题中，判断两个随机变量的独立性，通常是根据经验的直观想法进行判断.

仿照二维随机变量的独立性，我们可以定义 n 维随机变量的相互独立性.

设 $X_1,X_2,\cdots,X_n$ 为 n 个随机变量，若对于任意的 $x_1,x_2,\cdots,x_n$ 有

$$P(X_1\leqslant x_1,X_2\leqslant x_2,\cdots,X_n\leqslant x_n)=P(X_1\leqslant x_1)P(X_2\leqslant x_2)\cdots P(X_n\leqslant x_n),$$

则称 $X_1,X_2,\cdots,X_n$ 是相互独立的.

对于连续型随机变量相互独立有

$$f(x_1,x_2,\cdots,x_n)=f_{X_1}(x_1)f_{X_2}(x_2)\cdots f_{X_n}(x_n),$$

即联合分布概率密度函数等于各个边际分布概率密度函数的乘积.

此外，若 $X_1,X_2,\cdots,X_n$ 相互独立，则其中任意 $r(2\leqslant r\leqslant n)$ 个随机变量也相互独立.

在数理统计中，独立性概念是一个非常有用且应用比较广泛的概念，如有些随机变量虽不相互独立，但影响不大，有时也近似看作相互独立去处理.

两两独立不一定相互独立.

3.4　二维随机变量函数的分布

与二维随机变量一样，随机变量函数仍为随机变量，它们也有相应的概率分布，如果已知二维随机变量 (X,Y) 的分布，怎样求随机变量函数 $Z=g(X,Y)$ 的分布.

3.4.1 二维离散型随机变量函数的分布

对于离散型随机变量,只要将函数所有的函数取值求出,并求出相应的取值的概率.

例 3.4.1 设 (X,Y) 的联合分布列为

X \ Y	-1	1	2	3
-1	0.2	0.1	0.1	0.1
1	0.3	0	0.1	0.1

分别求(1) $X+Y$;(2) $X-Y$;(3) XY;(4) X^2+Y^2 的分布列.

解 为了直观起见,可以列出下列表格

p	0.2	0.1	0.1	0.1	0.3	0.1	0.1
(X,Y)	$(-1,-1)$	$(-1,1)$	$(-1,2)$	$(-1,3)$	$(1,-1)$	$(1,2)$	$(1,3)$
$X+Y$	-2	0	1	2	0	3	4
$X-Y$	0	-2	-3	-4	2	-1	-2
XY	1	-1	-2	-3	-1	2	3
X^2+Y^2	2	2	5	10	2	5	10

从而得到

$X+Y$	-2	0	1	2	3	4
p	0.2	0.4	0.1	0.1	0.1	0.1

$X-Y$	-4	-3	-2	-1	0	2
p	0.1	0.1	0.2	0.1	0.2	0.3

XY	-3	-2	-1	1	2	3
p	0.1	0.1	0.4	0.2	0.1	0.1

X^2+Y^2	2	5	10
p	0.6	0.2	0.2

3.4.2 二维连续型随机变量函数的分布

1. 和分布

若已知 (X,Y) 的联合概率密度函数 $f(x,y)$,则和 $Z=X+Y$ 的分布函数为

$$F_Z(z)=P(Z\leqslant z)=P(X+Y\leqslant z)$$
$$=\iint\limits_{x+y\leqslant z} f(x,y)\mathrm{d}x\mathrm{d}y,$$

化为二次积分，得到

$$F_Z(z)=\int_{-\infty}^{+\infty}\left[\int_{-\infty}^{z-y} f(x,y)\mathrm{d}x\right]\mathrm{d}y,$$

将上式对 z 求导数，得到 Z 的概率密度函数为

$$f_Z(z)=\int_{-\infty}^{+\infty} f(z-y,y)\mathrm{d}y. \tag{1}$$

由于 X,Y 的对称性，也可以得到

$$f_Z(z)=\int_{-\infty}^{+\infty} f(x,z-x)\mathrm{d}x. \tag{2}$$

特别，当 X 和 Y 相互独立时，对所有 x,y 有

$$f(x,y)=f_X(x)\cdot f_Y(y),$$

代入(1),(2) 两式得到

$$f_Z(z)=\int_{-\infty}^{+\infty} f_X(z-y)f_Y(y)\mathrm{d}y, \tag{3}$$

或

$$f_Z(z)=\int_{-\infty}^{+\infty} f_X(x)f_Y(z-x)\mathrm{d}x. \tag{4}$$

公式(3)(4)称为卷积公式，记为 $f_X * f_Y$，即

$$f_X * f_Y=\int_{-\infty}^{+\infty} f_X(z-y)f_Y(y)\mathrm{d}y$$
$$=\int_{-\infty}^{+\infty} f_X(x)f_Y(z-x)\mathrm{d}x.$$

例 3.4.2　设 X 与 Y 相互独立，它们都服从正态分布 $N(0,1)$，即

$$f_X(x)=\frac{1}{\sqrt{2\pi}}\mathrm{e}^{-\frac{x^2}{2}},-\infty<x<+\infty,$$

$$f_Y(y)=\frac{1}{\sqrt{2\pi}}\mathrm{e}^{-\frac{y^2}{2}},-\infty<y<+\infty.$$

求 $Z=X+Y$ 的概率密度函数.

解　由卷积公式

$$f_Z(z)=\int_{-\infty}^{+\infty} f_X(x)f_Y(z-x)\mathrm{d}x$$

$$=\frac{1}{2\pi}\int_{-\infty}^{+\infty}\mathrm{e}^{-\frac{x^2}{2}}\cdot\mathrm{e}^{-\frac{(z-x)^2}{2}}\mathrm{d}x$$
$$=\frac{1}{2\pi}\mathrm{e}^{-\frac{z^2}{4}}\int_{-\infty}^{+\infty}\mathrm{e}^{-\left(x-\frac{z}{2}\right)^2}\mathrm{d}x.$$

令 $t=x-\frac{z}{2}$，上式得

$$f_Z(z)=\frac{1}{2\pi}\mathrm{e}^{-\frac{z^2}{4}}\int_{-\infty}^{+\infty}\mathrm{e}^{-t^2}\mathrm{d}t$$
$$=\frac{1}{2\pi}\mathrm{e}^{-\frac{z^2}{4}}\cdot\sqrt{\pi}$$
$$=\frac{1}{2\sqrt{\pi}}\mathrm{e}^{-\frac{z^2}{4}}.$$

所以，Z 的分布是正态分布 $N(0,2)$.

一般地，设 X 与 Y 相互独立且 $X\sim N(\mu_1,\sigma_1^2)$，$Y\sim N(\mu_2,\sigma_2^2)$，则 $Z=X+Y$ 仍然是正态分布，且形式为 $Z\sim N(\mu_1+\mu_2,\sigma_1^2+\sigma_2^2)$.

这个结论还能推广到 n 个随机变量的和.若 $X_i\sim N(\mu_i,\sigma_i^2)(i=1,2,\cdots,n)$，且它们相互独立，则它们的和 $Z=X_1+X_2+\cdots+X_n+C$（C 为常数）仍然服从正态分布，且 $Z\sim N\left(\sum\limits_{i=1}^{n}\mu_i+C,\sum\limits_{i=1}^{n}\sigma_i^2\right)$.

特别，$X_1,X_2,\cdots,X_n$ 独立且具有相同的分布 $N(\mu,\sigma^2)$，则 $\overline{X}\sim N\left(\mu,\frac{\sigma^2}{n}\right)$.

2. *差分布*

若已知 (X,Y) 的联合概率密度函数 $f(x,y)$，则差 $Z=X-Y$ 的分布函数为

$$F_Z(z)=P(Z\leqslant z)=P(X-Y\leqslant z)$$
$$=\iint\limits_{x-y\leqslant z}f(x,y)\mathrm{d}x\mathrm{d}y.$$

求出 Z 的分布函数后，对 z 求导数，得到 Z 的概率密度函数为 $f_Z(z)$.

例 3.4.3 设 X 与 Y 独立，同在区间 $(-a,a)$ 上服从均匀分布，求 $Z=X-Y$ 的概率密度函数(如图 3-5).

解 因 X 与 Y 同在区间 $(-a,a)$ 上服从均匀分布，故其边际概率密度函数分别为

$$f_X(x)=\begin{cases}\frac{1}{2a} & -a<x<a\\ 0 & \text{其他}\end{cases},$$

$$f_Y(y)=\begin{cases}\frac{1}{2a} & -a<y<a\\ 0 & \text{其他}\end{cases}.$$

又 X 与 Y 相互独立，故 (X,Y) 的联合概率密度函数为

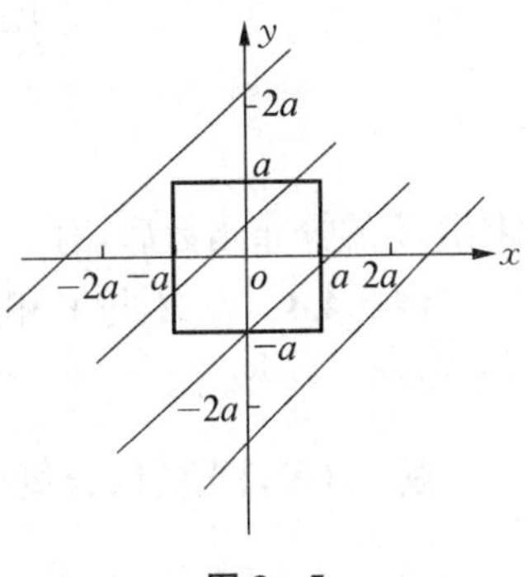

图 3-5

$$f(x,y)=\begin{cases}\dfrac{1}{4a^2} & -a<x,y<a\\ 0 & \text{其他}\end{cases}.$$

在区域 $D:\begin{cases}-a<x<a\\ -a<y<a\end{cases}$ 上 $f(x,y)$ 不为零.

当 $z\leqslant -2a$ 时，$F_z(z)=P(Z\leqslant z)=0$；

当 $-2a<z\leqslant 0$ 时，$F_z(z)=P(Z\leqslant z)=P(x-y\leqslant z)$

$$=\frac{1}{4a^2}\int_{-a}^{a+z}\mathrm{d}x\int_{x-z}^{a}\mathrm{d}y$$
$$=\frac{1}{4a^2}\frac{(2a+z)^2}{2};$$

当 $0<z\leqslant 2a$ 时(如图 3-6)，

$$F_z(z)=P(Z\leqslant z)=P(x-y\leqslant z)$$
$$=\iint_B\frac{1}{4a^2}\mathrm{d}x\mathrm{d}y$$
$$=1-\iint_C\frac{1}{4a^2}\mathrm{d}x\mathrm{d}y$$
$$=1-\frac{1}{4a^2}\frac{(2a-z)^2}{2};$$

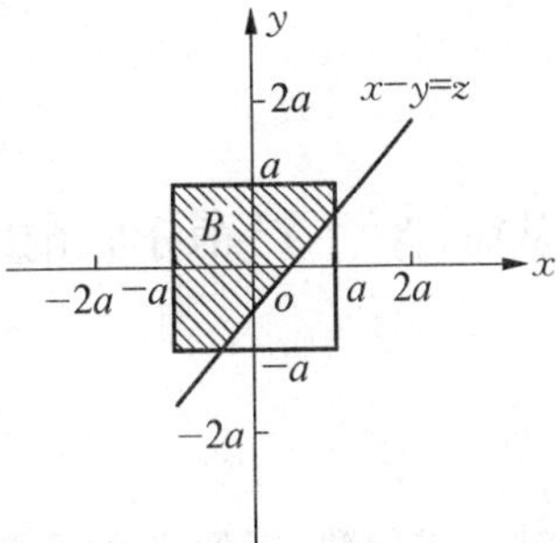

图 3-6

当 $z\geqslant 2a$ 时，$F_z(z)=P(Z\leqslant z)=1$.

故

$$F_z(z)=\begin{cases}0 & z\leqslant -2a\\ \dfrac{(2a+z)^2}{8a^2} & -2a<z\leqslant 0\\ 1-\dfrac{(2a-z)^2}{8a^2} & 0<z\leqslant 2a\\ 1 & z\geqslant 2a\end{cases}.$$

从而

$$f_z(z)=\begin{cases}\dfrac{2a+z}{4a^2} & -2a<z\leqslant 0\\ \dfrac{2a-z}{4a^2} & 0<z\leqslant 2a\\ 0 & \text{其他}\end{cases}.$$

3. 平方和分布

若已知 (X,Y) 的联合概率密度函数 $f(x,y)$，则平方和 $Z=X^2+Y^2$ 的分布函数为

$$F_Z(z)=P(Z\leqslant z)=P(X^2+Y^2\leqslant z)$$
$$=\iint\limits_{x^2+y^2\leqslant z(z\geqslant 0)} f(x,y)\mathrm{d}x\mathrm{d}y.$$

求出 Z 的分布函数后，对 z 求导数，得到 Z 的概率密度函数为 $f_Z(z)$.

例 3.4.4 设 X 与 Y 相互独立且都服从 $N(0,1)$，求 $Z=X^2+Y^2$ 的概率密度函数(如图 3-7).

解 (X,Y) 的联合概率密度函数为 $\dfrac{1}{2\pi}\mathrm{e}^{-\frac{1}{2}(x^2+y^2)}$.

当 $z\leqslant 0$ 时，$F_Z(z)=0$；

当 $z>0$ 时，
$$F_Z(z)=\iint\limits_D \frac{1}{2\pi}\mathrm{e}^{-\frac{1}{2}(x^2+y^2)}\mathrm{d}x\mathrm{d}y$$
$$=\int_0^{2\pi}\left[\int_0^{\sqrt{z}}\frac{1}{2\pi}\mathrm{e}^{-\frac{1}{2}r^2}r\mathrm{d}r\right]\mathrm{d}\theta$$
$$=\frac{1}{2\pi}\int_0^{2\pi}\left[-\mathrm{e}^{-\frac{1}{2}r^2}\right]_0^{\sqrt{z}}\mathrm{d}\theta$$
$$=1-\mathrm{e}^{-\frac{z}{2}}.$$

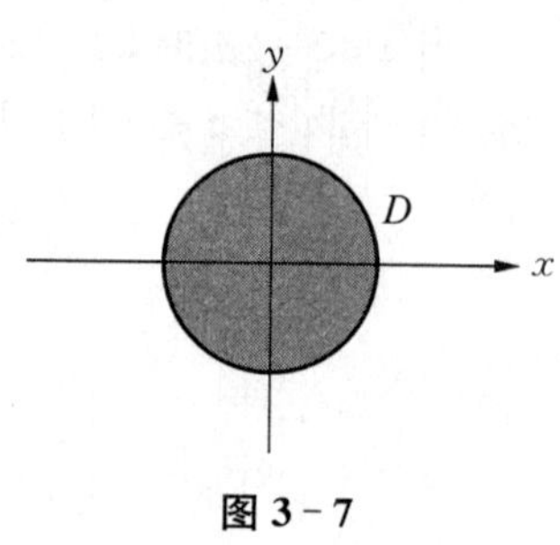

图 3-7

从而，X^2+Y^2 的分布函数为

$$F_Z(z)=\begin{cases}1-\mathrm{e}^{-\frac{z}{2}} & z>0\\ 0 & \text{其他}\end{cases}.$$

对 z 求导数，得到 Z 的概率密度函数为

$$f_Z(z)=\begin{cases}\dfrac{1}{2}\mathrm{e}^{-\frac{z}{2}} & z>0\\ 0 & \text{其他}\end{cases}.$$

4. 一般函数 $Z=g(X,Y)$ 的分布

若已知 (X,Y) 的联合概率密度函数 $f(x,y)$，则 $Z=g(X,Y)$ 的分布函数为

$$F_Z(z)=P(Z\leqslant z)=P(g(X,Y)\leqslant z)$$
$$=\iint\limits_{g(x,y)\leqslant z} f(x,y)\mathrm{d}x\mathrm{d}y.$$

求出 Z 的分布函数后，对 z 求导数，得到 Z 的概率密度函数为 $f_Z(z)$.

例 3.4.5 设 (X,Y) 的联合概率密度函数为

$$f(x,y)=\begin{cases}\mathrm{e}^{-y} & 0\leqslant x\leqslant 1,y\geqslant 0\\ 0 & \text{其他}\end{cases}.$$

求 $Z=2X+Y$ 的分布函数和概率密度函数.

解 当 $z<0$ 时，$F_Z(z)=0$；

当 $0\leqslant z\leqslant 2$ 时，$F_z(z)=\int_0^{\frac{z}{2}}\mathrm{d}x\int_0^{z-2x}\mathrm{e}^{-y}\mathrm{d}y=\dfrac{1}{2}(z-1+\mathrm{e}^{-z})$；

当 $z>2$ 时，$F_z(z)=\int_0^1 dx\int_0^{z-2x} e^{-y}dy=1+\frac{1}{2}(1-e^2)e^{-z}$.

所以
$$F_z(z)=\begin{cases}0 & z<0\\ \frac{1}{2}(z-1+e^{-z}) & 0\leqslant z\leqslant 2\\ 1+\frac{1}{2}(1-e^2)e^{-z} & z>2\end{cases}.$$

因为 $f_Z(z)=F_Z'(z)$，所以

当 $z<0$ 时，$f_Z(z)=0$；

当 $0\leqslant z\leqslant 2$ 时，$f_z(z)=\frac{1}{2}(1-e^{-z})$；

当 $z>2$ 时，$f_z(z)=\frac{1}{2}(e^2-1)e^{-z}$.

所以
$$f_z(z)=\begin{cases}0 & z<0\\ \frac{1}{2}(1-e^{-z}) & 0\leqslant z\leqslant 2\\ \frac{1}{2}(e^2-1)e^{-z} & z>2\end{cases}.$$

习题三

3.1　将两封信随机地往编号为1,2,3,4的四个邮筒内投放，以 X_i 表示第 i 个邮筒内信的数目 $(i=1,2)$，写出 (X_1,X_2) 的联合分布列.

3.2　袋中有六只球(三白二红一黑)，任取两只，以 X_1 表示取到的白球数，以 X_2 表示取到的红球数，试写出 (X_1,X_2) 的联合分布列.

3.3　把一枚均匀的硬币连掷三次，以 X 表示三次中出现正面的次数，以 Y 表示在三次中出现正面的次数与出现反面的次数差的绝对值，求 (X,Y) 的联合分布列.

3.4　设二维随机变量 (X,Y) 的概率密度函数为 $f(x,y)=\begin{cases}ke^{-(3x+4y)} & x\geqslant 0,y\geqslant 0\\ 0 & \text{其他}\end{cases}$，

(1) 确定 k 值；(2) 求 $P(0\leqslant X\leqslant 1,0\leqslant Y\leqslant 2)$.

3.5　设二维连续型随机变量 (X,Y) 的联合概率密度函数为

$$f(x,y)=\begin{cases}Ae^{-(2x+3y)} & x>0,y>0\\ 0 & \text{其他}\end{cases},$$

求(1) 系数 A；(2) (X,Y) 落在三角形区域 $D=\{(x,y)\mid x\geqslant 0,y\geqslant 0,2x+3y\leqslant 6\}$ 内的概率；(3) (X,Y) 的联合分布函数 $F(x,y)$.

3.6　设 (X,Y) 的联合分布函数为

$$F(x,y)=\frac{1}{\pi^2}\left(\frac{\pi}{2}+\arctan\frac{x}{2}\right)\left(\frac{\pi}{2}+\arctan\frac{y}{3}\right),$$

求(1) (X,Y) 的联合概率密度函数 $f(x,y)$；(2) $P(0\leqslant X<2,Y<3)$.

3.7 设 (X,Y) 的联合概率密度函数为

$$f(x,y)=\begin{cases}c\mathrm{e}^{-(x+y)} & x\geqslant 0,y\geqslant 0\\ 0 & \text{其他}\end{cases},$$

(1) 求常数 c；(2) 求 $P(0<X<1,0<Y<1)$.

3.8 设随机变量 (X,Y) 在椭圆 $\frac{x^2}{a^2}+\frac{y^2}{b^2}=1$ 围成的平面区域 D 内服从均匀分布，试求概率密度函数 $f(x,y)$.

3.9 设 (X,Y) 服从二维正态分布，其概率密度函数为 $f(x,y)=\frac{1}{2\pi\sigma^2}\mathrm{e}^{-\frac{x^2+y^2}{2\sigma^2}}$ $(-\infty<x,y<+\infty)$，求 $P(X<Y)$.

3.10 设随机变量 (X,Y) 的概率密度函数为 $f(x,y)=\begin{cases}x^2+\frac{xy}{3} & 0\leqslant x\leqslant 1,0\leqslant y\leqslant 2\\ 0 & \text{其他}\end{cases}$，求 $P(X+Y\geqslant 1)$.

3.11 X 与 Y 是相互独立的随机变量，X 在 $(0,0.2)$ 上服从均匀分布，Y 的概率密度函数是 $f_Y(y)=\begin{cases}5\mathrm{e}^{-5y} & y>0\\ 0 & \text{其他}\end{cases}$，求(1) (X,Y) 的联合概率密度函数；(2) $P(Y\leqslant x)$.

3.12 随机变量 (X,Y) 的概率密度函数为 $f(x,y)=\frac{A}{\pi^2(16+x^2)(25+y^2)}(-\infty<x,y<+\infty)$，求(1) 常数 A；(2) 分布函数 $F(x,y)$.

3.13 将两封信随机地往编号为 1,2,3,4 的四个邮筒内投放，X_i 表示第 i 个邮箱内信的数目 $(i=1,2)$，试分别写出 $X_i(i=1,2)$ 的边际分布.

3.14 设二维离散型随机变量 (X,Y) 的联合分布如下表所示

X \ Y	0	1
0	$\frac{7}{21}$	$\frac{4}{21}$
1	$\frac{7}{21}$	$\frac{3}{21}$

求 X 与 Y 的边际分布.

3.15 已知 X 服从参数 $p=0.6$ 的两点分布，在 $X=0$ 与 $X=1$ 下，关于 Y 的条件分布如下表

Y	1	2	3
$P(Y\mid X=0)$	$\frac{1}{4}$	$\frac{1}{2}$	$\frac{1}{4}$

X	1	2	3
$P(Y\mid X=1)$	$\frac{1}{2}$	$\frac{1}{6}$	$\frac{1}{3}$

求 (1) (X,Y) 的联合分布;(2) $Y\neq 1$ 时关于 X 的条件分布.

3.16 设 (X,Y) 的联合概率密度函数为

$$f(x,y)=\begin{cases}A\mathrm{e}^{-(2x+3y)} & x>0,y>0\\ 0 & \text{其他}\end{cases},$$

求(1) 常数 A; (2) 求出边际概率密度函数 $f_X(x)$ 与 $f_Y(y)$.

3.17 随机变量 (X,Y) 在圆 $x^2+y^2=a^2$ 内服从均匀分布,试求(1) (X,Y) 的联合概率密度函数; (2) X 与 Y 的边际概率密度函数; (3) 条件概率密度函数 $f_{X/Y}\left(\frac{x}{y}\right)$ 与 $f_{Y/X}\left(\frac{y}{x}\right)$.

3.18 设 (X,Y) 的联合概率密度函数为

$$f(x,y)=\begin{cases}1 & |y|<x,0\leqslant x\leqslant 1\\ 0 & \text{其他}\end{cases},$$

求出边际概率密度函数 $f_X(x)$ 与 $f_Y(y)$.

3.19 设随机变量 (X,Y) 的联合概率密度函数为

$$f(x,y)=\begin{cases}2 & (x,y)\in D\\ 0 & \text{其他}\end{cases},$$

其中 D 为 x 轴, y 轴和直线 $x+y=1$ 所围成的区域.(1) 求边际概率密度函数 $f_X(x)$ 与 $f_Y(y)$; (2) 问 X 与 Y 是否相互独立.

3.20 设二维随机变量 (X,Y) 的联合概率密度函数为

$$f(x,y)=\begin{cases}4xy\mathrm{e}^{-x^2-y^2} & x\geqslant 0,y\geqslant 0\\ 0 & \text{其他}\end{cases},$$

求 (1) $f_X(x)$ 与 $f_Y(y)$;(2) X 与 Y 是否独立.

3.21 设 (X,Y) 的联合概率密度函数为

$$f(x,y)=\begin{cases}8xy & 0\leqslant x\leqslant y,0\leqslant y\leqslant 1\\ 0 & \text{其他}\end{cases},$$

问 X 与 Y 是否相互独立.

3.22 设二维随机变量 (X,Y) 的概率密度函数为 $f(x,y)=\begin{cases}\dfrac{1}{\pi} & x^2+y^2\leqslant 1\\ 0 & 其他\end{cases}$，问随机变量 X 与 Y 是否相互独立.

3.23 若 (X,Y) 的联合概率密度函数为 $f(x,y)=\begin{cases}4xy & 0\leqslant x\leqslant 1,0\leqslant y\leqslant 1\\ 0 & 其他\end{cases}$，问 X 与 Y 是否相互独立.

3.24 设 X 与 Y 相互独立，它们分别服从参数为 λ_1,λ_2 的泊松分布，试证 $Z=X+Y$ 服从参数为 $\lambda_1+\lambda_2$ 的泊松分布.

3.25 设 X 与 Y 相互独立，它们的概率密度函数为

$$f_X(y)=\begin{cases}1 & 0\leqslant x\leqslant 1\\ 0 & 其他\end{cases},f_Y(y)=\begin{cases}e^{-y} & y>0\\ 0 & y\leqslant 0\end{cases},$$

求 (X,Y) 的联合概率密度函数.

3.26 设 (X,Y) 的联合分布列为

X \ Y	0	1	2	3
0	0	0.1	0.2	0.1
1	0.1	0	0.3	0.2

分别求(1) $U=\max(X,Y)$；(2) $V=\min(X,Y)$；(3) $X+Y$.

3.27 设 X 服从参数为 $\dfrac{1}{2}$ 的指数分布，Y 服从参数为 $\dfrac{1}{3}$ 的指数分布，且 X 与 Y 独立，求 $Z=X+Y$ 的概率密度函数.

3.28 设随机变量 (X,Y) 的概率密度函数为 $f(x,y)=\dfrac{1}{2\pi\sigma^2}e^{-\frac{x^2+y^2}{2\sigma^2}}$ $(-\infty<x,y<+\infty)$. 求 $Z=X^2+Y^2$ 的概率密度函数.

3.29 设随机变量 (X,Y) 的联合概率密度函数为 $f(x,y)=\begin{cases}3x & 0<x<1,0<y<x\\ 0 & 其他\end{cases}$，求 $Z=X-Y$ 的概率密度函数.

3.30 设随机变量 (X,Y) 的联合概率密度函数为

$$f(x,y)=\begin{cases}2e^{-(x+2y)} & x>0,y\geqslant 0\\ 0 & 其他\end{cases},$$

求 $Z=X+2Y$ 的分布函数和概率密度函数.

第四章
随机变量的数字特征

所谓随机变量的数字特征是指联系于它的分布函数的某些数,例如,均值和方差等.它们反映随机变量的某些方面的特征.

在第二章已经列举了常见的随机变量分布函数的例子,很多分布函数含有一个或者多个参数(如泊松分布含有一个参数 λ,正态分布含有两个参数 μ 和 λ),这些函数分布往往是由某些数字特征所确定的,因此,找到这些特征,就能确定分布函数.另外,在许多实际问题中,一般不需要完全知道其分布函数,只需要知道这些随机变量的某些特征就够了.例如:对射手的技术评定,了解命中环数的平均值以及命中点是分散还是集中.由此可见,对随机变量数字特征的研究具有重要的理论意义和实际意义.

本章主要介绍随机变量的常用数字特征:即数学期望、方差、协方差、相关系数和矩等.

4.1 随机变量的数学期望

4.1.1 离散型随机变量的数学期望

设某射手进行了 100 次射击,其中命中 7 环 10 次,命中 8 环 20 次,命中 9 环 40 次,命中 10 环 30 次,求此人命中的平均环数.

解 平均环数为

$$\begin{aligned}\frac{1}{100}(7\cdot 10+8\cdot 20+9\cdot 40+10\cdot 30) &= 7\cdot\frac{10}{100}+8\cdot\frac{20}{100}+9\cdot\frac{40}{100}+10\cdot\frac{30}{100}\\ &=\sum_{k=7}^{10}k\cdot\frac{n_k}{n}=\sum_{k=7}^{10}k\cdot p_k=8.9,\end{aligned}$$

其中,$n=100,n_7=10,n_8=20,n_9=40,n_{10}=30,p_k=\dfrac{n_k}{n}$ 是环数 k 出现的频率.

由于频率趋向于概率值,因此,可以用概率来代替频率,进而引出数学期望的概念,数学期望是平均值的推广.

定义 4.1.1 设离散型随机变量 X 的分布律为 $P(X=x_k)=p_k,k=1,2,\cdots$,若级数 $\sum\limits_{k=1}^{+\infty}x_kp_k$ 绝对收敛,则称级数 $\sum\limits_{k=1}^{+\infty}x_kp_k$ 的和为随机变量 X 的数学期望,记为 $E(X)$,即

$$E(X)=\sum_{k=1}^{+\infty}x_k p_k.$$

数学期望 $E(X)$ 是随机变量最重要的数字特征之一，它表征的是随机变量 X 取值的平均值，即重心位置，因此，也称 $E(X)$ 为“均值”.

说明

1. 当 $\sum_{k=1}^{+\infty}x_k p_k$ 不绝对收敛时，X 的数学期望不存在.
2. 随机变量的数学期望不再是随机变量，而是确定的实数.
3. 由于无穷级数绝对收敛，则可保证求和不受各项次序变动的影响.

对于二维离散型随机变量 (X,Y)，其联合分布为 $p(x_i,y_j)$，若 $\sum_i\sum_j x_i p(x_i,y_j)$ 绝对收敛，则随机变量 X 的数学期望为：

$$E(X)=\sum_i\sum_j x_i p(x_i,y_j)=\sum_i\left[x_i\sum_j p(x_i,y_j)\right]=\sum_i x_i p_X(x_i).$$

同理，对于二维离散型随机变量 (X,Y)，Y 的数学期望 $E(Y)=\sum_j y_j p_Y(y_j)$.

也可以仿照二维离散型随机变量的数学期望来定义多维离散型随机变量的数学期望，并且每个变量的数学期望都可以通过它的边际分布求得.换句话说，涉及求离散型随机变量的数学期望，可以只考虑该变量的分布.所以，对于多维离散型随机变量，其数学期望都可以归结为定义 4.1.1 的形式.

例 4.1.1 设随机变量 X 的分布律为 $P\left[X=(-1)^k\frac{2^k}{k}\right]=\frac{1}{2^k}, k=1,2,\cdots$，试证明 $E(X)$ 不存在.

证明 因为 $\sum_{k=1}^{+\infty}|x_k P(X=x_k)|=\sum_{k=1}^{+\infty}\frac{1}{k}$ 不收敛，根据定义 4.1.1 可知，$E(X)$ 不存在.

例 4.1.2 设随机变量 X 的分布律为：

X	-2	0	2
P	0.4	0.3	0.7

求 $E(X)$.

解 按定义 4.1.1，$E(X)=(-2)\cdot 0.4+0\cdot 0.3+2\cdot 0.7=0.6$.

下面以常用离散型随机变量为例讨论数学期望的求法.

例 4.1.3 设 X 服从 0—1 分布，求 $E(X)$.

解 $E(X)=1\cdot p+0\cdot(1-p)=p$.

例 4.1.4 设 $X\sim B(n,p)$，求 $E(X)$.

解 因为 X 的分布律为 $P(X=k)=C_n^k p^k q^{n-k}, k=0,1,\cdots,n(0<p<1,p+q=1)$，所以

$$E(X)=\sum_{k=0}^{n}kP(X=k)=\sum_{k=0}^{n}k\frac{n!}{k!(n-k)!}p^kq^{n-k}$$
$$=np\sum_{k=1}^{n}\frac{(n-1)!}{(k-1)!(n-k)!}p^{k-1}q^{n-k}\overset{i=k-1}{=\!=\!=}np\sum_{i=0}^{n-1}C_{n-1}^{i}p^iq^{n-1-i}$$
$$=np.$$

特别地，当 $X\sim B(1,p)$，即 X 服从 0—1 分布时，$E(X)=p$ 与例 4.1.3 结果相同.

例 4.1.5　设 $X\sim P(\lambda)(\lambda>0)$，求 $E(X)$.

解　因为 X 的分布律为 $P(X=k)=\frac{\lambda^k}{k!}e^{-\lambda},k=0,1,2,\cdots$，所以

$$E(X)=\sum_{k=0}^{+\infty}kP(X=k)=\sum_{k=0}^{+\infty}k\frac{\lambda^k}{k!}e^{-\lambda}=\lambda e^{-\lambda}\sum_{k=1}^{+\infty}\frac{\lambda^{k-1}}{(k-1)!}=\lambda.$$

例 4.1.6　某射手命中目标的概率为 p，设 X 表示该射手首次命中目标的射击次数，求：随机变量 X 的数学期望.

解　随机变量 X 服从几何分布，其分布律为 $P(X=n)=q^{n-1}p,n=1,2,\cdots$

所以随机变量 X 的数学期望为：

$$E(X)=\sum_{n=1}^{+\infty}nq^{n-1}p=p\sum_{n=1}^{+\infty}nq^{n-1}=p\left[\sum_{n=1}^{+\infty}\frac{d(q^n)}{dq}\right]$$
$$=p\left(\frac{d\left(\sum_{n=1}^{+\infty}q^n\right)}{dq}\right)=p\frac{d\left(\frac{q}{1-q}\right)}{dq}=p\frac{1}{(1-q)^2}=\frac{p}{p^2}=\frac{1}{p}.$$

即几何分布的数学期望 $E(X)=\frac{1}{p}$.

4.1.2　连续型随机变量的数学期望

对一维连续型随机变量 X 的数学期望可以仿照离散型随机变量的数学期望来定义.

定义 4.1.2　设连续型随机变量 X 的概率密度函数为 $f(x)$，若积分 $\int_{-\infty}^{+\infty}xf(x)dx$ 绝对收敛，则称该积分 $\int_{-\infty}^{+\infty}xf(x)dx$ 的值为随机变量 X 的数学期望，记为 $E(X)$，即

$$E(X)=\int_{-\infty}^{+\infty}xf(x)dx.$$

由定义 4.1.2，若积分 $\int_{-\infty}^{+\infty}xf(x)dx$ 不绝对收敛，即 $\int_{-\infty}^{+\infty}|xf(x)|dx$ 不收敛，则 X 的数学期望不存在.

对于二维连续型随机变量 (X,Y)，其联合概率密度为 $f(x,y)$，若反常积分 $\int_{-\infty}^{+\infty}\int_{-\infty}^{+\infty}xf(x,y)dxdy$ 绝对收敛，则随机变量 X 的数学期望为：

$$E(X)=\int_{-\infty}^{+\infty}\int_{-\infty}^{+\infty}xf(x,y)\mathrm{d}x\mathrm{d}y=\int_{-\infty}^{+\infty}x\left(\int_{-\infty}^{+\infty}f(x,y)\mathrm{d}y\right)\mathrm{d}x=\int_{-\infty}^{+\infty}xf_X(x)\mathrm{d}x.$$

同理,对于二维连续型随机变量 (X,Y),Y 的数学期望 $E(Y)=\int_{-\infty}^{+\infty}yf_Y(y)\mathrm{d}y$.

也可以仿照二维连续型随机变量的数学期望来定义多维连续型随机变量的数学期望,并且每个随机变量的数学期望都可以通过各自的边缘密度函数求得.换句话说,涉及求连续型随机变量的数学期望,可以只考虑该变量的概率密度函数.所以,对于多维连续型随机变量,其数学期望都可以归结为定义 4.1.2 的形式.

例 4.1.7 设随机变量 X 服从柯西分布:

$$f(x)=\frac{1}{\pi(1+x^2)},-\infty<x<+\infty.$$

求数学期望 $E(X)$.

解 按定义 4.1.2,应有 $E(X)=\frac{1}{\pi}\int_{-\infty}^{+\infty}\frac{x}{1+x^2}\mathrm{d}x$.

因为反常积分

$$\begin{aligned}\int_{-\infty}^{+\infty}\left|\frac{x}{1+x^2}\right|\mathrm{d}x&=\int_{-\infty}^{0}\frac{-x}{1+x^2}\mathrm{d}x+\int_{0}^{+\infty}\frac{x}{1+x^2}\mathrm{d}x=2\int_{0}^{+\infty}\frac{x}{1+x^2}\mathrm{d}x\\&=\int_{0}^{+\infty}\frac{1}{1+x^2}\mathrm{d}(x^2+1)=\ln(1+x^2)\Big|_0^{+\infty}=+\infty,\end{aligned}$$

即 $\int_{-\infty}^{+\infty}\left|\frac{x}{1+x^2}\right|\mathrm{d}x$ 不收敛.所以,数学期望 $E(X)$ 不存在.

例 4.1.8 已知随机变量 X 的密度函数为

$$f(x)=\begin{cases}x & 0\leqslant x\leqslant 1\\ 2-x & 1<x\leqslant 2.\\ 0 & \text{其他}\end{cases}$$

求随机变量 X 的数学期望 $E(X)$.

解

$$\begin{aligned}E(X)&=\int_{-\infty}^{+\infty}xf(x)\mathrm{d}x\\&=\int_{-\infty}^{0}xf(x)\mathrm{d}x+\int_{0}^{1}xf(x)\mathrm{d}x+\int_{1}^{2}xf(x)\mathrm{d}x+\int_{2}^{+\infty}xf(x)\mathrm{d}x\\&=\int_{0}^{1}x\cdot x\mathrm{d}x+\int_{1}^{2}x(2-x)\mathrm{d}x=1.\end{aligned}$$

下面以常用连续型随机变量为例讨论数学期望的求法.

例 4.1.9 设 $X\sim U(a,b)$,$a<b$,求 $E(X)$.

解 因为 X 的密度函数为 $f(x)=\begin{cases}\frac{1}{b-a} & a\leqslant x\leqslant b\\ 0 & \text{其他}\end{cases}$,

所以

$$E(X)=\int_{-\infty}^{+\infty}xf(x)\mathrm{d}x=\int_a^b\frac{x}{b-a}\mathrm{d}x$$
$$=\frac{1}{b-a}\frac{x^2}{2}\Big|_a^b=\frac{a+b}{2}.$$

从几何角度看，均匀分布的期望（或重心）正好是区间 $[a,b]$ 的几何中心位置，即 $\frac{a+b}{2}$.

例 4.1.10　设 $X\sim e(\lambda),\lambda>0$，求 $E(X)$.

解　因为 X 的密度函数为 $f(x)=\begin{cases}\lambda\mathrm{e}^{-\lambda x} & x\geqslant 0\\ 0 & x<0\end{cases}$，

所以

$$E(X)=\int_{-\infty}^{+\infty}xf(x)\mathrm{d}x=\int_0^{+\infty}x\lambda\mathrm{e}^{-\lambda x}\mathrm{d}x$$
$$=-\int_0^{+\infty}x\,\mathrm{d}\mathrm{e}^{-\lambda x}=-x\mathrm{e}^{-\lambda x}\Big|_0^{+\infty}+\int_0^{+\infty}\mathrm{e}^{-\lambda x}\mathrm{d}x=\frac{1}{\lambda}.$$

由此可见，指数分布的数学期望值是参数 λ 的倒数.

例 4.1.11　设 $X\sim N(\mu,\sigma^2),\sigma>0$，求 $E(X)$.

解　因为 X 的密度函数为 $f(x)=\frac{1}{\sqrt{2\pi}\sigma}\mathrm{e}^{-\frac{(x-\mu)^2}{2\sigma^2}},x\in(-\infty,+\infty)$，

所以

$$E(X)=\int_{-\infty}^{+\infty}xf(x)\mathrm{d}x=\int_{-\infty}^{+\infty}x\frac{1}{\sqrt{2\pi}\sigma}\mathrm{e}^{-\frac{(x-\mu)^2}{2\sigma^2}}\mathrm{d}x\xlongequal{t=\frac{x-\mu}{\sigma}}\int_{-\infty}^{+\infty}(\sigma t+\mu)\frac{1}{\sqrt{2\pi}}\mathrm{e}^{-\frac{t^2}{2}}\mathrm{d}t$$
$$=\frac{\sigma}{\sqrt{2\pi}}\int_{-\infty}^{+\infty}t\mathrm{e}^{-\frac{t^2}{2}}\mathrm{d}t+\frac{\mu}{\sqrt{2\pi}}\int_{-\infty}^{+\infty}\mathrm{e}^{-\frac{t^2}{2}}\mathrm{d}t=\mu.$$

其中，$\int_{-\infty}^{+\infty}t\mathrm{e}^{-\frac{t^2}{2}}\mathrm{d}t=-\int_{-\infty}^{+\infty}\mathrm{e}^{-\frac{t^2}{2}}\mathrm{d}\left(-\frac{t^2}{2}\right)=-\int_{-\infty}^{+\infty}\mathrm{d}(\mathrm{e}^{-\frac{t^2}{2}})=0$，$\int_{-\infty}^{+\infty}\mathrm{e}^{-\frac{t^2}{2}}\mathrm{d}t=\sqrt{2\pi}$ 的计算过程如下所示：

$$\left(\int_{-\infty}^{+\infty}\mathrm{e}^{-\frac{t^2}{2}}\mathrm{d}t\right)^2=\int_{-\infty}^{+\infty}\mathrm{e}^{-\frac{x^2}{2}}\mathrm{d}x\cdot\int_{-\infty}^{+\infty}\mathrm{e}^{-\frac{y^2}{2}}\mathrm{d}y=\int_{-\infty}^{+\infty}\int_{-\infty}^{+\infty}\mathrm{e}^{-\frac{x^2+y^2}{2}}\mathrm{d}x\mathrm{d}y$$
$$\xlongequal{\begin{cases}x=r\cos\theta\\ y=r\sin\theta\end{cases}}\int_0^{+\infty}\int_0^{2\pi}\mathrm{e}^{-\frac{r^2}{2}}r\mathrm{d}r\mathrm{d}\theta=\int_0^{2\pi}\left[-\int_0^{+\infty}\mathrm{d}\left(\mathrm{e}^{-\frac{x^2}{2}}\right)\right]\mathrm{d}\theta=2\pi.$$

由此可见，正态分布中的参数 μ 就是正态分布的期望值.

4.1.3　随机变量函数的数学期望

在实际中常常遇到这样的问题，例如，已知一批机械零件截面圆的直径 X 服从正态分

布,求这批零件截面面积的数学期望 $E(\pi X^2/4)$,这实际上是求随机变量函数的数学期望.下面介绍求解这类问题的计算公式.

定理 4.1.1 设 X 是离散型随机变量,其分布律为 $P(X=x_k)=p_k,k=1,2,\cdots$,若 $\sum_{k=1}^{\infty}g(x_k)p_k$ 绝对收敛,函数 $Y=g(X)$ 的数学期望为:

$$E(Y)=E[g(X)]=\sum_{k=1}^{\infty}g(x_k)p_k.$$

例 4.1.12 设随机变量 X 的分布律为

X	-2	0	1	2
P	0.1	0.4	0.2	0.3

求:$E(2X^2)$ 及 $E(3X^2+5)$.

解 方法一:由定理 4.1.1,

$$E(2X^2)=2\cdot(-2)^2\cdot 0.1+2\cdot 0^2\cdot 0.4+2\cdot 1^2\cdot 0.2+2\cdot 2^2\cdot 0.3=3.6.$$

方法二:先求出随机变量函数 $Y=2X^2$ 的概率分布

Y	0	2	8
P	0.4	0.2	0.4

再按定理 4.1.1 计算得到的结果是相同的:

$$E(2X^2)=0\cdot 0.4+2\cdot 0.2+8\cdot 0.4=3.6.$$

同理,

$$\begin{aligned}E(3X^2+5)=&[3\cdot(-2)^2+5]\cdot 0.1+(3\cdot 0^2+5)\cdot 0.4\\&+(3\cdot 1^2+5)\cdot 0.2+(3\cdot 2^2+5)\cdot 0.3=10.4.\end{aligned}$$

定理 4.1.2 设 X 是连续型随机变量,它的概率密度为 $f(x)$,若反常积分 $\int_{-\infty}^{+\infty}g(x)f(x)\mathrm{d}x$ 绝对收敛,则随机变量 $Y=g(X)$ 的数学期望为:

$$E(Y)=E[g(X)]=\int_{-\infty}^{+\infty}g(x)f(x)\mathrm{d}x.$$

例 4.1.13 设随机变量 X 在区间 $[0,\pi]$ 上服从均匀分布,求随机变量函数 $Y=\sin X$ 的数学期望.

解 方法一:随机变量 X 的概率密度函数

$$f(x)=\begin{cases}\dfrac{1}{\pi} & 0\leqslant x\leqslant\pi\\ 0 & \text{其他}\end{cases}.$$

按定理 4.1.2 得

$$E(Y)=\int_0^{\pi}\sin x\cdot\frac{1}{\pi}\mathrm{d}x=\frac{1}{\pi}\int_0^{\pi}\sin x\,\mathrm{d}x=\frac{2}{\pi}.$$

方法二：随机变量 Y 的分布函数为：

当 $y<0$ 时，$P(Y\leqslant y)=0$.

当 $0\leqslant y\leqslant 1$ 时，

$$P(Y\leqslant y)=P(\sin X\leqslant y)=\int_0^{\arcsin y}\frac{1}{\pi}\mathrm{d}x+\int_{\pi-\arcsin y}^{\pi}\frac{1}{\pi}\mathrm{d}x=\frac{2\arcsin y}{\pi}.$$

当 $y>1$ 时，$P(Y\leqslant y)=1$.

即 $F(y)=\begin{cases}\dfrac{2\arcsin y}{\pi} & 0\leqslant y\leqslant 1\\ 0 & \text{其他}\end{cases}$.

对随机变量 Y 的分布函数求导数，得 Y 的概率密度函数为：

$$f(y)=\begin{cases}\dfrac{2}{\pi\sqrt{1-y^2}} & 0\leqslant y\leqslant 1\\ 0 & \text{其他}\end{cases}.$$

则随机变量 Y 的数学期望为：

$$E(Y)=\int_0^1 y\cdot\frac{2}{\pi\sqrt{1-y^2}}\mathrm{d}y=\frac{2}{\pi}\int_0^1\frac{y}{\sqrt{1-y^2}}\mathrm{d}y=\frac{2}{\pi}.$$

说明

从例 4.1.12 和例 4.1.13 可以看出，直接用定理 4.1.1 或定理 4.1.2 求函数的数学期望，计算过程较简单.先求函数的分布，再求数学期望的方法较复杂.

定理 4.1.2 和定理 4.1.3 还可以推广到两个或两个以上随机变量的函数情况，下面分析两个随机变量的函数 $Z=g(X,Y)$ 的数学期望.

定理 4.1.3　设 (X,Y) 是随机变量，$g(x,y)$ 是二元连续函数，则 $Z=g(X,Y)$ 是一个随机变量.

1. 若 (X,Y) 为二维离散型随机变量，其分布律为 $P(X=x,Y=y)=p_{ij}(i,j=1,2,\cdots)$，如果级数 $\sum\limits_{i=1}^{+\infty}\sum\limits_{j=1}^{+\infty}g(x_i,y_j)p_{ij}$ 绝对收敛，即 $\sum\limits_{i=1}^{+\infty}\sum\limits_{j=1}^{+\infty}|g(x_i,y_j)p_{ij}|$ 收敛，则有

$$E(Z)=E[g(X,Y)]=\sum_{i=1}^{+\infty}\sum_{j=1}^{+\infty}g(x_i,y_j)p_{ij}.$$

2. 若 (X,Y) 为二维连续型随机变量，其概率密度函数为 $f(x,y)$，如果积分 $\int_{-\infty}^{+\infty}\int_{-\infty}^{+\infty}g(x,y)f(x,y)\mathrm{d}x\mathrm{d}y$ 绝对收敛，即 $\int_{-\infty}^{+\infty}\int_{-\infty}^{+\infty}|g(x,y)f(x,y)|\mathrm{d}x\mathrm{d}y$ 收敛，则有

$$E(Z)=E[g(X,Y)]=\int_{-\infty}^{+\infty}\int_{-\infty}^{+\infty}g(x,y)f(x,y)\mathrm{d}x\mathrm{d}y.$$

例 4.1.14 设随机变量 (X,Y) 的分布律为

X \ Y	-1	1
1	1/4	0
2	1/2	1/4

求 EX,EY 及 $E(XY)$.

解

$$E(X)=\sum_i\sum_j x_ip_{ij}=\sum_i x_i\sum_j p_{ij}=\sum_i x_iP(X=x_i)$$
$$=1\cdot\left(\frac{1}{4}+0\right)+2\cdot\left(\frac{1}{2}+\frac{1}{4}\right)=\frac{7}{4},$$

$$E(Y)=\sum_i\sum_j y_jp_{ij}=\sum_j y_j\sum_i p_{ij}=\sum_j y_jP(Y=y_j)$$
$$=(-1)\cdot\left(\frac{1}{4}+\frac{1}{2}\right)+1\cdot\left(0+\frac{1}{4}\right)=-\frac{1}{2},$$

$$E(XY)=\sum_i\sum_j x_iy_jp_{ij}$$
$$=1\cdot(-1)\cdot\frac{1}{4}+1\cdot1\cdot0+2\cdot(-1)\cdot\frac{1}{2}+2\cdot1\cdot\frac{1}{4}=-\frac{3}{4}.$$

例 4.1.15 设随机变量 (X,Y) 在矩形区域 $G:0\leqslant x\leqslant1,0\leqslant y\leqslant2$ 内服从均匀分布，求 $E(\sin^2X\cdot\cos Y)$.

解 (X,Y) 的联合概率密度函数为：

$$f(x,y)=\begin{cases}\dfrac{1}{2} & 0\leqslant x\leqslant1,0\leqslant y\leqslant2\\ 0 & \text{其他}\end{cases}.$$

$$E(\sin^2X\cdot\cos Y)$$
$$=\int_{-\infty}^{+\infty}\int_{-\infty}^{+\infty}\sin^2x\cdot\cos y\cdot f(x,y)\mathrm{d}x\mathrm{d}y=\int_0^1\int_0^2\sin^2x\cdot\cos y\cdot\frac{1}{2}\mathrm{d}x\mathrm{d}y$$
$$=\frac{1}{2}\int_0^1\sin^2x\mathrm{d}x\cdot\int_0^2\cos y\mathrm{d}y=\frac{1}{4}\sin2\left(1-\frac{1}{2}\sin2\right).$$

例 4.1.16 设二维随机变量 (X,Y) 的联合概率密度为

$$f(x,y)=\begin{cases}\dfrac{8}{\pi(x^2+y^2+1)^3} & x\geqslant0,y\geqslant0\\ 0 & \text{其他}\end{cases}.$$

求随机变量函数 $Z=X^2+Y^2$ 的数学期望.

解

$$E(Z)=E(X^2+Y^2)=\int_0^{+\infty}\int_0^{+\infty}(x^2+y^2)\cdot\frac{8}{\pi(x^2+y^2+1)^3}\mathrm{d}x\mathrm{d}y$$

$$=\frac{8}{\pi}\int_0^{+\infty}\int_0^{+\infty}\frac{x^2+y^2}{(x^2+y^2+1)^3}\mathrm{d}x\mathrm{d}y\xlongequal{\begin{cases}x=r\cos\theta\\y=r\sin\theta\end{cases}}\frac{8}{\pi}\int_0^{\frac{\pi}{2}}\mathrm{d}\theta\int_0^{+\infty}\frac{r^2}{(r^2+1)^3}r\mathrm{d}r$$

$$=\frac{8}{\pi}\cdot\frac{\pi}{2}\cdot\frac{1}{2}\int_0^{+\infty}[(r^2+1)^{-2}-(r^2+1)^{-3}]\mathrm{d}(r^2+1)=\frac{8}{\pi}\cdot\frac{\pi}{2}\cdot\frac{1}{4}=1.$$

4.1.4　数学期望的性质

数学期望具有良好的性质且便于应用,下面介绍数学期望的基本性质:

1. 设 c 是常数,则有 $E(c)=c$.
2. 设 X 是随机变量,a 是任意常数,则有 $E(aX)=aE(X)$.
3. 设 X,Y 是随机变量,则有 $E(X+Y)=E(X)+E(Y)$.
4. 设 X,Y 是随机变量,a,b,c 为常数,有 $E(aX+bY+c)=aE(X)+bE(Y)+c$.
5. 设 X,Y 为相互独立的随机变量,且 $E|X|,E|Y|,E|XY|$ 存在,则有

$$E(XY)=E(X)E(Y).$$

利用数学归纳法,可以把性质 4 和 5 推广到任意有限个随机变量的情形.

4^*　设 $X_1,X_2,\cdots,X_n$ 是 n 个随机变量,$c_1,c_2,\cdots,c_n,c$ 是常数,则有

$$E\left(\sum_{i=1}^n c_iX_i+c\right)=\sum_{i=1}^n c_iE(X_i)+c.$$

5^*　设 $X_1,X_2,\cdots,X_n$ 是 n 个相互独立的随机变量,且 $E\left|\prod_{i=1}^n X_i\right|,E|X_i|(i=1,2,\cdots,n)$ 存在,则有

$$E\left(\prod_{i=1}^n X_i\right)=\prod_{i=1}^n E(X_i).$$

下面仅就 (X,Y) 为连续型随机变量作证明,与离散型随机变量的证明类似.

证明　设 $f_X(x),f_Y(y)$ 和 $f(x,y)$ 分别为 X,Y 和 (X,Y) 的概率密度函数.

性质 1 显然成立.

2. $E(aX)=\int_{-\infty}^{+\infty}(ax)f_X(x)\mathrm{d}x=a\int_{-\infty}^{+\infty}xf_X(x)\mathrm{d}x=aE(X)$.

3. $E(X+Y)=\int_{-\infty}^{+\infty}\int_{-\infty}^{+\infty}(x+y)f(x,y)\mathrm{d}x\mathrm{d}y$

$$=\int_{-\infty}^{+\infty}\int_{-\infty}^{+\infty}xf(x,y)\mathrm{d}x\mathrm{d}y+\int_{-\infty}^{+\infty}\int_{-\infty}^{+\infty}yf(x,y)\mathrm{d}x\mathrm{d}y$$

$$=E(X)+E(Y).$$

4. $E(aX+bY+c)=E(aX)+E(bY)+E(c)=aE(X)+bE(Y)+c$.

5. $E(XY)=\int_{-\infty}^{+\infty}\int_{-\infty}^{+\infty}xyf(x,y)\mathrm{d}x\mathrm{d}y$

$=\int_{-\infty}^{+\infty}\int_{-\infty}^{+\infty}xyf_X(x)f_Y(y)\mathrm{d}x\mathrm{d}y$（利用 X 与 Y 的独立性）

$=\left(\int_{-\infty}^{+\infty}xf_X(x)\mathrm{d}x\right)\left(\int_{-\infty}^{+\infty}yf_Y(y)\mathrm{d}y\right)$

$=E(X)E(Y)$.

例 4.1.17 设随机变量 X 与 Y 相互独立，且 $X\sim N(2,4)$，$Y\sim e(5)$，求 $E(2X-5Y+1)$ 和 $E(-3XY)$.

解 因为 $X\sim N(2,4)$，$Y\sim e(5)$，所以 $E(X)=2$，$E(Y)=\frac{1}{5}=0.2$，从而

$$E(2X-5Y+1)=2E(X)-5E(Y)+1=4,$$
$$E(-3XY)=-3E(X)E(Y)=-1.2.$$

例 4.1.18 设一台设备由四个部件组装而成，部件的正常运转决定着设备的正常运转.在设备运转中部件需要调整的概率分别为 0.1，0.2，0.25，0.15. 假设各部件的运转状态相互独立，用 X 表示同时需要调整的部件数，试求 X 的数学期望.

解 设 $X_i=\begin{cases}1 & \text{第 } i \text{ 个部件需要调整}\\ 0 & \text{第 } i \text{ 个部件不需要调整}\end{cases}$，$i=1,2,3,4$.

易见 $X=X_1+X_2+X_3+X_4$，由题设知，

$X_i\sim B(1,p_i)$，$i=1,2,3,4$，其中 $p_1=0.1$，$p_2=0.2$，$p_3=0.25$，$p_4=0.15$，

则 $E(X)=E(X_1)+E(X_2)+E(X_3)+E(X_4)=0.1+0.2+0.25+0.15=0.7$.

例 4.1.19 一批产品中有 M 件正品，N 件次品，从中任意抽取 n 件，以 X 表示取到次品的件数，求随机变量 X 的数学期望.

证明 取 n 件产品可看作是不放回地取产品 n 次，每次取一件产品.令

$$X_i=\begin{cases}1 & \text{第 } i \text{ 次取到次品}\\ 0 & \text{第 } i \text{ 次取到正品}\end{cases},i=1,2,\cdots,n.$$

则 $X=X_1+X_2+\cdots+X_n$，且有

$$p(X_i=1)=\frac{N}{M+N},i=1,2,\cdots,n,$$

$$E(X_i)=1\cdot P(X_i=1)+0\cdot P(X_i=0)=\frac{N}{M+N},$$

所以，$E(X)=E(X_1+X_2+\cdots+X_n)=\sum\limits_{i=1}^{n}E(X_i)=\sum\limits_{i=1}^{n}\frac{N}{M+N}=\frac{nN}{M+N}$.

例 4.1.20 将 n 只球放入 M 只盒子中去，每只球落入每个盒子是等可能的，每个盒子容纳球的个数不限，求有球的盒子数 X 的数学期望.

解 设 $X_i=\begin{cases}1 & \text{第 } i \text{ 只盒子中有球}\\ 0 & \text{第 } i \text{ 只盒子中无球}\end{cases}$，$i=1,2,\cdots,M$，则 $X=\sum\limits_{i=1}^{M}X_i$，

而
$$P(X_i=0)=\frac{(M-1)^n}{M^n},$$

则
$$P(X_i=1)=1-P(X_i=0)=1-\frac{(M-1)^n}{M^n},$$

所以
$$E(X_i)=1\cdot P(X_i=1)+0\cdot P(X_i=0)=1-\frac{(M-1)^n}{M^n},$$

所以，$E(X)=E\left(\sum_{i=1}^{M}X_i\right)=\sum_{i=1}^{M}E(X_i)=M\left[1-\frac{(M-1)^n}{M^n}\right]$.

例 4.1.21　某保险公司制订赔偿方案：如果在一年内一个顾客的投保事件 A 发生，该公司就赔偿顾客 a 元. 已知一年内事件 A 发生的概率为 p，为使保险公司收益的期望值等于 a 的 5%，该公司应该要求顾客交纳多少保险费？

解　设顾客交纳 x（元/年）保险费，公司收益用 Y 表示，则有

$$Y=\begin{cases}x & \text{若事件}A\text{不发生}\\ x-a & \text{若事件}A\text{发生}\end{cases},$$

$$E(Y)=xP(\overline{A})+(x-a)P(A)=x(1-p)+(x-a)p=x-ap.$$

为使保险公司收益的期望值等于 a 的 5%，即 $x-ap=a\cdot 5\%$，则 $x=a(p+5\%)$.

4.2　随机变量的方差

4.2.1　方差的概念

为了表现随机变量的数字特征，单凭随机变量的数学期望是不够的.例如，有两家企业生产同一种产品，各自产品的质量指标取平均值都能达到质量要求，但一家企业的产品质量指标波动很小，质量稳定，另一家企业的产品质量指标波动较大，则这两家企业产品的质量明显不同.如何来描述产品质量指标的波动性呢？

设随机变量 X 的数学期望为 $E(X)$，则随机变量 X 与 $E(X)$ 的偏离量 $X-E(X)$ 也是一个随机变量，但由于 $E[X-E(X)]=0$，因此，$E[X-E(X)]$ 不能描述随机变量分布的分散程度.为了刻画随机变量的分散性，可以考虑 $E[|X-E(X)|]$，然而，绝对值会带来数学处理上的不便.常用的描述随机变量分散程度的量为 $E\{[X-E(X)]^2\}$.

定义 4.2.1　设 X 是一个随机变量，若 $E\{[X-E(X)]^2\}$ 存在，称 $E\{[X-E(X)]^2\}$ 为随机变量 X 的方差，记为 $D(X)$，即

$$D(X)=E\{[X-E(X)]^2\}.$$

于是有：

1. 设离散型随机变量 X 的分布律为 $P(X=x_k)=p_k,k=1,2,\cdots$，则

$$D(X)=\sum_{k}[x_k-E(X)]^2 p_k.$$

2. 设连续型随机变量 X 的概率密度为 $f(x)$，则

$$D(X)=\int_{-\infty}^{+\infty}[x-E(X)]^2 f(x)\mathrm{d}x.$$

3. $D(X)=E(X^2)-[E(X)]^2$.

事实上，$D(X)=E\{[X-E(X)]^2\}=E[X^2-2X\cdot E(X)+(E(X))^2]$
$=E(X^2)-2(E(X))^2+(E(X))^2=E(X^2)-(E(X))^2$.

由方差的定义可知，随机变量的方差是一个正数. 显然，当随机变量的可能值密集地分布在数学期望的附近时，方差较小；在相反的情况下，方差较大. 所以，由方差的大小可以推断随机变量分布的分散程度.

由于随机变量方差的量纲是随机变量量纲的平方. 为了统一量纲，也用 $\sqrt{D(X)}$ 来描述随机变量的波动，$\sqrt{D(X)}$ 叫作随机变量 X 的标准差或均方差，记作 $\sigma(X)$，即

$$\sigma(X)=\sqrt{D(X)}.$$

注意

随机变量 X 的方差存在，则数学期望一定存在，反之则不然.

例 4.2.1 设随机变量 X 的分布律为

X	1	2	3	4
P	1/8	3/8	2/8	2/8

求 $D(X)$.

解 $E(X)=\sum_{i}x_i p(x_i)=1\cdot\frac{1}{8}+2\cdot\frac{3}{8}+3\cdot\frac{2}{8}+4\cdot\frac{2}{8}=\frac{21}{8}$.

$E(X^2)=\sum_{i}x_i^2 p(x_i)=1^2\cdot\frac{1}{8}+2^2\cdot\frac{3}{8}+3^2\cdot\frac{2}{8}+4^2\cdot\frac{2}{8}=\frac{63}{8}$.

$D(X)=E(X^2)-[E(X)]^2=\frac{63}{8}-\left(\frac{21}{8}\right)^2=\frac{63}{64}$.

例 4.2.2 设随机变量 X 的概率密度函数为

$$f(x)=\begin{cases}1+x & -1\leqslant x<0\\ 1-x & 0\leqslant x<1\\ 0 & \text{其他}\end{cases}.$$

求 $D(X)$.

解 $E(X)=\int_{-\infty}^{+\infty}xf(x)\mathrm{d}x=\int_{-1}^{0}x(1+x)\mathrm{d}x+\int_{0}^{1}x(1-x)\mathrm{d}x=0$.

$$E(X^2)=\int_{-\infty}^{+\infty}x^2f(x)\mathrm{d}x=\int_{-1}^{0}x^2(1+x)\mathrm{d}x+\int_{0}^{1}x^2(1-x)\mathrm{d}x=\frac{1}{6}.$$

则 $D(X)=E(X^2)-[E(X)]^2=\frac{1}{6}$.

下面介绍常用随机变量的方差.

例 4.2.3　设随机变量 X 服从“0—1 分布”,求方差 $D(X)$.

解　$E(X)=1\times p+0\times(1-p)=p$.

$E(X^2)=1^2\times p+0^2\times(1-p)=p$.

$D(X)=E(X^2)-[E(X)]^2=p-p^2=p(1-p)=pq$,其中 $q=1-p$.

例 4.2.4　设 $X\sim P(\lambda)$,$\lambda>0$,求 $D(X)$.

解　已经求得 $E(X)=\lambda$.

$$\begin{aligned}E(X^2)&=\sum_{k=0}^{\infty}k^2P(X=k)=\sum_{k=0}^{\infty}k^2\frac{\lambda^k}{k!}\mathrm{e}^{-\lambda}=\lambda\mathrm{e}^{-\lambda}\sum_{k=1}^{\infty}k\frac{\lambda^{k-1}}{(k-1)!}\\&=\mathrm{e}^{-\lambda}\sum_{k=1}^{\infty}[(k-1)+1]\frac{\lambda^k}{(k-1)!}=\mathrm{e}^{-\lambda}\sum_{k=2}^{\infty}\frac{\lambda^{k-2}}{(k-2)!}\lambda^2+\mathrm{e}^{-\lambda}\sum_{k=1}^{\infty}\frac{\lambda^{k-1}}{(k-1)!}\lambda\\&=\lambda^2\mathrm{e}^{-\lambda}\mathrm{e}^{\lambda}+\lambda\mathrm{e}^{-\lambda}\mathrm{e}^{\lambda}=\lambda(\lambda+1),\end{aligned}$$

则 $D(X)=E(X^2)-[E(X)]^2=\lambda(\lambda+1)-\lambda^2=\lambda$.

由此可见,泊松分布中唯一的参数 λ 既是它的期望又是它的方差.

例 4.2.5　设 $X\sim B(n,p)$,求 $D(X)$.

解　已经求得 $E(X)=np$.

$$\begin{aligned}E(X^2)&=\sum_{k=0}^{n}k^2P(X=k)\\&=\sum_{k=1}^{n}k(k-1)\mathrm{C}_n^kp^kq^{n-k}+\sum_{k=1}^{n}k\mathrm{C}_n^kp^kq^{n-k}=\sum_{k=1}^{n}k(k-1)\frac{n!}{k!\ (n-k)!}p^kq^{n-k}+np\\&=n(n-1)p^2\sum_{k=2}^{n}\frac{(n-2)!}{(k-2)!\ (n-k)!}p^{k-2}q^{n-k}+np\\&=n(n-1)p^2\sum_{k=2}^{n}\mathrm{C}_{n-2}^{k-2}p^{k-2}q^{n-k}+np=n(n-1)p^2\ (p+q)^{n-2}+np\\&=n^2p^2+np(1-p)=n^2p^2+npq,\end{aligned}$$

则 $D(X)=E(X^2)-[E(X)]^2=n^2p^2+npq-(np)^2=npq$.

例 4.2.6　设随机变量 X 服从几何分布 $p(X=k)=pq^{k-1}$,$0<p<1$,$p+q=1$,求 $D(X)$.

解　$$\begin{aligned}E(X^2)&=\sum_{k=1}^{+\infty}k^2pq^{k-1}=(p\sum_{k=1}^{+\infty}kq^k)'=p(q\sum_{k=1}^{+\infty}kq^{k-1})'\\&=p(q(\sum_{k=1}^{+\infty}q^k)')'=p\left(q\left(\frac{q}{1-q}\right)'\right)'=p\left(\frac{q}{(1-q)^2}\right)'=\frac{1+q}{(1-q)^2}=\frac{2-p}{p^2}.\end{aligned}$$

这里对 q 求导数,p 是常数,并利用 $p+q=1$,则

$$D(X)=E(X^2)-[E(X)]^2=\frac{2-p}{p^2}-\frac{1}{p^2}=\frac{1-p}{p^2}.$$

例 4.2.7 设 $X\sim U(a,b)$，$a<b$，求 $D(X)$.

解 $E(X)=\frac{a+b}{2}$，

$$E(X^2)=\int_{-\infty}^{+\infty}x^2f(x)\mathrm{d}x=\int_a^b\frac{x^2}{b-a}\mathrm{d}x=\frac{1}{b-a}\frac{x^3}{3}\Big|_a^b=\frac{a^2+ab+b^2}{3},$$

$$D(X)=E(X^2)-[E(X)]^2=\frac{a^2+ab+b^2}{3}-\left(\frac{a+b}{2}\right)^2=\frac{1}{12}(b-a)^2.$$

例 4.2.8 设 $X\sim e(\lambda)$，$\lambda>0$，求 $D(X)$.

解 $E(X)=\frac{1}{\lambda}$，

$$E(X^2)=\int_{-\infty}^{+\infty}x^2f(x)\mathrm{d}x=\int_0^{+\infty}x^2\lambda\mathrm{e}^{-\lambda x}\mathrm{d}x=\frac{2}{\lambda^2},$$

则
$$D(X)=E(X^2)-[E(X)]^2=\frac{2}{\lambda^2}-\left(\frac{1}{\lambda}\right)^2=\frac{1}{\lambda^2}.$$

例 4.2.9 设 $X\sim N(\mu,\sigma^2)$，$\sigma>0$，求 $D(X)$.

解

$$D(X)=E[X-E(X)]^2=\int_{-\infty}^{+\infty}(x-\mu)^2\frac{1}{\sqrt{2\pi}\sigma}\mathrm{e}^{-\frac{(x-\mu)^2}{2\sigma^2}}\mathrm{d}x\xlongequal{t=\frac{x-\mu}{\sigma}}\frac{\sigma^2}{\sqrt{2\pi}}\int_{-\infty}^{+\infty}t^2\mathrm{e}^{-\frac{t^2}{2}}\mathrm{d}t$$

$$=\frac{\sigma^2}{\sqrt{2\pi}}\int_{-\infty}^{+\infty}t\mathrm{d}\left(-\mathrm{e}^{-\frac{t^2}{2}}\right)=\frac{\sigma^2}{\sqrt{2\pi}}\left[t\left(-\mathrm{e}^{-\frac{t^2}{2}}\right)\Big|_{-\infty}^{+\infty}-\int_{-\infty}^{+\infty}\left(-\mathrm{e}^{-\frac{t^2}{2}}\right)\mathrm{d}t\right]$$

$$=\frac{\sigma^2}{\sqrt{2\pi}}(0+\sqrt{2\pi})$$

$$=\sigma^2.$$

由此可见，正态分布中的参数 σ^2 就是正态分布的方差.

4.2.2 方差的性质

方差的性质主要有以下 4 个：

1. 设 c 为常数，则 $D(c)=0$.
2. 设 X 是随机变量，a,b 为常数，则有 $D(aX+b)=a^2D(X)$.
3. 设 X,Y 是任意两个随机变量，则有

$$D(X\pm Y)=D(X)+D(Y)\pm 2E[(X-E(X))(Y-E(Y))].$$

特别地，如果 X,Y 相互独立，则

$$D(X\pm Y)=D(X)+D(Y),$$

$$E[(X-E(X))(Y-E(Y))]=0.$$

4. 如果 X,Y 相互独立，则 X^2,Y^2 相互独立，且

$$D(XY)=E[(XY)^2]-E^2(XY)=E(X^2)E(Y^2)-E^2(X)E^2(Y).$$

利用数学归纳法，可以把性质 2 和 3 推广到有限多个独立随机变量的情形.

3^*　设 $X_1,X_2,\cdots,X_n$ 是 n 个相互独立的随机变量，则有

$$D\left(\sum_{i=1}^{n}k_iX_i+k\right)=\sum_{i=1}^{n}k_i^2D(X_i).$$

下面仅证明性质 3.

证明

$$\begin{aligned}D(X\pm Y)&=E\{[(X\pm Y)-E(X\pm Y)]^2\}=E\{[(X-E(X))\pm(Y-E(Y))]^2\}\\&=E[(X-E(X))^2+(Y-E(Y))^2\pm 2(X-E(X))(Y-E(Y))]\\&=E[(X-E(X))^2]+E[(Y-E(Y))^2]\pm 2E[(X-E(X))(Y-E(Y))]\\&=D(X)+D(Y)\pm 2E[(X-E(X))(Y-E(Y))].\end{aligned}$$

若 X,Y 独立，则 $E[(X-E(X))(Y-E(Y))]=E(XY)-E(X)E(Y)=0$，于是 $D(X\pm Y)=D(X)+D(Y)$.

例 4.2.10　已知随机变量 X 的数学期望为 $E(X)$，标准差为 $\sigma(X)>0$，设随机变量

$$X^*=\frac{X-E(X)}{\sigma(X)}.$$

证明 $E(X^*)=0,D(X^*)=1$，通常把 X^* 叫作标准化的随机变量.

证明　应用随机变量的数学期望及方差的性质，并注意到 $E(X)$ 及 $\sigma(X)$ 都是常数，易知

$$E(X^*)=E\left[\frac{X-E(X)}{\sigma(X)}\right]=\frac{E[X-E(X)]}{\sigma(X)}=\frac{E(X)-E(X)}{\sigma(X)}=0,$$

$$D(X^*)=D\left[\frac{X-E(X)}{\sigma(X)}\right]=\frac{D[X-E(X)]}{\sigma^2(X)}=\frac{D(X)}{\sigma^2(X)}=1.$$

例 4.2.11　对于随机变量 X，$E(X^2)$ 存在，证明：当 $k=E(X)$ 时，$E[(X-k)^2]$ 达到最小值，且最小值为 $D(X)$.

证明

$$\begin{aligned}E[(X-k)^2]&=E(X^2-2kX+k^2)=E(X^2)-2kE(X)+k^2\\&=E(X^2)-E^2(X)+(E(X)-k)^2\geqslant E(X^2)-E^2(X)=D(X),\end{aligned}$$

从而，当 $k=E(X)$ 时，$E[(X-k)^2]$ 达到最小值，且最小值为 $D(X)$.

可以证明，设 $X_i\sim N(\mu_i,\sigma_i^2),i=1,2,X_1,X_2$ 相互独立，则 $Z=k_1X_1+k_2X_2+b$ 服从正态分布 $N(k_1\mu_1+k_2\mu_2+b,k_1^2\sigma_1^2+k_2^2\sigma_2^2)$，这里 k_1,k_2,b 为常数，$k_1\neq 0$ 或 $k_2\neq 0$.

例 4.2.12　已知随机变量 X_1,X_2,X_3,X_4 相互独立，且服从正态分布 $N(\mu,\sigma^2)$，求：$Y_1=X_1+X_2-2\mu$ 与 $Y_2=X_3-X_4$ 的联合概率密度.

解 由已知条件，可知，Y_1,Y_2 相互独立，且 Y_1,Y_2 服从正态分布.

$E(Y_1)=E(X_1)+E(X_2)-2\mu=0$，

$D(Y_1)=D(X_1+X_2-2\mu)=D(X_1)+D(X_2)=2\sigma^2$，

$E(Y_2)=E(X_3)-E(X_4)=0$，

$D(Y_2)=D(X_3-X_4)=D(X_3)+D(X_4)=2\sigma^2$，

所以，$Y_1\sim N(0,2\sigma^2)$，$Y_2\sim N(0,2\sigma^2)$，

$$f_{Y_1}(y_1)=\frac{1}{\sqrt{2}\sigma\sqrt{2\pi}}\mathrm{e}^{-\frac{y_1^2}{2(\sqrt{2}\sigma)^2}},f_{Y_2}(y_2)=\frac{1}{\sqrt{2}\sigma\sqrt{2\pi}}\mathrm{e}^{-\frac{y_2^2}{2(\sqrt{2}\sigma)^2}},$$

所以，Y_1 与 Y_2 的联合概率密度函数为：

$$f(y_1,y_2)=f_{Y_1}(y_1)\cdot f_{Y_2}(y_2)=\frac{1}{4\pi\sigma^2}\mathrm{e}^{-\frac{y_1^2+y_2^2}{4\sigma^2}},-\infty<y_1,y_2<+\infty.$$

例 4.2.13 设随机变量 X,Y 相互独立，且 $X\sim N(720,30^2)$，$Y\sim N(640,25^2)$，求概率 $P(X>Y)$ 和 $P(X+Y>1\,400)$.

解 由 X,Y 相互独立知，

$E(X-Y)=E(X)-E(Y)=720-640=80$，

$D(X-Y)=D(X)+D(Y)=900+625=1\,525$，

且 $X-Y\sim N(80,1\,525)$，所以

$$P(X>Y)=P(X-Y>0)=1-\Phi\left(\frac{0-80}{\sqrt{1\,525}}\right)=\Phi(2.05)=0.979\,8,$$

同理可知 $X+Y\sim N(1\,360,1\,525)$，所以得

$$P(X+Y>1\,400)=1-\Phi\left(\frac{1\,400-1\,360}{\sqrt{1\,525}}\right)=1-\Phi(1.02)=1-0.846\,1=0.153\,9.$$

4.3 协方差和相关系数

随机变量的数学期望和方差仅能反映随机变量自身的特征，然而随机变量之间可能存在着某种相关关系，如人的身高与体重、气象中的温度与湿度、商品的广告费用与销量等.对于二维随机变量 (X,Y)，协方差和相关系数就能描述 X 与 Y 之间的相互关系.

4.3.1 协方差

在方差性质 3 的证明中，当 X 与 Y 相互独立时，有 $E\{[X-E(X)][Y-E(Y)]\}=0$. 这意味着 $E\{[X-E(X)][Y-E(Y)]\}$ 与 X 和 Y 的独立性有一定联系.

定义 4.3.1 设 (X,Y) 是一个二维随机变量.若 $E\{[X-E(X)][Y-E(Y)]\}$ 存在，则

称它为随机变量 X 与 Y 的协方差，记为 $\mathrm{cov}(X,Y)$，即

$$\mathrm{cov}(X,Y)=E\{[X-E(X)][Y-E(Y)]\}.$$

当 (X,Y) 是离散型随机变量，其联合分布律为 $P(X=x_i,Y=y_j)=p_{ij}$ 时，

$$\mathrm{cov}(X,Y)=\sum_{i=1}^{\infty}\sum_{j=1}^{\infty}[x_i-E(X)][y_j-E(Y)]p_{ij}.$$

当 (X,Y) 是连续型随机变量，其联合密度函数为 $f(x,y)$ 时，

$$\mathrm{cov}(X,Y)=\int_{-\infty}^{+\infty}\int_{-\infty}^{+\infty}[x-E(X)][y-E(Y)]f(x,y)\mathrm{d}x\mathrm{d}y.$$

关于协方差，有如下的性质：

1. 协方差的常用计算公式：$\mathrm{cov}(X,Y)=E(XY)-E(X)E(Y)$.
2. $D(X\pm Y)=D(X)+D(Y)\pm 2\mathrm{cov}(X,Y)$.
3. 随机变量 X 与 Y 相互独立，则 $\mathrm{cov}(X,Y)=0$.
4. $\mathrm{cov}(X,Y)=\mathrm{cov}(Y,X)$.
5. $\mathrm{cov}(aX,bY)=ab\mathrm{cov}(X,Y)$，$a,b$ 为常数.
6. $\mathrm{cov}(X+Y,Z)=\mathrm{cov}(X,Z)+\mathrm{cov}(Y,Z)$.

证明　1. 根据定义 4.3.1，并利用数学期望的性质，

$$\begin{aligned}\mathrm{cov}(X,Y)&=E\{[X-E(X)][Y-E(Y)]\}\\&=E[XY-XE(Y)-YE(X)+E(X)E(Y)]\\&=E(XY)-E(X)E(Y)-E(X)E(Y)+E(X)E(Y)\\&=E(XY)-E(X)E(Y).\end{aligned}$$

2 和 3 直接由方差的性质 3 得到.

4,5 和 6 由协方差的定义和数学期望的性质可以证明.

例 4.3.1　设二维随机变量 (X,Y) 的联合概率分布为：

X \ Y	-1	0	1
0	0	1/3	0
1	1/3	0	1/3

求：协方差 $\mathrm{cov}(X,Y)$.

解　由 (X,Y) 的联合概率分布，可得随机变量 X 与 Y 的边际分布分别为：

X	0	1
P_X	1/3	2/3

Y	-1	0	1
P_Y	1/3	1/3	1/3

所以 $E(X)=0\cdot\frac{1}{3}+1\cdot\frac{2}{3}=\frac{2}{3}$, $E(Y)=(-1)\cdot\frac{1}{3}+0\cdot\frac{1}{3}+1\cdot\frac{1}{3}=0$,

$$E(XY)=(-1)\cdot 1\cdot\frac{1}{3}+0\cdot 0\cdot\frac{1}{3}+1\cdot 1\cdot\frac{1}{3}=0,$$

$$\operatorname{cov}(X,Y)=E(XY)-E(XY)=0.$$

$P(X=0,Y=0)=0\neq P_X(X=0)\cdot P_Y(Y=0)=1/9$, 故 X 与 Y 不相互独立.

注意

1. $\operatorname{cov}(X,Y)=0$ 时,推不出 X 与 Y 相互独立.
2. $\operatorname{cov}(X,Y)\neq 0$,可得 X 与 Y 不是独立的.这是性质 3 的逆否命题.

例 4.3.2 设二维随机变量 (X,Y) 的联合密度函数为

$$f(x,y)=\begin{cases}\dfrac{1}{(b-a)(d-c)} & a\leqslant x\leqslant b, c\leqslant y\leqslant d\\ 0 & \text{其他}\end{cases},$$

求 $\operatorname{cov}(X,Y)$.

解 因为 $E(X)=\int_a^b\int_c^d x\cdot\frac{1}{(b-a)(d-c)}\mathrm{d}x\mathrm{d}y=\frac{a+b}{2}$,

$E(Y)=\int_a^b\int_c^d y\cdot\frac{1}{(b-a)(d-c)}\mathrm{d}x\mathrm{d}y=\frac{c+d}{2}$,

$E(XY)=\int_a^b\int_c^d xy\cdot\frac{1}{(b-a)(d-c)}\mathrm{d}x\mathrm{d}y=\frac{(a+b)(c+d)}{4}$,

所以

$$\operatorname{cov}(X,Y)=E(XY)-E(X)E(Y)=0.$$

可以验证,此例 X 与 Y 的协方差为 0 且相互独立.

4.3.2 相关系数

协方差在一定程度上反映了随机变量 X 与 Y 之间的相互联系,由协方差的性质 5,可知它还受 X 与 Y 本身的数值大小的影响.因为 $\operatorname{cov}(kX,kY)=k^2\operatorname{cov}(X,Y)$, 协方差随着 X 与 Y 取值的改变而改变.前面例题 4.2.10 提到过随机变量的标准化,对随机变量标准化后得到 $E(X^*)=0, D(X^*)=1$. 可以采用同样的方法对协方差进行处理,引入相关系数的概念.

定义 4.3.2 设 (X,Y) 是一个二维随机变量,若 $E\left\{\frac{[X-E(X)][Y-E(Y)]}{\sqrt{D(X)}\sqrt{D(Y)}}\right\}$ 存在,则称它是随机变量 X 与 Y 的相关系数或标准协方差,记为 ρ_{XY}, 即

$$\rho_{XY}=E\left\{\frac{[X-E(X)][Y-E(Y)]}{\sqrt{D(X)}\sqrt{D(Y)}}\right\}=\frac{\operatorname{cov}(X,Y)}{\sqrt{D(X)}\sqrt{D(Y)}}.$$

显然有 $\rho_{XY}=\operatorname{cov}(X^*,Y^*)$，且随机变量 X 与 Y 的相关系数 ρ_{XY} 是一个无量纲的数.

定义 4.3.3　设 (X,Y) 是一个二维随机变量，若 $\rho_{XY}=0$，则称 X 与 Y 不相关.

相关系数具有的性质：

1. $|\rho_{XY}|\leqslant 1$.

证明

$$D(X^*\pm Y^*)=D(X^*)+D(Y^*)\pm 2\operatorname{cov}(X^*,Y^*)$$
$$=1+1\pm 2\operatorname{cov}(X^*,Y^*)=2(1\pm\rho_{XY})\geqslant 0,$$

即 $1\pm\rho_{XY}\geqslant 0$，$|\rho_{XY}|\leqslant 1$.

2. $|\rho_{XY}|=1$ 的充分必要条件是 X 与 Y 存在线性关系 $Y=aX+b$，其中 $a\neq 0$，a,b 为常数，并且满足：

$$\rho(X,Y)=\begin{cases}1 & a>0\\ -1 & a<0\end{cases}.$$

证明略，仅对该性质做如下说明：

相关系数 ρ 刻画了随机变量 X 与 Y 之间线性关系的近似程度.当 $|\rho|$ 越接近于 1 时，X 与 Y 越接近线性关系；当 $|\rho|=1$ 时，X 与 Y 存在线性关系 $Y=aX+b$；当 $|\rho|=0$ 时，X 与 Y 之间不存在线性关系，即不相关.

例 4.3.3　设二维随机变量 (X,Y) 的联合概率分布为：

X \ Y	0	1
0	q	0
1	0	p

其中 $p+q=1$，求相关系数 ρ_{XY}.

解　由上面的分布律，可得随机变量 X 与 Y 的边际分布分别为

X	0	1
P_X	q	p

Y	0	1
P_Y	q	p

X 与 Y 均服从(0－1)分布，则 $E(X)=p$，$E(Y)=p$，$D(X)=pq$，$D(Y)=pq$. 于是

$$\operatorname{cov}(X,Y)=E(XY)-E(X)E(Y)=0\cdot 0\cdot q+0\cdot 1\cdot 0+1\cdot 0\cdot 0+1\cdot 1\cdot p-p\cdot p$$
$$=p-p^2=pq.$$

于是有

$$\rho_{XY}=\frac{\operatorname{cov}(X,Y)}{\sqrt{D(X)}\sqrt{D(Y)}}=\frac{pq}{\sqrt{pq}\sqrt{pq}}=1,$$

即 X 与 Y 之间存在线性关系.

例 4.3.4　设随机变量 X 与 Y 的联合分布为

X \ Y	−1	0	1
−1	1/8	1/8	1/8
0	1/8	0	1/8
1	1/8	1/8	1/8

证明：X 与 Y 不相关，但 X 与 Y 不独立.

证明 随机变量 X 与 Y 的边际分布为

X	−1	0	1
P_X	3/8	2/8	3/8

Y	−1	0	1
P_Y	3/8	2/8	3/8

则有 $E(X)=(-1)\cdot\frac{3}{8}+0\cdot\frac{2}{8}+1\cdot\frac{3}{8}=0$,

$$E(X^2)=(-1)^2\cdot\frac{3}{8}+0^2\cdot\frac{2}{8}+1^2\cdot\frac{3}{8}=\frac{3}{4},$$

$D(X)=E(X^2)-(E(X))^2=\frac{3}{4}$.

因为 X 与 Y 的边际分布相同，故 $E(Y)=E(X)=0, D(Y)=D(X)=\frac{3}{4}$,

$$\begin{aligned}E(XY)&=\sum_i\sum_j x_i y_j P(X=x_i,Y=y_j)\\&=(-1)\cdot(-1)\cdot\frac{1}{8}+(-1)\cdot 0\cdot\frac{1}{8}+(-1)\cdot 1\cdot\frac{1}{8}+0\cdot(-1)\cdot\frac{1}{8}\\&\quad+0\cdot 0\cdot 0+0\cdot 1\cdot\frac{1}{8}+1\cdot(-1)\cdot\frac{1}{8}+1\cdot 0\cdot\frac{1}{8}+1\cdot 1\cdot\frac{1}{8}=0,\end{aligned}$$

所以，$\mathrm{cov}(X,Y)=E(XY)-E(X)E(Y)=0$,

$$\rho_{XY}=\frac{\mathrm{cov}(X,Y)}{\sqrt{D(X)}\cdot\sqrt{D(Y)}}=0.$$

所以，X 与 Y 不相关.

$$P(X=0,Y=0)=0, P(X=0)\cdot P(Y=0)=\frac{4}{64},$$

$P(X=0,Y=0)\neq P(X=0)\cdot P(Y=0)$，因此，$X$ 与 Y 不相互独立.

例 4.3.5 若 $X\sim N(0,1)$，且 $Y=X^2$，问 X 与 Y 是否不相关？

解 因为 $X\sim N(0,1)$，密度函数 $f(x)=\frac{1}{\sqrt{2\pi}}e^{-\frac{x^2}{2}}$ 为偶函数，所以 $E(X)=E(X^3)=0$. 于是由 $\mathrm{cov}(X,Y)=E(XY)-E(X)E(Y)=E(X^3)-E(X)E(X^2)=0$，得

$$\rho_{XY}=\frac{\operatorname{cov}(X,Y)}{\sqrt{D(X)}\sqrt{D(Y)}}=0.$$

这说明 X 与 Y 是不相关的，但 $Y=X^2$，显然，X 与 Y 是不相互独立的.

注意

以上两个例子说明不相关不一定是独立的.

例 4.3.6 设 (X,Y) 服从二维正态分布，即 $(X,Y)\sim N(\mu_1,\sigma_1^2;\mu_2,\sigma_2^2;\rho)$，求 ρ_{XY}.

解 由 (X,Y) 服从二维正态分布，有 $X\sim N(\mu_1,\sigma_1^2),Y\sim N(\mu_2,\sigma_2^2)$，即有

$$E(X)=\mu_1,D(X)=\sigma_1^2,E(Y)=\mu_2,D(Y)=\sigma_2^2.$$

而

$$\begin{aligned}\operatorname{cov}(X,Y)&=\int_{-\infty}^{+\infty}\int_{-\infty}^{+\infty}(x-\mu_1)(y-\mu_2)f(x,y)\mathrm{d}x\mathrm{d}y\\&=\frac{1}{2\pi\sigma_1\sigma_2\sqrt{1-\rho^2}}\int_{-\infty}^{+\infty}\int_{-\infty}^{+\infty}(x-\mu_1)(y-\mu_2)\cdot e^{-\frac{1}{2(1-\rho^2)}\left[\frac{(x-\mu_1)^2}{\sigma_1^2}-2\rho\frac{(x-\mu_1)(y-\mu_2)}{\sigma_1\sigma_2}+\frac{(y-\mu_2)^2}{\sigma_2^2}\right]}\mathrm{d}x\mathrm{d}y\\&=\frac{1}{2\pi\sigma_1\sigma_2\sqrt{1-\rho^2}}\int_{-\infty}^{+\infty}(x-\mu_1)e^{-\frac{(x-\mu_1)^2}{2\sigma_1^2}}\mathrm{d}x\cdot\int_{-\infty}^{+\infty}(y-\mu_2)e^{-\frac{1}{2(1-\rho^2)}\left(\frac{y-\mu_2}{\sigma_2}-\rho\frac{x-\mu_1}{\sigma_1}\right)^2}\mathrm{d}y.\end{aligned}$$

令 $t=\frac{1}{\sqrt{1-\rho^2}}\left(\frac{y-\mu_2}{\sigma_2}-\rho\frac{x-\mu_1}{\sigma_1}\right),u=\frac{x-\mu_1}{\sigma_1}$，

则有

$$\begin{aligned}\operatorname{cov}(X,Y)&=\frac{1}{2\pi}\int_{-\infty}^{+\infty}\int_{-\infty}^{+\infty}(\sigma_1\sigma_2\sqrt{1-\rho^2}\,tu+\rho u^2\sigma_1\sigma_2 e^{-\frac{u^2}{2}-\frac{t^2}{2}})\mathrm{d}t\mathrm{d}u\\&=\frac{\rho\sigma_1\sigma_2}{2\pi}\left(\int_{-\infty}^{+\infty}u^2e^{-\frac{u^2}{2}}\mathrm{d}u\right)\left(\int_{-\infty}^{+\infty}e^{-\frac{t^2}{2}}\mathrm{d}t\right)+\frac{\sigma_1\sigma_2\sqrt{1-\rho^2}}{2\pi}\left(\int_{-\infty}^{+\infty}ue^{-\frac{u^2}{2}}\mathrm{d}u\right)\left(\int_{-\infty}^{+\infty}te^{-\frac{t^2}{2}}\mathrm{d}t\right)\\&=\frac{\rho\sigma_1\sigma_2}{2\pi}\sqrt{2\pi}\cdot\sqrt{2\pi}=\rho\sigma_1\sigma_2,\end{aligned}$$

于是 $\rho_{XY}=\frac{\operatorname{cov}(X,Y)}{\sqrt{D(X)}\sqrt{D(Y)}}=\rho.$

可见二维正态随机变量 (X,Y) 的概率密度函数中的参数 ρ 就是 X 与 Y 的相关系数，因此，二维正态随机变量的分布完全可由每个变量的数学期望 μ_1,μ_2，方差 σ_1^2,σ_2^2 及相关系数 ρ 确定.

对于二维正态随机变量 (X,Y)，X 与 Y 相互独立的条件为 $\rho=0$. 现在又知 $\rho_{XY}=\rho$，故对二维正态随机变量 (X,Y) 来说，X 与 Y 不相关和 X 与 Y 相互独立是等价的.

4.4 随机变量的矩

数学期望与方差是随机变量的最常用的数字特征，但它们形式上又都属于随机变量的某阶矩. 矩是随机变量的最广泛的数字特征，在概率论与数理统计中占有重要地位，最常用的有原点矩与中心矩.

4.4.1 原点矩

随机变量 X 的 k 次幂 X^k 的数学期望称为 X 的 k 阶原点矩，记为 $\upsilon_k(X)$，即

$$\upsilon_k(X)=E(X^k).$$

于是，对于离散型随机变量，有

$$\upsilon_k(X)=\sum_i x_i^k p(x_i).$$

对于连续型随机变量，有

$$\upsilon_k(X)=\int_{-\infty}^{+\infty} x^k f(x)\mathrm{d}x.$$

说明

X 的一阶原点矩就是 X 的数学期望.

4.4.2 中心矩

随机变量 X 的离差的 k 次幂 $[X-E(X)]^k$ 的数学期望称为 X 的 k 阶中心矩，记为 $\mu_k(X)$，即

$$\mu_k(X)=E\{[X-E(X)]^k\}.$$

对于离散型随机变量，有

$$\mu_k(X)=\sum_i\ [x_i-E(X)]^k p(x_i).$$

对于连续型随机变量，有

$$\mu_k(X)=\int_{-\infty}^{+\infty}\ [x-E(X)]^k f(x)\mathrm{d}x.$$

说明

1. X 的一阶中心矩恒为零：$\mu_1(X)=0$.
2. 二阶中心矩就是 X 的方差，即 $\mu_2(X)=D(X)$.

4.4.3　原点矩与中心矩的关系

原点矩与中心矩之间存在着某种关系式.为了方便起见,我们下面把 $\upsilon_k(X)$ 与 $\mu_k(X)$ 分别简记为 υ_k 与 μ_k,我们只写出较低阶的矩,因为它们在数理统计学中有比较重要的应用.

因为
$$(X-\upsilon_1)^k=\sum_{j=0}^{k}C_k^j X^j(-\upsilon_1)^{k-j},$$
故
$$\mu_k=E[(X-\upsilon_1)^k]=\sum_{j=0}^{k}C_k^j E(X^j)(-\upsilon_1)^{k-j}=\sum_{j=0}^{k}C_k^j\upsilon_j(-\upsilon_1)^{k-j}.$$

特别地,

$\mu_2=\upsilon_2-\upsilon_1^2$,

$\mu_3=\upsilon_3-3\upsilon_2\upsilon_1+2\upsilon_1^3$,

$\mu_4=\upsilon_4-4\upsilon_3\upsilon_1+6\upsilon_2\upsilon_1^2-3\upsilon_1^4$.

例 4.4.1　设随机变量 X 服从指数分布 $e(\lambda)$,求 X 的 k 阶原点矩及三、四阶中心矩.

解　因为随机变量 X 的概率密度 $f(x)=\begin{cases}\lambda e^{-\lambda x} & x\geqslant 0\\ 0 & x<0\end{cases}$,
所以,根据原点矩的定义,得 X 的 k 阶原点矩为
$$\upsilon_k(X)=\int_0^{+\infty}x^k\lambda e^{-\lambda x}dx=\lambda\int_0^{+\infty}x^k e^{-\lambda x}dx,$$
令 $\lambda x=t$,得
$$\upsilon_k(X)=\frac{1}{\lambda^k}\int_0^{+\infty}t^k e^{-t}dt=\frac{\Gamma(k+1)}{\lambda^k}=\frac{k!}{\lambda^k},k=1,2,\cdots,$$
于是,根据原点矩和中心距的关系,得 X 的三阶中心矩
$$\mu_3(X)=\frac{3!}{\lambda^3}-3\cdot\frac{2!}{\lambda^2}\cdot\frac{1}{\lambda}+2\left(\frac{1}{\lambda}\right)^3=\frac{2}{\lambda^3},$$
根据原点矩和中心距的关系,得 X 的四阶中心矩
$$\mu_4(X)=\frac{4!}{\lambda^4}-4\cdot\frac{3!}{\lambda^3}\cdot\frac{1}{\lambda}+6\cdot\frac{2!}{\lambda^2}\cdot\left(\frac{1}{\lambda}\right)^2-3\cdot\left(\frac{1}{\lambda}\right)^4=\frac{9}{\lambda^4}.$$

习题四

4.1　设随机变量 X 的分布律为

X	-1	0	1/2	1	2
P	1/3	1/6	1/6	1/12	1/4

求 $E(X)$,$E(-X+1)$,$E(X^2)$.

4.2 已知离散型随机变量 X 的可能取值为 $-1,0,1$, $E(X)=0.1$,$E(X^2)=0.9$,求 $P(X=-1)$,$P(X=0)$ 和 $P(X=1)$.

4.3 设随机变量 X 的密度函数为 $f(x)=\begin{cases}2(1-x) & 0<x<1\\ 0 & \text{其他}\end{cases}$,求 $E(X)$.

4.4 设随机变量 X 的密度函数为 $f(x)=\begin{cases}e^{-x} & x\geqslant 0\\ 0 & x<0\end{cases}$,求 $E(2X)$,$E(e^{-2X})$.

4.5 对球的直径作近似测量,其值均匀分布在区间 $[a,b]$ 上,求球的体积的数学期望.

4.6 设随机变量 (X,Y) 的概率密度函数为 $f(x,y)=\begin{cases}2 & 0<x<1,0<y<x\\ 0 & \text{其他}\end{cases}$,求 $E(X+Y)$,$E(XY)$.

4.7 m 个人在一楼进入电梯,楼上有 n 层,若每个乘客在任何一层楼走出电梯的概率相同,试求直到电梯中的乘客全走空为止时,电梯需停次数的数学期望.

4.8 若事件 A 在第 i 次试验中出现的概率为 p_i,设 X 是事件 A 在起初 n 次独立重复试验中出现的次数,求 $E(X)$.

4.9 设袋中有 2 只红球和 3 只白球. n 个人轮流摸球,每人摸出 2 只球,然后将球放回袋中由下一个人摸,求 n 个人总共摸到红球数的数学期望和方差.

4.10 某人有 n 把钥匙,其中只有一把能打开门,从中任取一把试开,试过的不再重复,直至把门打开为止,求试开次数的数学期望和方差.

4.11 设随机变量 X 和 Y 相互独立,其密度函数分别为

$$f_X(x)=\begin{cases}2x & 0\leqslant x\leqslant 1\\ 0 & \text{其他}\end{cases},\quad f_Y(y)=\begin{cases}e^{-(y-5)} & y>5\\ 0 & y\leqslant 5\end{cases},$$

求 $E(XY)$,$E(2X+3Y)$.

4.12 设随机变量 X 的密度函数为 $f(x)=\begin{cases}\dfrac{1}{\pi\sqrt{1-x^2}} & |x|<1\\ 0 & |x|\geqslant 1\end{cases}$,求 $E(X)$,$D(X)$.

4.13 设随机变量 $X\sim N(\mu,\sigma_1^2)$,$Y\sim N(\mu,\sigma_2^2)$,且 X 和 Y 相互独立,a,b 为常数,求 $D(aX-bY)$,$E(aX^2-bY^2)$.

4.14 设随机变量 X 和 Y 相互独立,且都服从均值为 1,方差为 2 的正态分布,求随机变量 $Z=2X-Y+3$ 的概率密度函数.

4.15 抛掷 12 颗色子,求出现的点数之和的数学期望与方差.

4.16 设二维随机变量(X,Y)的分布律为

X \ Y	0	1
0	0.1	0.2
1	0.3	0.4

求 $E(X),E(Y),D(X),D(Y),\mathrm{cov}(X,Y),\rho_{XY}$.

4.17 设二维随机变量 (X,Y) 的密度函数为 $f(x,y)=\begin{cases}\frac{1}{8}(x+y) & 0\leqslant x\leqslant 2,0\leqslant y\leqslant 2\\ 0 & \text{其他}\end{cases}$，

求 $E(X),E(Y),D(X),D(Y),\mathrm{cov}(X,Y),\rho_{XY}$.

4.18 设随机变量 X 与 Y 相互独立，且 $E(X)=E(Y)=0,D(X)=D(Y)=1$，求 $E[(X+Y)^2]$.

4.19 设随机变量 X 与 Y 的方差分别为 25 和 36，相关系数为 0.4，求 $D(X+Y)$，$D(X-Y)$.

4.20 将 n 只球 $(1\sim n$ 号$)$ 随机地放进 n 只盒子 $(1\sim n$ 号$)$ 中去，一只盒子装一只球. 将一只球装入与球同号码的盒子中，称为一个配对，记 X 为配对的个数，求 $E(X)$.

4.21 设随机变量 X 与 Y 相互独立，且都服从正态分布 $N(0,\sigma^2)$，令

$$U=aX+bY,V=aX-bY(a,b\text{ 均为非零常数}),$$

试求 U 和 V 的相关系数.

4.22 设随机变量 X 服从参数为 $\frac{1}{\theta}$ 的指数分布 $X\sim e\left(\frac{1}{\theta}\right)$，概率密度为

$$f(x)=\begin{cases}\frac{1}{\theta}\mathrm{e}^{-\frac{x}{\theta}} & x>0\\ 0 & x\leqslant 0\end{cases}，\text{其中 }\theta>0,$$

求 X 的 k 阶原点矩.

第五章 大数定律及中心极限定理

大数定律及中心极限定理是概率论中重要的理论，有广泛的实际应用背景.大数定律主要解决的问题是在什么条件下，一个随机变量序列的算术平均值收敛到所希望的平均值的定律；中心极限定理主要解决的问题是在什么条件下，大量的起微小作用的相互独立的随机变量之和的概率分布近似于正态分布的一类定理.

5.1 大数定律

我们向上抛一枚硬币，硬币落下后哪一面朝上本来是偶然的，但当我们上抛硬币的次数足够多后，达到上万次甚至几十万、几百万次以后，我们就会发现，硬币每一面向上的次数约占总次数的二分之一.随机事件的大量重复出现往往呈现必然的规律，这个规律就是大数定律.

5.1.1 切比雪夫不等式

定理 5.1.1 设随机变量 X 的数学期望 $E(X)$，方差 $D(X)$，则对任意正数 ε，有下列不等式成立：

$$P(|X-E(X)|\geqslant\varepsilon)\leqslant\frac{D(X)}{\varepsilon^2} \tag{5-1}$$

或

$$P(|X-E(X)|<\varepsilon)>1-\frac{D(X)}{\varepsilon^2}. \tag{5-2}$$

不等式(5－1)或(5－2)都叫作切比雪夫不等式.

证明 (1) 设 X 是离散型随机变量，则事件 $|X-E(X)|\geqslant\varepsilon$ 表示随机变量 X 取得一切满足不等式 $|x_i-E(X)|\geqslant\varepsilon$ 的可能值 x_i，设随机变量 X 的概率函数为 $p(x_i)$，则按概率加法定理得

$$P(|X-E(X)|\geqslant\varepsilon)=\sum_{|x_i-E(X)|\geqslant\varepsilon}p(x_i).$$

这里和式是对一切满足不等式 $|x_i-E(X)|\geqslant\varepsilon$ 的 x_i 求和的.由于 $|x_i-E(X)|\geqslant\varepsilon$，即 $[x_i-E(X)]^2\geqslant\varepsilon^2$，所以我们有 $\dfrac{[x_i-E(X)]^2}{\varepsilon^2}\geqslant 1$；又因为上面的和式中的每一项都是

正数，如果分别乘以 $\dfrac{[x_i-E(X)]^2}{\varepsilon^2}$，则和式的值将增大，于是得到

$$P(|X-E(X)|\geqslant\varepsilon)\leqslant\sum_{|x_i-E(X)|\geqslant\varepsilon}\frac{[x_i-E(X)]^2}{\varepsilon^2}p(x_i)$$
$$=\frac{1}{\varepsilon^2}\sum_{|x_i-E(X)|\geqslant\varepsilon}[x_i-E(X)]^2p(x_i).$$

又因为和式中的每一项都是非负数，所以如果扩大求和范围至随机变量 X 的一切可能值 x_i，则只能增大和式的值.因此

$$P(|X-E(X)|\geqslant\varepsilon)\leqslant\frac{1}{\varepsilon^2}\sum_i[x_i-E(X)]^2p(x_i),$$

这里和式是对 X 的一切可能值 x_i 求和，也就是方差 $D(X)$ 的表达式.所以，我们有

$$P(|X-E(X)|\geqslant\varepsilon)\leqslant\frac{D(X)}{\varepsilon^2}.$$

(2) 设 X 是连续型随机变量，则事件 $|X-E(X)|\geqslant\varepsilon$ 表示随机变量 X 落在区间 $(E(X)-\varepsilon,E(X)+\varepsilon)$ 之外.设随机变量 X 的概率密度为 $f(x)$，则得

$$P(|X-E(X)|\geqslant\varepsilon)=\int_{|x-E(X)|\geqslant\varepsilon}f(x)\mathrm{d}x.$$

由于 $|x-E(X)|\geqslant\varepsilon$，即 $[x-E(X)]^2\geqslant\varepsilon^2$，所以我们有 $\dfrac{[x-E(X)]^2}{\varepsilon^2}\geqslant 1$；又因为被积函数是非负的，如果乘以 $\dfrac{[x-E(X)]^2}{\varepsilon^2}$，则积分的值将增大.于是得到

$$P(|X-E(X)|\geqslant\varepsilon)\leqslant\int_{|x-E(X)|\geqslant\varepsilon}\frac{[x-E(X)]^2}{\varepsilon^2}f(x)\mathrm{d}x$$
$$=\frac{1}{\varepsilon^2}\int_{|x-E(X)|\geqslant\varepsilon}[x-E(X)]^2f(x)\mathrm{d}x.$$

因为被积函数是非负的，所以如果扩大积分区间至整个数轴，则只能增大积分的值.因此

$$P(|X-E(X)|\geqslant\varepsilon)\leqslant\frac{1}{\varepsilon^2}\int_{-\infty}^{+\infty}[x-E(X)]^2f(x)\mathrm{d}x=\frac{D(X)}{\varepsilon^2}.$$

因为事件 $|X-E(X)|<\varepsilon$ 与 $|X-E(X)|\geqslant\varepsilon$ 是对立事件，所以有

$$P(|X-E(X)|\geqslant\varepsilon)+P(|X-E(X)|<\varepsilon)=1.$$

于是由已证明的不等式(5-1)即得不等式(5-2).

切比雪夫不等式是一个很重要的不等式，它既有理论价值，又有很重要的实际应用价值.

从切比雪夫不等式看出，只要知道随机变量的均值和方差，不必知道分布，就能求出随机变量值偏离均值的数值大于任意给定的正数 ε 的概率的上界.

5.1.2 大数定律

定理 5.1.2(切比雪夫大数定理) 设 $X_1, X_2, \cdots, X_n, \cdots$ 是相互独立的随机变量序列，数学期望 $E(X_i)$ 和方差 $D(X_i)$ 都存在，且 $D(X_i) < K(i=1,2,\cdots,n,\cdots)$，则对任意给定的正数 ε，有

$$\lim_{n\to\infty} P\left(\left|\frac{1}{n}\sum_{i=1}^{n} X_i - \frac{1}{n}\sum_{i=1}^{n} E(X_i)\right| < \varepsilon\right) = 1. \tag{5-3}$$

证明 我们有

$$E\left(\frac{1}{n}\sum_{i=1}^{n} X_i\right) = \frac{1}{n}\sum_{i=1}^{n} E(X_i),$$

$$D\left(\frac{1}{n}\sum_{i=1}^{n} X_i\right) = \frac{1}{n^2}\sum_{i=1}^{n} D(X_i),$$

对随机变量 $\frac{1}{n}\sum_{i=1}^{n} X_i$ 应用切比雪夫不等式(5-2)得

$$P\left(\left|\frac{1}{n}\sum_{i=1}^{n} X_i - \frac{1}{n}\sum_{i=1}^{n} E(X_i)\right| < \varepsilon\right) \geqslant 1 - \frac{1}{n^2\varepsilon^2}\sum_{i=1}^{n} D(X_i).$$

因为 $D(X_i) < K$，所以

$$\sum_{i=1}^{n} D(X_i) < nK,$$

由此得

$$P\left(\left|\frac{1}{n}\sum_{i=1}^{n} X_i - \frac{1}{n}\sum_{i=1}^{n} E(X_i)\right| < \varepsilon\right) > 1 - \frac{K}{n\varepsilon^2}.$$

当 $n \to \infty$ 时，得到

$$\lim_{n\to\infty} P\left(\left|\frac{1}{n}\sum_{i=1}^{n} X_i - \frac{1}{n}\sum_{i=1}^{n} E(X_i)\right| < \varepsilon\right) \geqslant 1.$$

但概率不能大于 1，所以我们有

$$\lim_{n\to\infty} P\left(\left|\frac{1}{n}\sum_{i=1}^{n} X_i - \frac{1}{n}\sum_{i=1}^{n} E(X_i)\right| < \varepsilon\right) = 1.$$

由于独立的随机变量 $X_1, X_2, \cdots, X_n$ 的算术平均值

$$\overline{X} = \frac{1}{n}\sum_{i=1}^{n} X_i$$

的数学期望

$$E(\overline{X})=\frac{1}{n}\sum_{i=1}^{n}E(X_i),$$

而方差

$$D(\overline{X})=\frac{1}{n^2}\sum_{i=1}^{n}D(X_i),$$

所以,如果方差是一致有上界的,则

$$D(\overline{X})<\frac{1}{n^2}nK=\frac{K}{n}.$$

当 n 充分大时,$D(\overline{X})$ 将是一个无穷小量.这意味着当 n 充分大时,经过算术平均以后得到的随机变量 $\overline{X}$ 的值将比较紧密地聚集在它的数学期望 $E(\overline{X})$ 的附近,这就是大数定律.

推论　设独立随机变量序列 $X_1,X_2,\cdots,X_n,\cdots$ 服从同一分布,并且数学期望与方差存在:

$$E(X_i)=\mu,D(X_i)=\sigma^2,i=1,2,\cdots,n,\cdots,$$

则对于任意的正数 ε,有

$$\lim_{n\to\infty}P\left(\left|\frac{1}{n}\sum_{i=1}^{n}X_i-\mu\right|<\varepsilon\right)=1.\tag{5-4}$$

定义 5.1.1　设 $X_1,X_2,\cdots,X_n,\cdots$ 是一个随机变量序列,a 是一个常数,若对于任意给定的正数 ε,有

$$\lim_{n\to\infty}P(|X_n-a|<\varepsilon)=1,\tag{5-5}$$

则称随机变量 X_n 当 $n\to\infty$ 时按概率收敛于数 a.记为

$$X_n\xrightarrow{p}a.$$

利用按概率收敛的概念,上述切比雪夫大数定理的推论可以叙述如下:

设独立随机变量序列 $X_1,X_2,\cdots,X_n,\cdots$ 服从同一分布,并且数学期望与方差存在:

$$E(X_i)=\mu,D(X_i)=\sigma^2,i=1,2,\cdots,n,\cdots,$$

则随机变量 $X_1,X_2,\cdots,X_n$ 的算术平均值 $\overline{X}_n$ 当 $n\to\infty$ 时,按概率收敛于数学期望 μ,即

$$\overline{X}_n\xrightarrow{p}\mu.$$

切比雪夫大数定理的这一推论,使我们关于算术平均值的法则有了理论的根据. 假设我们要称量某一物体的重量,假如衡器不存在系统偏差,由于衡器的精度等各种因素的影响,对同一物体重复称量多次,可能得到多个不同的重量数值,但它们的算术平均值一般来说将随称量次数的增加而逐渐接近于物体的真实重量.

由切比雪夫大数定理的推论可以得到下面的定理.

定理 5.1.3(伯努利大数定理)　在独立试验序列中,设事件 A 的概率 $p(A)=p$,则事件

A 在 n 次独立试验中发生的频率 $f_n(A)$ 当 $n\to\infty$ 时，按概率收敛于事件 A 的概率 p，即对于任意给定的正数 ε，有

$$\lim_{n\to\infty}P(|f_n(A)-p|<\varepsilon)=1. \tag{5-6}$$

证明 设随机变量 X_i 表示事件 A 在第 i 次试验中发生的次数 $(i=1,2,\cdots,n,\cdots)$，则这些随机变量相互独立，服从相同的"0－1"分布，并且数学期望与方差：

$$E(X_i)=p,D(X_i)=pq,i=1,2,\cdots,n,\cdots,$$

于是，由切比雪夫大数定理的推论可以得到

$$\lim_{n\to\infty}P\left(\left|\frac{1}{n}\sum_{i=1}^{n}X_i-p\right|<\varepsilon\right)=1,$$

易知 $\sum\limits_{i=1}^{n}X_i$ 就是事件 A 在 n 次试验中发生的次数 m，由此可见

$$\frac{1}{n}\sum_{i=1}^{n}X_i=\frac{m}{n}=f_n(A),$$

所以有

$$\lim_{n\to\infty}P(|f_n(A)-p|<\varepsilon)=1.$$

伯努利大数定理给出了当 n 很大时，A 发生的频率 $f_n(A)$ 按概率收敛于 A 的概率，证明了频率的稳定性.

如果事件 A 的概率很小，则根据伯努利大数定理可知，事件 A 的频率也是很小的，或者说，事件 A 很少发生.在实际生活中，我们常常忽略了那些概率很小的事件发生的可能性.概率很小的随机事件在个别试验中实际上是不可能发生的，通常把这一原理称为小概率事件的实际不可能发生原理，它在国家经济建设事业中有着广泛的应用.

5.2 中心极限定理

随机变量的一切可能分布律中，正态分布占有特殊的重要的地位.实践中经常遇到的大量的随机变量都是服从正态分布的.在某些一般的充分条件下，当随机变量的个数无限增加时，独立随机变量的和的分布是趋于正态分布的.在自然界与生产中，一些现象受到许多相互独立的随机因素的影响，如果每个因素所产生的影响都很微小时，总的影响可以看作是服从正态分布的.概率论中有关论证随机变量的和的极限分布是正态分布的那些定理通常叫作中心极限定理.

定理 5.2.1(列维定理) 设独立随机变量 $X_1,X_2,\cdots,X_n,\cdots$ 服从同一分布，并且数学期望与方差存在：

$$E(X_i)=\mu,D(X_i)=\sigma^2>0,i=1,2,\cdots,n,\cdots,$$

则当 $n\to\infty$ 时，它们的和的极限分布是正态分布，即

$$\lim_{n\to\infty}P\left\{\frac{\sum_{i=1}^{n}X_i-n\mu}{\sqrt{n}\sigma}\leqslant z\right\}=\int_{-\infty}^{z}\frac{1}{\sqrt{2\pi}}\mathrm{e}^{-t^2/2}\mathrm{d}t, \tag{5-7}$$

其中 z 是任意实数.

由列维定理可知,如果随机变量 $X_1,X_2,\cdots,X_n$ 相互独立,服从同一分布,并且数学期望与方差存在:

$$E(X_i)=\mu,D(X_i)=\sigma^2>0,i=1,2,\cdots,n,$$

则当 n 充分大时,有下面的近似公式:

$$\lim_{n\to\infty}P\left\{z_1\leqslant\frac{\sum_{i=1}^{n}X_i-n\mu}{\sqrt{n}\sigma}\leqslant z_2\right\}\approx\Phi(z_2)-\Phi(z_1), \tag{5-8}$$

其中 z_1,z_2 是任意实数.

例 5.2.1 一部件包括 10 部分,每部分的长度是一个随机变量,它们互相独立且服从同一分布,其数学期望为 2 mm,标准差为 0.05 mm,规定总长度为(20±0.1) mm 时产品合格.试求产品合格的概率.

解 记 $X_i=\{$第 i 件产品的长度, $i=1,2,\cdots,10\}$,$L=\{$10 件产品的总长度$\}$,即

$$L=\sum_{i=1}^{10}X_i,$$

由题意知

$$E(X_i)=2,D(X_i)=0.05^2,$$

则产品的合格率为

$$\begin{aligned}P=(|L-20|<0.1)&=P\left\{\frac{-0.1}{0.05\sqrt{10}}<\frac{L-20}{0.05\sqrt{10}}<\frac{0.1}{0.05\sqrt{10}}\right\}\\&\approx\Phi\left(\frac{0.1}{0.05\sqrt{10}}\right)-\Phi\left(\frac{-0.1}{0.05\sqrt{10}}\right)\\&\approx 2\Phi(0.63)-1=0.471\ 4.\end{aligned}$$

由列维定理可以得到另一个重要定理.

定理 5.2.2(棣莫弗-拉普拉斯定理) 设在独立试验序列中,事件 A 在各次试验中发生的概率为 $p(0<p<1)$,随机变量 Y_n 表示事件 A 在 n 次重复独立试验中发生的次数,则有

$$\lim_{n\to\infty}P\left\{\frac{Y_n-np}{\sqrt{npq}}\leqslant z\right\}=\int_{-\infty}^{z}\frac{1}{\sqrt{2\pi}}\mathrm{e}^{-t^2/2}\mathrm{d}t, \tag{5-9}$$

其中 z 是任意实数, $p+q=1$.

证明 设随机变量 X_i 表示事件 A 在第 i 次独立试验中发生的次数($i=1,2,\cdots,n,\cdots$),则这些随机变量相互独立,服从相同的“0−1”分布,并且数学期望与方差为:

$$E(X_i)=p, D(X_i)=pq, i=1,2,\cdots,n,\cdots.$$

显然,事件 A 在 n 次重复独立试验中发生的次数

$$Y_n=\sum_{i=1}^{n}X_i,$$

所以,按列维定理可知,等式(5-9)成立.

由此可以推知:设在独立试验序列中,若事件 A 在各次试验中发生的概率为 $p(0<p<1)$,则当 n 充分大时,事件 A 在 n 次重复独立试验中发生的次数 Y_n 在 m_1 与 m_2 之间的概率

$$P(m_1\leqslant Y_n\leqslant m_2)\approx\Phi\left(\frac{m_2-np}{\sqrt{npq}}\right)-\Phi\left(\frac{m_1-np}{\sqrt{npq}}\right), \tag{5-10}$$

其中 $p+q=1$.

我们指出,因为随机变量 Y_n 服从二项分布 $B(n,p)$,所以棣莫弗-拉普拉斯定理说明:当 n 充分大时,服从二项分布 $B(n,p)$ 的随机变量 Y_n 近似地服从正态分布 $N(np,npq)$.

前面两个定理都要求随机变量 $X_1,X_2,\cdots,X_n,\cdots$ 服从同一分布,这是特殊情况.一般情况下,当随机变量 $X_1,X_2,\cdots,X_n,\cdots$ 分布不同时,我们有下面的定理.

定理 5.2.3(林德伯格定理) 设独立随机变量 $X_1,X_2,\cdots,X_n,\cdots$ 数学期望与方差存在:

$$E(X_i)=\mu_i, D(X_i)=\sigma_i^2, i=1,2,\cdots,n,\cdots$$

并且满足林德伯格条件:对任意的正数 ε,有

$$\lim_{n\to\infty}\frac{1}{s_n^2}\sum_{i=1}^{n}\int_{|x-\mu_i|>\varepsilon s_n}(x-\mu_i)^2f_i(x)\mathrm{d}x=0, \tag{5-11}$$

其中 $f_i(x)$ 是随机变量 X_i 的概率密度,则当 $n\to\infty$ 时,我们有

$$\lim_{n\to\infty}P\left(\frac{\sum_{i=1}^{n}(X_i-\mu_i)}{s_n}\leqslant z\right)=\int_{-\infty}^{z}\frac{1}{\sqrt{2\pi}}\mathrm{e}^{-t^2/2}\mathrm{d}t, \tag{5-12}$$

其中 z 是任意实数.

我们不证明这个定理,仅说明林德伯格条件(5−11)的意义.设 A_i 表示事件

$$\frac{|X_i-\mu_i|}{s_n}>\varepsilon, i=1,2,\cdots,n,\cdots,$$

则我们有

$$\begin{aligned}P\left(\max_{1\leqslant i\leqslant n}\frac{|X_i-\mu_i|}{s_n}>\varepsilon\right)&=P(A_1\cup A_2\cup\cdots\cup A_n)\\&\leqslant\sum_{i=1}^{n}P(A_i)=\sum_{i=1}^{n}\int_{|x-\mu_i|>\varepsilon s_n}f_i(x)\mathrm{d}x\\&\leqslant\frac{1}{\varepsilon^2s_n^2}\sum_{i=1}^{n}\int_{|x-\mu_i|>\varepsilon s_n}(x-\mu_i)^2f_i(x)\mathrm{d}x.\end{aligned}$$

由林德伯格条件可知，对任意的正数 ε，有

$$\lim_{n\to\infty}P\left\{\max_{1\leqslant i\leqslant n}\frac{|X_i-\mu_i|}{s_n}>\varepsilon\right\}=0,$$

由此得

$$\lim_{n\to\infty}P\left\{\max_{1\leqslant i\leqslant n}\frac{|X_i-\mu_i|}{s_n}\leqslant\varepsilon\right\}=1.$$

这就是说，当 $n\to\infty$ 时，各项 $\dfrac{X_i-\mu_i}{s_n}$ 一致地按概率收敛于零.

因此，林德伯格定理可以解释如下：假设被研究的随机变量可以表示为大量独立随机变量的和，其中每一个随机变量对于总和只起到微小的作用，则可以认为这个随机变量实际上是服从正态分布的.

例 5.2.2　假设一批种子的良种率为 $\dfrac{1}{6}$，在其中任选 600 粒，求这 600 粒种子中，良种所占的比例与 $\dfrac{1}{6}$ 之差的绝对值不超过 0.02 的概率.

(1) 用切比雪夫不等式估计；(2) 用中心极限定理计算出近似值.

解　设 X 表示任选的 600 粒种子中良种的粒数，则

$$X\sim B\left(600,\frac{1}{6}\right),$$

则

$$E(X)=600\times\frac{1}{6}=100,D(X)=600\times\frac{1}{6}\times\frac{5}{6}=\frac{250}{3}.$$

(1) 用切比雪夫不等式估计

$$\begin{aligned}P\left(\left|\frac{X}{600}-\frac{1}{6}\right|\leqslant 0.02\right)&=P(|X-100|\leqslant 12)\\&\geqslant 1-\frac{D(x)}{12^2}=1-\frac{1}{144}\times\frac{250}{3}=0.421\,3.\end{aligned}$$

这个结果说明概率值不会小于 0.421 3，具体值是多少不能说明.

(2) 用中心极限定理计算

$$\begin{aligned}P\left(\left|\frac{X}{600}-\frac{1}{6}\right|\leqslant 0.02\right)&=P(|X-100|\leqslant 12)\\&=P\left\{\frac{|X-100|}{\sqrt{250/3}}\leqslant\frac{12}{\sqrt{250/3}}\right\}\\&\approx\Phi(1.314\,5)-\Phi(-1.314\,5)\\&=2\Phi(1.314\,5)-1\\&\approx 2\times 0.905\,7-1=0.811\,4.\end{aligned}$$

例 5.2.3 某本书共有 100 万个印刷符号.排版时每个符号被排错的概率为 0.000 1,校对时每个排版错误被改正的概率为 0.9,求校对后错误不多于 15 个的概率.

解 设随机变量

$$X_i=\begin{cases}1 & 第\ i\ 个印刷符号校对后仍印错\\0 & 其他\end{cases},$$

则 $X_i(1\leqslant i\leqslant 10^6)$ 是独立同分布的随机变量序列,有

$$p=P(X_i=1)=0.000\,1\times 0.1=10^{-5}.$$

设

$$Y=\sum_{i=1}^{n}X_i(n=10^6),$$

其中 Y 为校对后错误总数.按棣莫弗-拉普拉斯定理,有

$$\begin{aligned}P(Y\leqslant 15)&=P\left(\frac{Y-np}{\sqrt{npq}}\leqslant\frac{15-np}{\sqrt{npq}}\right)\\&=\Phi\left(\frac{5}{10^3\sqrt{10^{-5}(1-10^{-5})}}\right)\\&\approx\Phi(1.58)=0.943\,0.\end{aligned}$$

习题五

5.1 设每次试验中某事件 A 发生的概率为 0.8,请用切比雪夫不等式估计:n 需要多大,才能使得在 n 次重复独立试验中事件 A 发生的频率在 0.79~0.81 之间的概率至少为 0.95?

5.2 设 $X_1,X,\cdots,X_n,\cdots$ 为相互独立的随机变量序列,且

$$P(X_k=\sqrt{\ln k})=P(X_k=-\sqrt{\ln k})=\frac{1}{2},k=1,2,\cdots$$

试证 $\{X_n\}$ 服从大数定律.

5.3 设 $\{X_n\}$ 是独立同分布的随机变量序列,都服从 $U(a,b)(a>0)$,任给 n,$X_{(n)}=\max\{X_1,\cdots,X_n\}$,证明 $X_{(n)}\xrightarrow{P}b$.

5.4 某灯泡厂生产的灯泡的平均寿命为 2 000 h,标准差为 250 h.现采用新工艺使平均寿命提高到 2 250 h,标准差不变.为确认这一改革成果,从使用新工艺生产的这批灯泡中抽取若干只来检查.若检查出的灯泡的平均寿命为 2 200 h,就承认改革有效,并批准采用新工艺.试问要使检查通过的概率不小于 0.997,应至少检查多少只灯泡?

5.5 计算机在进行数值计算时,遵从四舍五入的原则.为简单计,现对小数点后面第一位进行四舍五入运算,则误差可以认为服从均匀分布 $U[-0.5,0.5]$.若在一项计算中进行了

100 次数值计算.求平均误差落在区间$\left[-\dfrac{\sqrt{3}}{20},\dfrac{\sqrt{3}}{20}\right]$上的概率.

5.6　设每箱装 1 000+a 个产品,次品率为 0.014,次品数 X 为一随机变量.试求最小整数 a,使 $P(X \leqslant a) > 0.90$.

5.7　某大型商场每天接待顾客 10 000 人,设每位顾客的消费额(元)在[100,1 000]上服从均匀分布,且顾客的消费额是相互独立的,求该商场的销售额在平均销售额上下波动不超过 20 000 元的概率.

5.8　在一次空战中,双方分别出动 50 架轰炸机和 100 架歼敌机.每架轰炸机受歼敌机攻击,这样空战分离为 50 个一对二的小单元进行.在每个小单元内,轰炸机被打下的概率为 0.4,两架歼敌机同时被打下的概率为 0.2,恰有一架歼敌机被打下的概率为 0.5.试求:

(1) 空战中,有不少于 35%的轰炸机被打下的概率;

(2) 歼敌机以 90%的概率被打下的最大架数.

▌第六章▌
数理统计的基本概念

在前面一到五章，我们讲述了概率论的最基本的内容，概括起来主要是随机现象的概率分布，它是现实世界中大量随机现象的客观规律的反映.从本章起，我们转入本课程的第二部分——数理统计学. 概率论与数理统计是数学中紧密联系的两个学科，数理统计是以概率论为理论基础的应用广泛的一个数学分支.

在数理统计中，常常关心研究对象的某项数量指标.例如，考察某厂生产的灯泡质量，寿命是可以用来检查灯泡质量的数量指标.在实际测试时，不可能对所有灯泡测试(因该试验是破坏性试验)，只能从中抽取一小部分测试，再根据这一部分灯泡的寿命推断整批灯泡的平均寿命.

数理统计是一门分析带有随机影响数据的学科，它研究如何有效地收集数据，并利用一定的统计模型对这些数据进行分析，提取数据中的有用信息，形成统计结论，为决策提供依据. 数理统计应用广泛，它几乎渗透到人类活动的一切领域.把数理统计应用到不同领域就形成了适用于特定领域的统计方法，如教育和心理领域的"教育统计"，经济和商业领域的"计量经济"，金融领域的"保险统计"，生物和医学领域的"生物统计"等，这些统计方法的共同基础是数理统计.

现实世界中存在着各种数据，分析这些数据当然需要多种多样的方法.因此，数理统计的方法和理论相当丰富，这些内容可归纳成两大类：参数估计和假设检验.换句话说，就是根据数据，用一些方法对分布的未知参数进行估计和检验，它们构成了统计推断的两种基本形式. 观测大量随机现象得到的数据的收集、整理、分析等种种方法构成数理统计的基本内容. 数理统计的基本任务，就是研究如何进行观测以及如何根据观测得到的统计资料，对被研究的随机现象的一般概率特征，如概率分布律、数学期望、方差等，做出科学的推断.

6.1 总体、样本及统计量

6.1.1 总体、个体及样本

例如，我们考察某工厂生产的电灯泡的质量，在正常生产的情况下，电灯泡的质量是具有统计规律性的，它可以表现为电灯泡的平均寿命是一定的.电灯泡的寿命是用来检查产品质量的指标，由于生产过程中的种种随机因素的影响，各个电灯泡的寿命是不相同的.由于测量电灯泡的寿命的试验是破坏性的，我们当然不可能对生产出的全部电灯泡一一进行测试，而只能从整批电灯泡中取出一小部分来测试，然后根据所得到的这一部分电灯泡的寿命的数据来推断整批电灯泡的平均寿命.

在数理统计中,通常把被研究的对象的全体叫作总体,而把组成总体的每个单元(或元素)叫作个体.在上面的例子中,该工厂生产的所有电灯泡的寿命就是一个总体,而每个电灯泡的寿命则是一个个体.

代表总体的指标(如电灯泡的寿命)是一个随机变量 X,则总体就是指某个随机变量 X 可能取的值的全体.

从总体中抽取一个个体,就是对代表总体的随机变量 X 进行一次试验(观测),得到 X 的一个观测值.从总体中抽取一部分个体,就是对随机变量 X 进行若干次试验(观测),得到随机变量 X 的一组观测值,叫作样本(或子样).样本中所包含的个体的数量叫作样本容量.

从总体中抽取样本时,为使样本具有充分的代表性,抽样必须是随机的,即应使总体的每一个个体都有同等的机会被抽取,通常可用编号抽签的方法或利用随机数表来实现.此外,还要求抽样必须是独立的,即每次抽样的结果既不影响其他各次抽样的结果,也不受其他各次抽样结果的影响。这种抽样方法叫作简单随机抽样,得到的样本就叫作简单随机样本.

例如,从有限总体(其中只含有有限多个个体的总体)中,进行放回抽样,显然是简单随机抽样,由此得到的样本就是简单随机样本.从有限总体中,进行不放回抽样,虽然不是简单随机抽样,但是,当总体容量 N 很大而样本容量 n 较小 $\left(\dfrac{n}{N} \leqslant 10\%\right)$ 时,则可以近似地看作是放回抽样,因而也就可以近似地看作是简单随机抽样,由此得到的样本可以近似地看作是简单随机样本.

今后,凡是提到抽样及样本,都是指简单随机抽样及简单随机样本.

如上所述,从总体中抽取容量为 n 的样本,就是对代表总体的随机变量 X 随机地、独立地进行 n 次试验,得到 X 的 n 个观测值:

$$x_1, x_2, \cdots, x_n,$$

因为每次试验的结果都是随机的,所以我们应当把 n 次试验的结果看作是 n 个随机变量:

$$X_1, X_2, \cdots, X_n,$$

而把样本 $x_1, x_2, \cdots, x_n$ 分别看作是它们的观测值.因为试验是独立的,所以随机变量 X_1, $X_2, \cdots, X_n$ 是独立的,并且与总体 X 服从相同的分布.

通常把总体 X 的分布函数 $F(x)$ 叫作总体分布函数.从总体中抽取容量为 n 的样本,得到 n 个样本观测值,整理这些观测值,并写出下面的频率分布表:

表 6-1

观测值	$x_{(1)}$	$x_{(2)}$	…	$x_{(l)}$
频　数	m_1	m_2	…	m_l
频　率	ω_1	ω_2	…	ω_l

其中

$$x_{(1)} < x_{(2)} < \cdots < x_{(l)} (l \leqslant n),$$

$$\omega_i = \frac{m_i}{n} (i=1,2,\cdots,l),$$

$$\sum_{i=1}^{l} m_i = n, \sum_{i=1}^{l} \omega_i = 1.$$

于是,我们定义样本分布函数为

$$F_n(x) = \begin{cases} 0 & \text{当 } x < x_{(1)} \\ \sum\limits_{x_{(i)} \leqslant x} \omega_i & \text{当 } x_{(i)} \leqslant x < x_{(i+1)} (i=1,2,\cdots,l-1). \\ 1 & \text{当 } x \geqslant x_{(l)} \end{cases} \tag{6-1}$$

这里和式是对小于或等于 x 的一切 $x_{(i)}$ 的频率 ω_i 求和($i=1,2,\cdots,l-1$).

易知样本分布函数 $F_n(x)$ 具有下列性质:

(1) $0 \leqslant F_n(x) \leqslant 1$;

(2) $F_n(x)$ 是非减函数;

(3) $F_n(-\infty)=0, F_n(+\infty)=1$;

(4) $F_n(x)$ 在每个观测值 $x_{(i)}$ 处是右连续的 $(i=1,2,\cdots,l-1)$.

对于 x 的任一个确定的值,样本分布函数 $F_n(x)$ 是事件 $X \leqslant x$ 的频率,总体分布函数 $F(x)$ 是事件 $X \leqslant x$ 的概率,根据伯努利定理可知,当 $n \to \infty$ 时, $F_n(x)$ 按概率收敛于 $F(x)$,即对于任意给定的正数 ε,有

$$\lim_{n\to\infty} P(|F_n(x) - F(x)| < \varepsilon) = 1. \tag{6-2}$$

可以进一步证明,当 $n \to \infty$ 时,样本分布函数 $F_n(x)$ 与总体分布函数 $F(x)$ 之间存在更密切的近似关系的深刻结论.这就是我们在数理统计中可以用样本来推断总体的理论基础.

6.1.2 样本函数与统计量

在数理统计中,为了借助于对样本观测值的整理、分析、研究,从而解决对总体的某些概率特征的推断问题,往往需要考虑各种适用的样本的函数.设样本 $X_1, X_2, \cdots, X_n$ 的函数 $f(X_1, X_2, \cdots, X_n)$ 中不含有任何未知量,则称这样的函数为统计量.因为 $X_1, X_2, \cdots, X_n$ 是随机变量,所以一切统计量都是随机变量.根据样本 $X_1, X_2, \cdots, X_n$ 的观测值 $x_1, x_2, \cdots, x_n$ 计算得到的函数值 $f(x_1, x_2, \cdots, x_n)$ 就是相应的统计量 $f(X_1, X_2, \cdots, X_n)$ 的观测值.

数理统计中最常用的统计量及其观测值如下所述.

(1) 样本平均值(简称样本均值)

$$\overline{X} = \frac{1}{n} \sum_{i=1}^{n} X_i, \tag{6-3}$$

而 $\overline{x} = \frac{1}{n} \sum\limits_{i=1}^{n} x_i$ 是它的观测值;

(2) 样本方差

$$S^2=\frac{1}{n-1}\sum_{i=1}^{n}(X_i-\overline{X})^2, \tag{6-4}$$

而 $s^2=\frac{1}{n-1}\sum_{i=1}^{n}(x_i-\overline{x})^2$ 是它的观测值；

(3) 样本 k 阶原点矩

$$V_k=\frac{1}{n}\sum_{i=1}^{n}X_i^k, \tag{6-5}$$

而 $v_k=\frac{1}{n}\sum_{i=1}^{n}x_i^k$ 是它的观测值；

(4) 样本 k 阶中心矩

$$U_k=\frac{1}{n}\sum_{i=1}^{n}(X_i-\overline{X})^k, \tag{6-6}$$

而 $u_k=\frac{1}{n}\sum_{i=1}^{n}(x_i-\overline{x})^k$ 是它的观测值.

关于样本方差,我们补充说明几点:

(1) 样本方差 S^2 的表达式(6-4)可以简化为

$$S^2=\frac{1}{n-1}\left(\sum_{i=1}^{n}X_i^2-n\overline{X}^2\right). \tag{6-7}$$

事实上,我们有

$$\begin{aligned}S^2&=\frac{1}{n-1}\sum_{i=1}^{n}(X_i^2-2X_i\overline{X}+\overline{X}^2)\\&=\frac{1}{n-1}\left(\sum_{i=1}^{n}X_i^2-2\overline{X}\cdot n\overline{X}+n\overline{X}^2\right)\\&=\frac{1}{n-1}\left(\sum_{i=1}^{n}X_i-n\overline{X}^2\right).\end{aligned}$$

(2) 样本方差 S^2 的平方根(取正值)叫作样本标准差,记作 S,它的观察值为

$$s=\sqrt{\frac{1}{n-1}\sum_{i=1}^{n}(x_i-\overline{x})^2}. \tag{6-8}$$

例 6.1.1　从某总体中抽取容量为 5 的样本,测得样本值为

32.5,31.8,32.0,33.2,32.9,

计算样本均值、样本方差.

解　当电子计算器设置于统计计算(STAT 或 SD)功能状态时,检查确认计算器中无任何数据储存后,把上述 5 个数据逐个存入计算器中,按“$\overline{x}$”键,即得样本平均值

$$\bar{x}=\frac{1}{5}\sum_{i=1}^{5}x_i=32.48.$$

接着按“ s ”键，即得样本标准差

$$s=\sqrt{\frac{1}{4}\sum_{i=1}^{5}(x_i-\bar{x})^2}=0.589\ 1.$$

接着按“ s^2”键，即得样本方差

$$s^2=\frac{1}{4}\sum_{i=1}^{5}(x_i-\bar{x})^2=0.347\ 6.$$

当样本容量 n 较大时，相同的样本观测值 x_i 往往会重复出现，为了使计算简化，应先把所得的数据整理，列表如下：

表 6－2

观测值	x_1	x_2	…	x_l
频　数	m_1	m_2	…	m_l

其中 $\sum_{i=1}^{l}m_i=n$. 于是，样本平均值 $\bar{x}$、样本方差 s^2 分别按下面的公式计算：

$$\bar{x}=\frac{1}{n}\sum_{i=1}^{l}m_ix_i, \tag{6-9}$$

$$s^2=\frac{1}{n-1}\sum_{i=1}^{l}m_i(x_i-\bar{x})^2. \tag{6-10}$$

例 6.1.2　设抽样得到 100 个观测值见表 6－3 所示，计算样本平均值、样本方差.

表 6－3

观测值 x_i	0	1	2	3	4	5
频　率 m_i	14	21	26	19	12	8

解　当电子计算器设置于统计计算功能状态时，检查确认计算器中无任何数据储存后，把上述 100 个数据分 6 次即可存入计算器中，按“ $\bar{x}$ ”键，得样本平均值

$$\bar{x}=\frac{1}{100}\sum_{i=1}^{6}m_ix_i=2.18.$$

接着按“ s ”键，即得样本标准差

$$s=\sqrt{\frac{1}{99}\sum_{i=1}^{6}m_i(x_i-\bar{x})^2}=1.465\ 977\ 8.$$

接着按“ s^2”键，即得样本方差

$$s^2=\frac{1}{99}\sum_{i=1}^{6}m_i\,(x_i-\bar{x})^2=2.149\ 1.$$

6.2　抽样分布

数理统计中常用的分布，除有正态分布外，还有 χ^2 分布、t 分布及 F 分布，这些分布在数理统计中起着重要的作用.

6.2.1　U 统计量及其分布

从总体 X 中抽取容量为 n 的样本 $X_1,X_2,\cdots,X_n$，样本均值与样本方差分别为

$$\overline{X}=\frac{1}{n}\sum_{i=1}^{n}X_i,S^2=\frac{1}{n-1}\sum_{i=1}^{n}(X_i-\overline{X})^2.$$

定理 6.2.1　设总体 X 服从正态分布 $N(\mu,\sigma^2)$，则样本平均值 $\overline{X}$ 服从正态分布 $N\left(\mu,\frac{\sigma^2}{n}\right)$，即

$$\overline{X}\sim N\left(\mu,\frac{\sigma^2}{n}\right).\tag{6-11}$$

证明　因为随机变量 $X_1,X_2,\cdots,X_n$ 相互独立，并且与总体 X 服从同一正态分布 $N(\mu,\sigma^2)$，根据已学结论可知，它们的线性组合

$$\overline{X}=\frac{1}{n}\sum_{i=1}^{n}X_i=\sum_{i=1}^{n}\frac{X_i}{n}$$

仍服从正态分布，即得

$$\overline{X}\sim N\left(\mu,\frac{\sigma^2}{n}\right).$$

如果把 $\overline{X}$ 标准化，可得到下面的推论：

推论　设总体 X 服从正态分布 $N(\mu,\sigma^2)$，则统计量 $\dfrac{\overline{X}-\mu}{\frac{\sigma}{\sqrt{n}}}$ 服从标准正态分布：

$$\frac{\overline{X}-\mu}{\frac{\sigma}{\sqrt{n}}}\sim N(0,1).\tag{6-12}$$

这里 $\dfrac{\overline{X}-\mu}{\frac{\sigma}{\sqrt{n}}}$ 称为 U 统计量.

例 6.2.1 设总体 $X \sim N(0,1)$，$X_1, X_2, \cdots, X_{25}$ 为总体的样本，问(1) $\overline{X}$ 服从什么分布？(2) $P(0.4 < \overline{X} < 0.2)$ 值是多少？

解 (1) 根据定理 6.2.1 得 $\overline{X} \sim N\left(0, \frac{1}{25}\right)$.

(2) 根据定理 6.2.1 的推论，有

$$P(-0.4 < \overline{X} < 0.2) = P\left(\frac{-0.4-0}{\frac{1}{5}} < \frac{\overline{X}-0}{\frac{1}{5}} < \frac{0.2-0}{\frac{1}{5}}\right) = \Phi(1) - \Phi(-2)$$

$$= \Phi(1) - [1-\Phi(2)] = 0.841\ 3 + 0.977\ 2 - 1 = 0.818\ 5.$$

6.2.2 χ^2 分布

定理 6.2.2 设随机变量 $X_1, X_2, \cdots, X_k$ 相互独立，并且都服从标准正态分布 $N(0,1)$，则随机变量

$$\chi^2 = X_1^2 + X_2^2 + \cdots + X_k^2 \tag{6-13}$$

的概率密度函数为

$$f_{\chi^2}(x) = \begin{cases} \dfrac{1}{2^{\frac{k}{2}}\Gamma\left(\frac{k}{2}\right)} x^{\frac{k}{2}-1} e^{-\frac{x}{2}} & 当 x > 0 \\ 0, & 当 x \leqslant 0 \end{cases}. \tag{6-14}$$

通常把这种分布称为自由度为 k 的 χ^2 分布，记为 $\chi^2 \sim \chi^2(k)$.

这个定理的证明从略，这里的自由度不妨理解为独立随机变量的个数.可以证明 χ^2 分布具有可加性.

定理 6.2.3 如果随机变量 X 与 Y 独立，并且分别服从自由度为 k_1 与 k_2 的 χ^2 分布：

$$X \sim \chi^2(k_1), Y \sim \chi^2(k_2),$$

则它们的和 $X+Y$ 服从自由度为 k_1+k_2 的 χ^2 分布：

$$X+Y \sim \chi^2(k_1+k_2). \tag{6-15}$$

在附表 5 中对不同的自由度 k 及不同的数 $\alpha(0<\alpha<1)$，给出了满足等式

$$P(\chi^2 \geqslant \chi_\alpha^2(k)) = \int_{\chi_\alpha^2}^{+\infty} f_{\chi^2}(x)\mathrm{d}x = \alpha \tag{6-16}$$

的 χ_α^2 值(如图 6-1).例如，当 $k=17, \alpha=0.05$ 时，可以查得 $\chi_{0.05}^2(17) = 27.587$.

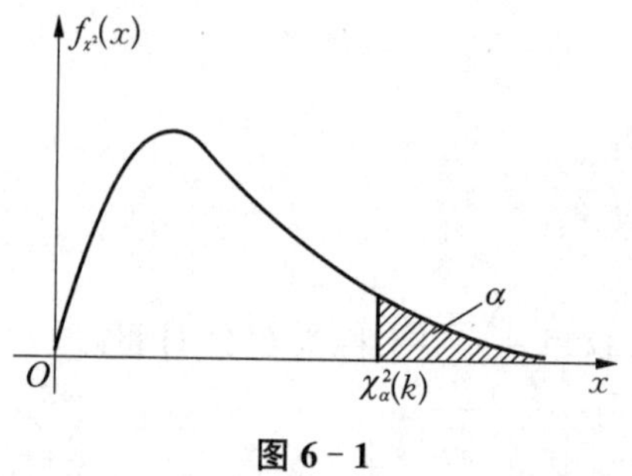

图 6-1

定理 6.2.4 设总体 X 服从正态分布 $N(\mu, \sigma^2)$，则统计量 $\frac{1}{\sigma^2}\sum_{i=1}^{n}(X_i-\mu)^2$ 服从自由度为 n 的 χ^2 分布：

$$\frac{1}{\sigma^2}\sum_{i=1}^{n}(X_i-\mu)^2 \sim \chi^2(n). \tag{6-17}$$

证明　因为 $X_i \sim N(\mu,\sigma^2)$，所以

$$\frac{X_i-\mu}{\sigma} \sim N(0,1), i=1,2,\cdots,n.$$

又因为 $X_1,X_2,\cdots,X_n$ 是独立的，所以 $\frac{X_1-\mu}{\sigma},\frac{X_2-\mu}{\sigma},\cdots,\frac{X_n-\mu}{\sigma}$ 也是独立的.于是，由定理 6.2.2 可知

$$\frac{1}{\sigma^2}\sum_{i=1}^{n}(X_i-\mu)^2=\sum_{i=1}^{n}\left(\frac{X_i-\mu}{\sigma}\right)^2 \sim \chi^2(n).$$

定理 6.2.5　设总体 X 服从正态分布 $N(\mu,\sigma^2)$，则

(1) 样本平均值 $\overline{X}$ 与样本方差 S^2 独立；

(2) 统计量 $\frac{(n-1)S^2}{\sigma^2}$ 服从自由度为 $n-1$ 的 χ^2 分布：

$$\frac{(n-1)S^2}{\sigma^2} \sim \chi^2(n-1). \tag{6-18}$$

这个定理的证明从略.我们仅对自由度做一些简要说明：由样本方差 S^2 的定义易知

$$(n-1)S^2=\sum_{i=1}^{n}(X_i-\overline{X})^2,$$

所以统计量

$$\chi^2=\frac{(n-1)S^2}{\sigma^2}=\frac{1}{\sigma^2}\sum_{i=1}^{n}(X_i-\overline{X})^2=\sum_{i=1}^{n}\left(\frac{X_i-\overline{X}}{\sigma}\right)^2.$$

虽然是 n 个随机变量的平方和，但是这些随机变量是不独立的，因为它们的和恒等于零：

$$\sum_{i=1}^{n}\frac{X_i-\overline{X}}{\sigma}=\frac{1}{\sigma}\left(\sum_{i-1}^{n}X_i-n\overline{X}\right)\equiv 0.$$

由于受到一个条件的约束，所以自由度为 $n-1$.

6.2.3　t 分布（“学生”分布）

定理 6.2.6　设随机变量 X 与 Y 独立，并且 X 服从标准正态分布 $N(0,1)$，Y 服从自由度为 k 的 χ^2 分布，则随机变量

$$t=\frac{X}{\sqrt{\frac{Y}{k}}}$$

的概率密度为

$$f_t(z)=\frac{\Gamma\left(\frac{k+1}{2}\right)}{\sqrt{k\pi}\,\Gamma\left(\frac{k}{2}\right)}\left(1+\frac{z^2}{k}\right)^{-\frac{k+1}{2}}. \tag{6-19}$$

通常把这种分布叫作自由度为 k 的 t 分布(或“学生”分布),并记作 $t(k)$,证明省略.

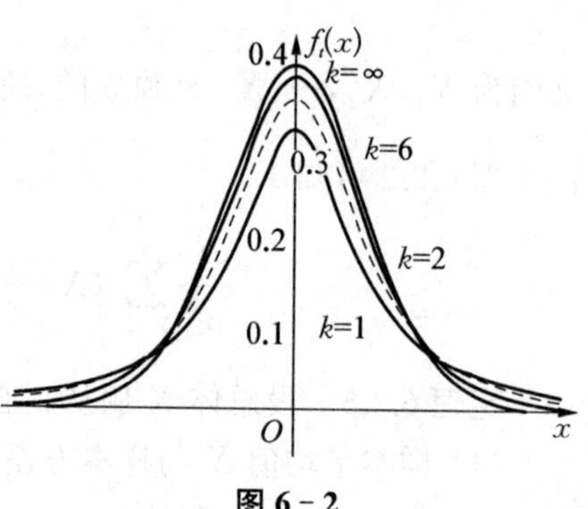

图 6-2

t 分布的分布曲线是关于纵坐标轴对称的.图 6-2 中画出自由度 $k=1,k=2,k=6,k=\infty$ 时的 t 分布的分布曲线.

可以证明,当自由度 k 无限增大时,t 分布将趋近于标准正态分布 $N(0,1)$. 事实上,当 $k>30$ 时,它们的分布曲线就差不多是相同的了.

在附表 4 中,对不同的自由度 k 及不同的数 $\alpha(0<\alpha<1)$,给出满足等式

$$P(t\geqslant t_\alpha)=\int_{t_\alpha}^{+\infty}f_t(x)\mathrm{d}x=\alpha \tag{6-20}$$

的 t_α 的值(如图 6-3(a)).例如,当 $k=15,\alpha=0.025$ 时,可以查得 $t_{0.025}(15)=2.131$,由分布的对称性得 $t_{1-\alpha}(k)=-t_\alpha(k)$.

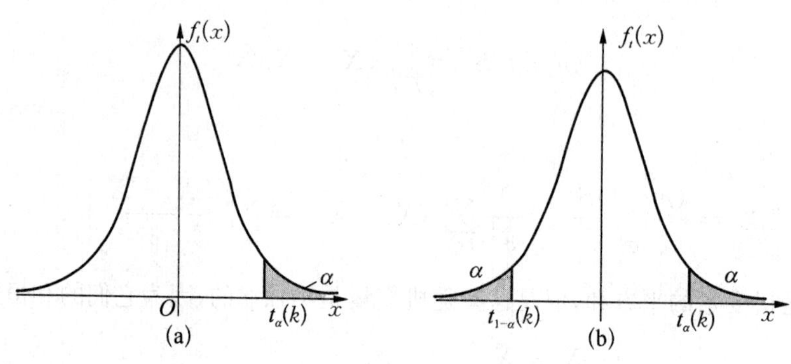

图 6-3

定理 6.2.7 设总体 X 服从正态分布 $N(\mu,\sigma^2)$,则统计量 $\frac{\overline{X}-\mu}{S/\sqrt{n}}$ 服从自由度为 $n-1$ 的 t 分布:

$$\frac{\overline{X}-\mu}{\frac{S}{\sqrt{n}}}\sim t(n-1). \tag{6-21}$$

证明 由定理 6.2.1 的推论可知,统计量

$$\frac{\overline{X}-\mu}{\frac{\sigma}{\sqrt{n}}} \sim N(0,1).$$

又由定理 6.2.3 知,统计量

$$\frac{(n-1)S^2}{\sigma^2} \sim \chi^2(n-1).$$

因为 $\overline{X}$ 与 S^2 独立,所以 $\dfrac{\overline{X}-\mu}{\frac{\sigma}{\sqrt{n}}}$ 与 $\dfrac{(n-1)S^2}{\sigma^2}$ 也是独立的,于是,由定理 6.2.6 可知,统计量

$$\frac{\frac{\overline{X}-\mu}{\sigma/\sqrt{n}}}{\sqrt{\frac{(n-1)\frac{S^2}{\sigma^2}}{n-1}}}=\frac{\overline{X}-\mu}{\frac{S}{\sqrt{n}}} \sim t(n-1).$$

6.2.4 *F* 分布

定理 6.2.8 设随机变量 X 与 Y 独立,并且都服从 χ^2 分布,自由度分别为 k_1 及 k_2,即

$$X \sim \chi^2(k_1), Y \sim \chi^2(k_2),$$

则随机变量

$$F=\frac{X/k_1}{Y/k_2} \tag{6-22}$$

的概率密度为

$$f_F(z)=\begin{cases}\dfrac{\Gamma\left(\dfrac{k_1+k_2}{2}\right)}{\Gamma\left(\dfrac{k_1}{2}\right)\Gamma\left(\dfrac{k_2}{2}\right)}k_1^{\frac{k_1}{2}}k_2^{\frac{k_2}{2}}\dfrac{z^{\frac{k_1}{2}-1}}{(k_1z+k_2)^{\frac{k_1+k_2}{2}}} & \text{当 } z>0 \\ 0 & \text{当 } z\leqslant 0\end{cases}. \tag{6-23}$$

通常把这种分布叫作自由度(k_1,k_2)的 F 分布,并记作 $F(k_1,k_2)$,其中 k_1 是分子的自由度,叫作第一自由度,k_2 是分母的自由度,叫作第二自由度.此定理证明省略.

图 6-4 中画出自由度为(14,30),(7,8)及(∞,10)时的 F 分布的分布曲线.

在附表 6 中,对于不同的自由度(k_1,k_2)及不同的数 α($0<\alpha<1$),给出了满足等式

$$P(F\geqslant F_\alpha)=\int_{F_\alpha}^{+\infty}f_F(x)\mathrm{d}x=\alpha \tag{6-24}$$

的 F_α 值(如图 6-5).例如可以查得 $F_{0.05}(30,14)=2.31$,$F_{0.025}(8,7)=4.90$.

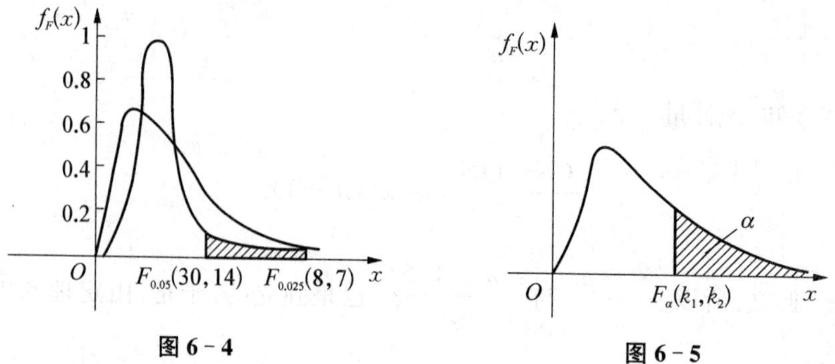

图 6-4　　图 6-5

不难证明,F 的分布具有下述性质:

$$F_{1-\alpha}(k_1,k_2)=\frac{1}{F_\alpha(k_2,k_1)}. \tag{6-25}$$

例如,我们有

$$F_{0.95}(15,10)=\frac{1}{F_{0.05}(10,15)}=\frac{1}{2.54}\approx 0.394.$$

定理 6.2.9　设总体 X 服从正态分布 $N(\mu_1,\sigma_1^2)$,总体 Y 服从正态分布 $N(\mu_2,\sigma_2^2)$,则统计量

$$\frac{\sum\limits_{i=1}^{n_1}\frac{(X_i-\mu_1)^2}{n_1\sigma_1^2}}{\sum\limits_{j=1}^{n_2}\frac{(Y_j-\mu_2)^2}{n_2\sigma_2^2}}$$

服从自由度为 (n_1,n_2) 的 F 分布:

$$\frac{\sum\limits_{i=1}^{n_1}\frac{(X_i-\mu_1)^2}{n_1\sigma_1^2}}{\sum\limits_{j=1}^{n_2}\frac{(Y_j-\mu_2)^2}{n_2\sigma_2^2}}\sim F(n_1,n_2). \tag{6-26}$$

证明　由定理 6.2.4 知:

$$\chi_1^2=\frac{1}{\sigma_1^2}\sum_{i=1}^{n_1}(X_i-\mu_1)^2\sim\chi^2(n_1),$$

$$\chi_2^2=\frac{1}{\sigma_2^2}\sum_{j=1}^{n_2}(Y_j-\mu_2)^2\sim\chi^2(n_2),$$

因为所有的 X_i 与 Y_j 都是独立的,所以统计量 χ_1^2 与 χ_2^2 也是独立的.于是,由定理 6.2.8 可知,统计量

$$\frac{\dfrac{\chi_1^2}{n_1}}{\dfrac{\chi_2^2}{n_2}}=\frac{\sum\limits_{i=1}^{n_1}\dfrac{(X_i-\mu_1)^2}{n_1\sigma_1^2}}{\sum\limits_{j=1}^{n_2}\dfrac{(Y_j-\mu_2)^2}{n_2\sigma_2^2}}\sim F(n_1,n_2).$$

定理 6.2.10　设总体 X 服从正态分布 $N(\mu_1,\sigma_1^2)$，总体 Y 服从正态分布 $N(\mu_2,\sigma_2^2)$，则统计量 $\dfrac{\frac{S_1^2}{\sigma_1^2}}{\frac{S_2^2}{\sigma_2^2}}$ 服从自由度为 (n_1-1,n_2-1) 的 F 分布：

$$\frac{\dfrac{S_1^2}{\sigma_1^2}}{\dfrac{S_2^2}{\sigma_2^2}}\sim F(n_1-1,n_2-1). \tag{6-27}$$

证明　由定理 6.2.5 知：

$$\chi_1^2=\frac{(n_1-1)S_1^2}{\sigma_1^2}\sim\chi^2(n_1-1),$$

$$\chi_2^2=\frac{(n_2-1)S_2^2}{\sigma_2^2}\sim\chi^2(n_2-1).$$

因为 S_1^2 与 S_2^2 独立，所以统计量 χ_1^2 与 χ_2^2 也是独立的.于是，由定理 6.2.8 可知，统计量

$$\frac{\dfrac{\chi_1^2}{n_1-1}}{\dfrac{\chi_2^2}{n_2-1}}=\frac{\dfrac{S_1^2}{\sigma_1^2}}{\dfrac{S_2^2}{\sigma_2^2}}\sim F(n_1-1,n_2-1).$$

6.2.5　两个正态总体下统计量的常用形式及其分布

现在我们讨论关于两个正态总体的统计量的分布。从总体 X 中抽取容量为 n_1 的样本

$$X_1,X_2,\cdots,X_{n_1},$$

从总体 Y 中抽取容量为 n_2 的样本

$$Y_1,Y_2,\cdots,Y_{n_2}.$$

假设所有的试验都是独立的，因此，得到的样本 $X_i(i=1,2,\cdots,n_1)$ 及 $Y_j(j=1,2,\cdots,n_2)$ 都是相互独立的随机变量.在下面的讨论中，取自总体 X 及 Y 的样本平均值分别记作

$$\overline{X}=\frac{1}{n_1}\sum_{i=1}^{n_1}X_i,\overline{Y}=\frac{1}{n_2}\sum_{j=1}^{n_2}Y_j.$$

样本方差分别记作

$$S_1^2=\frac{1}{n_1-1}\sum_{i=1}^{n_1}(X_i-\overline{X})^2, S_2^2=\frac{1}{n_2-1}\sum_{j=1}^{n_2}(Y_j-\overline{Y})^2.$$

定理 6.2.11 设总体 X 服从正态分布 $N(\mu_1,\sigma_1^2)$，总体 Y 服从正态分布 $N(\mu_2,\sigma_2^2)$，统计量

$$\frac{(\overline{X}-\overline{Y})-(\mu_1-\mu_2)}{\sqrt{\dfrac{\sigma_1^2}{n_1}+\dfrac{\sigma_2^2}{n_2}}}$$

服从标准正态分布：

$$\frac{(\overline{X}-\overline{Y})-(\mu_1-\mu_2)}{\sqrt{\dfrac{\sigma_1^2}{n_1}+\dfrac{\sigma_2^2}{n_2}}}\sim N(0,1). \tag{6-28}$$

证明 由定理 6.2.1 知：

$$\overline{X}\sim N\left(\mu_1,\frac{\sigma_1^2}{n_1}\right), \overline{Y}\sim N\left(\mu_2,\frac{\sigma_2^2}{n_2}\right),$$

因为 $\overline{X}$ 与 $\overline{Y}$ 独立，所以得

$$\overline{X}-\overline{Y}\sim N\left(\mu_1-\mu_2,\frac{\sigma_1^2}{n_1}+\frac{\sigma_2^2}{n_2}\right),$$

于是，按(6-12)得

$$\frac{(\overline{X}-\overline{Y})-(\mu_1-\mu_2)}{\sqrt{\dfrac{\sigma_1^2}{n_1}+\dfrac{\sigma_2^2}{n_2}}}\sim N(0,1).$$

特别是，如果 $\sigma_1=\sigma_2=\sigma$，则得到下面的推论：

推论 设总体 X 服从正态分布 $N(\mu_1,\sigma^2)$，总体 Y 服从正态分布 $N(\mu_2,\sigma^2)$，则统计量

$$\frac{(\overline{X}-\overline{Y})-(\mu_1-\mu_2)}{\sqrt{\dfrac{1}{n_1}+\dfrac{1}{n_2}}\sigma}$$

服从标准正态分布：

$$\frac{(\overline{X}-\overline{Y})-(\mu_1-\mu_2)}{\sqrt{\dfrac{1}{n_1}+\dfrac{1}{n_2}}\sigma}\sim N(0,1). \tag{6-29}$$

定理 6.2.12　设总体 X 服从正态分布 $N(\mu_1,\sigma_1^2)$，总体 Y 服从正态分布 $N(\mu_2,\sigma_2^2)$，则统计量

$$\frac{(\overline{X}-\overline{Y})-(\mu_1-\mu_2)}{\sqrt{\frac{1}{n_1}+\frac{1}{n_2}}S_w}$$

服从自由度为 n_1+n_2-2 的 t 分布：

$$\frac{(\overline{X}-\overline{Y})-(\mu_1-\mu_2)}{\sqrt{\frac{1}{n_1}+\frac{1}{n_2}}S_w}\sim t(n_1+n_2-2), \tag{6-30}$$

其中

$$S_w=\sqrt{\frac{(n_1-1)S_1^2+(n_2-1)S_2^2}{n_1+n_2-2}}. \tag{6-31}$$

证明　由(6－29)知，统计量

$$U=\frac{(\overline{X}-\overline{Y})-(\mu_1-\mu_2)}{\sqrt{\frac{1}{n_1}+\frac{1}{n_2}}\sigma}\sim N(0,1),$$

又由定理 6.2.5 知：

$$\chi_1^2=\frac{(n_1-1)S_1^2}{\sigma^2}\sim\chi^2(n_1-1),$$
$$\chi_2^2=\frac{(n_2-1)S_2^2}{\sigma^2}\sim\chi^2(n_2-1).$$

因为 S_1^2 与 S_2^2 独立，所以 χ_1^2 与 χ_2^2 也相互独立，由式(6－15)可知统计量

$$V=\frac{(n_1-1)S_1^2+(n_2-1)S_2^2}{\sigma^2}\sim\chi^2(n_1+n_2-2).$$

因为 $\overline{X}$ 与 S_1^2 独立，$\overline{Y}$ 与 S_2^2 独立，所以统计量 U 与 V 也是独立的. 于是，由定理 6.2.6 可知，统计量

$$\frac{U}{\sqrt{\frac{V}{n_1+n_2-2}}}=\frac{(\overline{X}-\overline{Y})-(\mu_1-\mu_2)}{\sqrt{\frac{1}{n_1}+\frac{1}{n_2}}S_w}\sim t(n_1+n_2-2). \tag{6-32}$$

习题六

6.1　设抽样得到样本观测值如下：

$$19.1,20.0,21.2,18.8,19.6,20.5,22.0,21.6,19.4,20.3.$$

计算样本平均值、样本方差.

6.2 设总体 X 服从正态分布 $N(10,3^2)$, $X_1,X_2,\cdots,X_6$ 是它的一组样本, $\overline{X}=\frac{1}{6}\sum_{i=1}^{6}X_i$.

(1) 写出 $\overline{X}$ 所服从的分布;

(2) 求 $\{\overline{X}>11\}$ 的概率.

6.3 设 $X_1,X_2,\cdots,X_6$ 为正态总体 $N(0,2^2)$ 的一个样本,求 $\sum_{i=1}^{6}X_i^2>6.54$ 的概率.

6.4 用 χ^2 分布表求出下列各式中的 λ 的值:

(1) $P(\chi^2(9)>\lambda)=0.95$; (2) $P(\chi^2(9)<\lambda)=0.01$;

(3) $P(\chi^2(15)>\lambda)=0.025$; (4) $P(\chi^2(15)<\lambda)=0.025$.

6.5 用 t 分布表求出下列各式中的 λ 的值:

(1) $P(|t(10)|>\lambda)=0.05$; (2) $P(|t(10)|<\lambda)=0.9$;

(3) $P(t(10)>\lambda))=0.025$; (4) $P(t(10)<\lambda))=0.01$.

6.6 用 F 分布表求出下列各式中的 λ 的值:

(1) $P(F(8,9)>\lambda)=0.05$; (2) $P(F(8,9)<\lambda)=0.05$;

(3) $P(F(10,15)>\lambda)=0.95$; (4) $P(F(10,15)<\lambda)=0.9$.

6.7 设 $X_1,X_2,\cdots,X_6$ 是来自 $(0,\theta)$ 上的均匀分布的样本, $\theta>0$ 未知.

(1) 写出样本的联合密度函数;

(2) 下列样本函数

$$T_1=\frac{X_1+X_2+\cdots+X_6}{6},T_2=X_6-\theta,T_3=X_6-E(X_1),T_4=\max(X_1,X_2,\cdots,X_6),$$

其中哪些是统计量,哪些不是?为什么?

6.8 设 $X_1,X_2,\cdots,X_5$ 是独立且服从相同分布的随机变量,且每一个 $X_i(i=1,2,\cdots,5)$ 都服从 $N(0,1)$.

(1) 试给出常数 c,使得 $c(X_1^2+X_2^2)$ 服从 χ^2 分布,并指出它的自由度;

(2) 试给出常数 d,使得 $d\frac{X_1+X_2}{\sqrt{X_3^2+X_4^2+X_5^2}}$ 服从 t 分布,并指出它的自由度.

6.9 设 X_1,X_2,X_3,X_4,是来自正态总体 $N(0,2^2)$ 的样本,设

$$Y=a(X_1-2X_2)^2+b(3X_3-4X_4)^2,$$

则当 a,b 分别为多少时,统计量 Y 服从 χ^2 分布?其自由度为多少?

6.10 设总体 $X\sim N(0,2^2)$,而 $X_1,X_2,\cdots,X_{15}$ 是来自总体 X 的样本,则

$$Y=\frac{X_1^2+X_2^2+\cdots+X_{10}^2}{2(X_{11}^2+X_{12}^2+\cdots+X_{15}^2)}$$

服从什么分布?参数为多少?

第七章
参数估计

7.1 参数的点估计

我们经常会遇到这样的问题:已知总体 X 的分布类型,但其中一个或几个参数是未知的.比如,已知总体 X 服从泊松分布 $P(\lambda)$,但不知其参数 λ 等于多少.如何根据样本观测值 $x_1,x_2,\cdots,x_n$ 估计未知参数的值呢?这就是分布参数的估计问题,参数估计有点估计和区间估计两种方式.

那么,什么是参数的点估计呢?

设总体 X 的分布中含有未知参数 θ,$X_1,X_2,\cdots,X_n$ 是来自总体 X 的简单随机样本,$x_1,x_2,\cdots,x_n$ 为相应的样本观测值.点估计就是依据样本寻找合适的统计量 $\hat{\theta}(X_1,X_2,\cdots,X_n)$,用它的观测值 $\hat{\theta}(x_1,x_2,\cdots,x_n)$ 估计未知参数 θ 的估计值,则称 $\hat{\theta}(X_1,X_2,\cdots,X_n)$ 为参数 θ 的点估计量,而 $\hat{\theta}(x_1,x_2,\cdots,x_n)$ 称为参数 θ 的点估计值.

为方便起见,我们在叙述中一般笼统地使用"估计"一词.通常,在进行理论分析或一般性讨论时,未知参数的"估计"一般指的是估计量;在处理具体问题时,未知参数的"估计"一般指的是估计值.例如,若用样本均值 $\overline{X}$ 作为总体均值 $E(X)=\mu$ 的估计量,则 $\overline{X}$ 的观测值 $\overline{x}$ 就是未知数学期望 μ 的估计值;若用样本方差 S^2 作为总体方差 $D(X)=\sigma^2$ 的估计量,则 S^2 的观测值 s^2 就是未知方差 σ^2 的估计值.

未知参数可能是一个实数,也可能是向量.例如,对于服从泊松分布的总体,未知参数 λ 是实数;对于正态总体 $N(\mu,\sigma^2)$,未知参数 (μ,σ^2) 就是向量.当总体 X 的分布中含有 m 个未知参数 $\theta_1,\theta_2,\cdots,\theta_m$ 时,则需要求出 m 个统计量

$$\hat{\theta}_1=\hat{\theta}_1(X_1,X_2,\cdots,X_n),\hat{\theta}_2=\hat{\theta}_2(X_1,X_2,\cdots,X_n),\cdots,\hat{\theta}_m=\hat{\theta}_m(X_1,X_2,\cdots,X_n)$$

分别作为 $\theta_1,\theta_2,\cdots,\theta_m$ 的点估计量.

求总体分布中未知参数的点估计量的方法较多,最常用的是矩估计法和最大似然估计法,用这两种方法得到的估计量分别称作矩估计量和最大似然估计量.

7.1.1 矩估计法

所谓矩估计法,就是用样本矩来估计相应的总体矩、用样本矩的函数来估计总体矩的相应函数的一种估计方法.

设总体 X 的分布中含有未知参数 $\theta_1,\theta_2,\cdots,\theta_m$,假定总体 X 的 $1,2,\cdots,m$ 阶原点矩都

存在，一般来说，它们均是 $\theta_1,\theta_2,\cdots,\theta_m$ 的函数，即

$$\upsilon_k(X)=E(X^k)=\upsilon_k(\theta_1,\theta_2,\cdots,\theta_m),k=1,2,\cdots,m.$$

从总体 X 中抽取样本 $X_1,X_2,\cdots,X_n$，则样本的 k 阶原点矩 $V_k=\frac{1}{n}\sum_{i=1}^{n}X_i^k$ 作为总体 X 的 k 阶原点矩 $\upsilon_k(X)$ 的估计量，由此得到 m 个方程：

$$\hat{\upsilon}_k(X)=\nu_k(\theta_1,\theta_2,\cdots,\theta_m)=\frac{1}{n}\sum_{i=1}^{n}X_i^k,k=1,2,\cdots,m. \tag{7-1}$$

求这 m 个方程构成的方程组的解，得

$$\hat{\theta}_k=\hat{\theta}_k(X_1,X_2,\cdots,X_n),k=1,2,\cdots,m, \tag{7-2}$$

它们分别是未知参数 $\theta_1,\theta_2,\cdots,\theta_m$ 的估计量，称之为矩估计量.若已知样本观测值 x_1，$x_2,\cdots,x_n$，则矩估计量的观测值

$$\hat{\theta}_k=\hat{\theta}_k(x_1,x_2,\cdots,x_n),k=1,2,\cdots,m,$$

分别是未知参数 $\theta_1,\theta_2,\cdots,\theta_m$ 的矩估计值，应用上经常讨论 $m=1,2$ 的情形.

例 7.1.1 设总体 X 服从二项分布 $B(n,p)$，n 已知，$X_1,X_2,\cdots,X_l$ 为来自 X 的样本，求参数 p 的矩估计量.

解 已知 $E(X)=np$，根据矩估计法得 $E(X)=np=\overline{X}=\frac{1}{l}\sum_{i=1}^{l}X_i$，所以 p 的矩估计量为

$$\hat{p}=\frac{\overline{X}}{n}.$$

例 7.1.2 设总体 X 服从参数为 λ 的指数分布，X 的概率密度函数为

$$f(x;\lambda)=\begin{cases}\lambda\mathrm{e}^{-\lambda x} & x>0\\ 0 & \text{其他}\end{cases},$$

其中 λ 为未知参数，$X_1,X_2,\cdots,X_n$ 为来自总体 X 的样本，求 λ 的矩估计量.

解 指数分布 X 的期望 $E(X)=\frac{1}{\lambda}$，由矩估计法得 $E(X)=\frac{1}{\lambda}=\overline{X}$，则 λ 的矩估计量为

$$\hat{\lambda}=\frac{1}{\overline{X}}.$$

例 7.1.3 设总体 $X\sim N(\mu,\sigma^2)$，其中 μ 和 σ^2 均是未知参数，$X_1,X_2,\cdots,X_n$ 为来自 X 的样本，求 μ 和 σ^2 的矩估计量.

解 因为总体 X 的分布中含有两个未知参数，所以考虑一阶、二阶原点矩：

$$\upsilon_1(X)=E(X)=\mu,$$

$$\upsilon_2(X)=E(X^2)=D(X)+[E(X)]^2=\sigma^2+\mu^2,$$

根据矩估计法得

$$\begin{cases}\mu=\dfrac{1}{n}\sum\limits_{i=1}^{n}X_i=\overline{X}\\ \sigma^2+\mu^2=\dfrac{1}{n}\sum\limits_{i=1}^{n}X_i^2\end{cases}.$$

由此解得 μ 和 σ^2 的矩估计量为

$$\begin{cases}\hat{\mu}=\overline{X}\\ \hat{\sigma}^2=\dfrac{1}{n}\sum\limits_{i=1}^{n}X_i^2-\overline{X}^2=\dfrac{1}{n}\sum\limits_{i=1}^{n}(X_i-\overline{X})^2\end{cases}.$$

矩估计法的优点是直观、简便,但对于那些原点矩不存在的总体,矩估计法是不适用的.

7.1.2　最大似然估计法

点估计的另一重要而有效的方法是最大似然估计法(亦称极大似然估计法).本书只限于考虑离散型和连续型总体,并且用概率函数表示概率分布.我们只讨论未知参数 θ 是一维或二维(即 $\theta=(\theta_1,\theta_2)$) 的情形,不考虑 θ 是二维以上的参数的情形.

(1) 设总体 X 是离散型随机变量,概率函数为 $p(x;\theta)$,其中 θ 为未知参数.从总体 X 中抽取样本 $X_1,X_2,\cdots,X_n$,如果得到的样本观测值为 $x_1,x_2,\cdots,x_n$,则表明随机事件 $X_1=x_1,X_2=x_2,\cdots,X_n=x_n$ 发生了.我们知道,随机变量 $X_1,X_2,\cdots,X_n$ 相互独立,且与总体 X 有相同的概率函数,则这 n 个相互独立事件的交的概率为

$$P\Big(\bigcap_{i=1}^{n}(X_i=x_i)\Big)=\prod_{i=1}^{n}P(X_i=x_i)=\prod_{i=1}^{n}p(x_i;\theta).$$

设

$$L(\theta)=\prod_{i=1}^{n}p(x_i;\theta)=p(x_1;\theta)p(x_2;\theta)\cdots p(x_n;\theta),\tag{7-3}$$

称未知参数 θ 的函数 $L(\theta)$ 为**似然函数**,函数

$$\ln L(\theta)=\ln p(x_1;\theta)+\ln p(x_2;\theta)+\cdots+\ln p(x_n;\theta)=\sum_{i=1}^{n}\ln p(x_i;\theta),\tag{7-4}$$

称为对数似然函数(亦简称似然函数).

最大似然估计法的直观想法就是:如果随机试验的结果得到样本观测值 $x_1,x_2,\cdots,x_n$,则我们应当这样选取 θ 的值,使这组样本观测值出现的可能性最大,也就是使似然函数 $L(\theta)$ 达到最大值,从而求得参数 θ 的估计值 $\hat{\theta}$. 使似然函数达到最大值的估计值 $\hat{\theta}$,称作参数 θ 的最大似然估计值.

求最大似然估计值的问题,就是求似然函数 $L(\theta)$ 的最大值问题.一般说来,当 $L(\theta)$ 可导时,这个问题可以通过解方程

$$\frac{\mathrm{d}L}{\mathrm{d}\theta}=0 \tag{7-5}$$

来解决.因为 $\ln L(\theta)$ 是 $L(\theta)$ 的增函数,所以 $L(\theta)$ 与 $\ln L(\theta)$ 在 θ 的同一点处取得最大值,从而解方程 $\frac{\mathrm{d}L}{\mathrm{d}\theta}=0$ 可以转换成解方程

$$\frac{\mathrm{d}\ln L}{\mathrm{d}\theta}=0, \tag{7-6}$$

就可以得到参数 θ 的最大似然估计值.

假如未知参数 $\theta=(\theta_1,\theta_2)$ 是二维的,则得方程组

$$\begin{cases}\dfrac{\partial L(\theta)}{\partial\theta_1}=0\\ \dfrac{\partial L(\theta)}{\partial\theta_2}=0\end{cases} \quad 或 \quad \begin{cases}\dfrac{\partial\ln L(\theta)}{\partial\theta_1}=\sum\limits_{i=1}^{n}\dfrac{1}{p(x_i;\theta)}\dfrac{\partial p(x_i;\theta)}{\partial\theta_1}=0\\ \dfrac{\partial\ln L(\theta)}{\partial\theta_2}=\sum\limits_{i=1}^{n}\dfrac{1}{p(x_i;\theta)}\dfrac{\partial p(x_i;\theta)}{\partial\theta_2}=0\end{cases}. \tag{7-7}$$

此方程组的解称作参数 $\theta=(\theta_1,\theta_2)$ 的最大似然估计值.

在有些情形下,似然函数对 θ 的导数不存在,这时应选用其他方法求最大似然估计量.

例 7.1.4 设总体 X 服从参数为 λ 的泊松分布,其中 $\lambda>0$ 为未知参数,来自总体 X 的样本观测值为 $x_1,x_2,\cdots,x_n$,求 λ 的最大似然估计值.

解 总体 X 的概率函数为

$$P(x;\lambda)=\frac{\lambda^x}{x!}\mathrm{e}^{-\lambda}\ (x=0,1,2,\cdots).$$

未知参数 λ 的似然函数为

$$L(\lambda)=\prod_{i=1}^{n}\left(\frac{\lambda^{x_i}}{x_i!}\mathrm{e}^{-\lambda}\right)=\frac{\lambda^{\sum\limits_{i=1}^{n}x_i}}{\prod\limits_{i=1}^{n}(x_i!)}\mathrm{e}^{-n\lambda},$$

取对数,得

$$\ln L(\lambda)=\left(\sum_{i=1}^{n}x_i\right)\ln\lambda-\sum_{i=1}^{n}\ln(x_i!)-n\lambda,$$

对 λ 求导数并令其等于零,得

$$\frac{\mathrm{d}\ln L}{\mathrm{d}\lambda}=\frac{1}{\lambda}\sum_{i=1}^{n}x_i-n=0,$$

由此得到 λ 的最大似然估计值

$$\hat{\lambda}=\frac{1}{n}\sum_{i=1}^{n}x_i=\bar{x}.$$

例 7.1.5　设随机变量 X 在自然数集 $\{0,1,2,\cdots,N\}$ 上等可能分布，其中 N 为未知参数.根据来自 X 的样本观察值 $(x_1,x_2,\cdots,x_n)$，求 N 的最大似然估计值.

解　随机变量 X 的概率函数为

$$P(x;N)=\begin{cases}\dfrac{1}{N+1} & 若\ x=0,1,\cdots,N \\ 0 & 若不然\end{cases}.$$

未知参数 N 的似然函数为

$$L(N)=\prod_{i=1}^{n}p(x_i;N)=\frac{1}{(N+1)^n}.$$

这里不能对 N 求导，我们直接求 $L(N)$ 的最大值.注意到，由于

$$\max\{x_1,x_2,\cdots,x_n\}\leqslant N,$$

而且 $L(N)$ 随着 N 的减小而增大，可见当

$$N=\hat{N}=\max\{x_1,x_2,\cdots,x_n\}$$

时 $L(N)$ 达到最大值，即 $\hat{N}=\max\{x_1,x_2,\cdots,x_n\}$ 就是参数 N 的最大似然估计值.

(2) 设总体 X 是连续随机变量，概率密度为 $f(x;\theta)$，其中 θ 为未知参数，取似然函数为

$$L(\theta)=\prod_{i=1}^{n}f(x_i;\theta). \tag{7-8}$$

再按类似于(1) 中所述方法求参数 θ 的最大似然估计值.

例 7.1.6　设总体 X 的概率密度为

$$f(x;\theta)=\begin{cases}(\theta+1)x^{\theta} & 0<x<1 \\ 0 & 其他\end{cases},$$

其中 $\theta>-1$ 为未知参数.若取得样本观测值为 $x_1,x_2,\cdots,x_n$，求参数 θ 的最大似然估计值.

解　似然函数为

$$L(\theta)=\prod_{i=1}^{n}(\theta+1)x_i^{\theta}=(\theta+1)^n\left(\prod_{i=1}^{n}x_i\right)^{\theta},$$

取对数，得

$$\ln L(\theta)=n\ln(\theta+1)+\theta\sum_{i=1}^{n}\ln x_i,$$

对 θ 求导并令其等于零，得

$$\frac{\mathrm{d}\ln L(\theta)}{\mathrm{d}\theta}=\frac{n}{\theta+1}+\sum_{i=1}^{n}\ln x_i=0,$$

所以，θ 的最大似然估计值为

$$\hat{\theta}=-1-\frac{n}{\sum_{i=1}^{n}\ln x_i}.$$

例 7.1.7 设总体 $X\sim N(\mu,\sigma^2)$，其中 μ 和 σ^2 均是未知参数，如果取得样本观测值为 $x_1,x_2,\cdots,x_n$，求参数 μ 及 σ 的最大似然估计值.

解 似然函数为

$$L(\mu,\sigma)=\prod_{i=1}^{n}\frac{1}{\sqrt{2\pi}\sigma}e^{-\frac{(x_i-\mu)^2}{2\sigma^2}}=\left(\frac{1}{\sqrt{2\pi}\sigma}\right)^n e^{-\frac{1}{2\sigma^2}\sum_{i=1}^{n}(x_i-\mu)^2},$$

取对数，

$$\ln L(\mu,\sigma)=-\frac{n}{2}\ln 2\pi-n\ln\sigma-\frac{1}{2\sigma^2}\sum_{i=1}^{n}(x_i-\mu)^2,$$

对 μ 及 σ 求偏导数，并让它们等于零，得

$$\begin{cases}\dfrac{\partial \ln L}{\partial \mu}=\dfrac{1}{\sigma^2}\sum\limits_{i=1}^{n}(x_i-\mu)=0\\ \dfrac{\partial \ln L}{\partial \sigma}=\dfrac{1}{\sigma^2}\sum\limits_{i=1}^{n}(x_i-\mu)^2-\dfrac{n}{\sigma}=0\end{cases}.$$

解此方程组，得 μ 及 σ 的最大似然估计值为

$$\hat{\mu}=\frac{1}{n}\sum_{i=1}^{n}x_i=\bar{x},\hat{\sigma}=\sqrt{\frac{1}{n}\sum_{i=1}^{n}(x_i-\bar{x})^2}.$$

7.2 估计量的评价标准

同一个未知参数 θ 可能有多个可供选择的估计量，而且估计量是样本的函数，是一个随机变量，所以对不同的样本观察值可能有不同的估计值.那么在一个具体问题中，对一切可供选择的估计量，应该采用什么统计量作为未知参数的估计量呢？这就涉及我们要用什么样的评价标准来评判估计量的优劣.所谓参数 θ 的最佳估计值 $\hat{\theta}(x_1,x_2,\cdots,x_n)$ 应当是在某种意义下最接近于 θ 的真实值，因此，就产生了评价估计量优良性的标准.对于估计量优良性的最基本要求是无偏性、有效性、一致性.

7.2.1 无偏性

定义 7.2.1 设未知参数 θ 的估计量 $\hat{\theta}=\hat{\theta}(X_1,\cdots,X_n)$ 的数学期望存在，且

$$E(\hat{\theta})=\theta, \tag{7-9}$$

则称 $\hat{\theta}$ 是 θ 的**无偏估计量**，否则称 $\hat{\theta}$ 为未知参数 θ 的有偏估计量.

下面证明两个重要结论：

假设总体 X 的均值 $E(X)=\mu$，方差 $D(X)=\sigma^2$，$(X_1,X_2,\cdots,X_n)$ 是来自总体 X 的简单随机样本，$\overline{X}$ 是样本均值，S^2 是样本方差，则

(1) 样本均值 $\overline{X}$ 是总体均值 μ 的无偏估计量；

(2) 样本方差 S^2 是总体方差 σ^2 的无偏估计量.

证明　因为样本 $X_1,X_2,\cdots,X_n$ 相互独立，且与总体 X 服从相同分布，所以

$$E(X_i)=\mu,D(X_i)=\sigma^2,i=1,2,\cdots,n.$$

于是有

(1) $E(\overline{X})=E\left(\frac{1}{n}\sum_{i=1}^{n}X_i\right)=\frac{1}{n}\sum_{i=1}^{n}E(X_i)=\frac{1}{n}\cdot n\mu=\mu$；

(2) 由方差的计算公式得

$$E(X_i^2)=D(X_i)+[E(X_i)]^2=\sigma^2+\mu^2,i=1,2,\cdots,n.$$

因为

$$D(\overline{X})=D\left(\frac{1}{n}\sum_{i=1}^{n}X_i\right)=\frac{1}{n^2}\sum_{i=1}^{n}D(X_i)=\frac{1}{n^2}\cdot n\sigma^2=\frac{\sigma^2}{n},$$

所以

$$E(\overline{X}^2)=D(\overline{X})+[E(\overline{X})]^2=\frac{\sigma^2}{n}+\mu^2,$$

则

$$\begin{aligned}E(S^2)&=E\left(\frac{1}{n-1}\sum_{i=1}^{n}(X_i-\overline{X})^2\right)=\frac{1}{n-1}E\left(\sum_{i=1}^{n}X_i^2-n\overline{X}^2\right)\\&=\frac{1}{n-1}\left[\sum_{i=1}^{n}E(X_i^2)-nE(\overline{X}^2)\right]\\&=\frac{1}{n-1}\left[n(\sigma^2+\mu^2)-n\left(\frac{\sigma^2}{n}+\mu^2\right)\right]=\sigma^2.\end{aligned}$$

对于同一个未知参数，我们常常可以构造许多无偏估计量.比如，设 $X_1,X_2,\cdots,X_n$ 为来自某一均值为 μ 的总体，则 $\frac{1}{3}(X_1+X_2+X_3)$，$\frac{1}{2}X_1+\frac{1}{3}X_2+\frac{1}{6}X_3$，甚至更一般地 $\sum_{i=1}^{n}\alpha_iX_i\left(\text{其中}\sum_{i=1}^{n}\alpha_i=1\right)$，都是 μ 的无偏估计量.可见，无偏性不是衡量估计量优劣的唯一标准.在未知参数 θ 的许多无偏估计值中，自然应以对 θ 的平均偏差较小者为好，也就是说，一个较好的估计值应当有尽可能小的方差.为此，我们引进点估计的另一个标准——有效性.

7.2.2　有效性

定义 7.2.2　设 $\hat{\theta}_1=\hat{\theta}_1(X_1,X_2,\cdots,X_n)$ 和 $\hat{\theta}_2=\hat{\theta}_2(X_1,X_2,\cdots,X_n)$ 均是未知参数 θ 的

无偏估计量,如果

$$D(\hat{\theta}_1) \leqslant D(\hat{\theta}_2), \tag{7-10}$$

则称估计量 $\hat{\theta}_1$ 比 $\hat{\theta}_2$ 更有效.在未知参数 θ 的任意两个无偏估计量中,显然应该选更有效者,即方差较小者.设 $\hat{\theta}=\hat{\theta}(X_1,X_2,\cdots,X_n)$ 是参数 θ 的无偏估计量,如果对于给定的样本容量 n,$\hat{\theta}$ 的方差 $D(\hat{\theta})$ 最小,则称 $\hat{\theta}$ 是 θ 的**有效估计量**.

例如,样本均值 $\overline{X}$ 及 X_i 都是 μ 的无偏估计量,但是

$$D(\overline{X})=\frac{\sigma^2}{n} \leqslant \sigma^2=D(X_i),$$

所以 $\overline{X}$ 较 X_i 有效.

例 7.2.1 设 μ 和 σ^2 为总体 X 的数学期望和方差,$(X_1,X_2,\cdots,X_n)$ 是来自 X 的简单随机样本,$w_1,w_2,\cdots,w_n$ 是任意非负且不全相等的常数,并有 $w_1+w_2+\cdots+w_n=1$. 记

$$\overline{X}=\frac{1}{n}\sum_{i=1}^{n}X_i,\ \widetilde{X}=\sum_{i=1}^{n}w_iX_i.$$

证明(1) 统计量 $\overline{X}$ 和 $\widetilde{X}$ 都是 μ 的无偏估计量;(2) 作为 μ 的无偏估计量,$\overline{X}$ 比 $\widetilde{X}$ 更有效.

证明 (1) 证 $\overline{X}$ 和 $\widetilde{X}$ 的无偏性.由于 $E(X_i)=\mu(i=1,\cdots,n)$, 可见

$$E(\overline{X})=\frac{1}{n}\sum_{i=1}^{n}E(X_i)=\mu\ ,E(\widetilde{X})=\sum_{i=1}^{n}w_iE(X_i)=\mu\sum_{i=1}^{n}w_i=\mu.$$

(2) 比较 $\overline{X}$ 和 $\widetilde{X}$ 的有效性.设 $D(X_i)=\sigma^2(i=1,2,\cdots,n)$. 由 $X_1,X_2,\cdots,X_n$ 独立同分布,得

$$D(\overline{X})=\frac{1}{n^2}\sum_{i=1}^{n}D(X_i)=\frac{\sigma^2}{n},D(\widetilde{X})=\sum_{i=1}^{n}w_i^2D(X_i)=\sigma^2\sum_{i=1}^{n}w_i^2 \geqslant \frac{\sigma^2}{n},$$

其中用到柯西不等式①.在柯西不等式中,令 $a_i=w_i,b_i=1$, 有

$$\left(\sum_{i=1}^{n}w_i\right)^2 \leqslant n\sum_{i=1}^{n}w_i^2,\ \text{即}\ \sum_{i=1}^{n}w_i^2 \geqslant \frac{1}{n}\left(\sum_{i=1}^{n}w_i\right)^2=\frac{1}{n}.$$

于是,$D(\overline{X}) \leqslant D(\widetilde{X})$, 即作为 μ 的无偏估计量,$\overline{X}$ 比 $\widetilde{X}$ 更有效.

应当指出,估计量 $\hat{\theta}(X_1,X_2,\cdots,X_n)$ 是与样本容量 n 有关的,为了明确起见,不妨记作 $\hat{\theta}_n$. 自然地,我们希望 n 越大时,对 θ 的估计越精确.于是引进点估计的第三个标准——一致性.

7.2.3 一致性

定义 7.2.3 如果当 $n\to\infty$ 时,$\hat{\theta}_n=\hat{\theta}_n(X_1,X_2,\cdots,X_n)$ 依概率收敛于 θ, 即对于任何正

① 柯西不等式:$\left(\sum a_ib_i\right)^2 \leqslant \left(\sum a_i^2\right)\left(\sum b_i^2\right)$.

数 ε，有

$$\lim_{n\to\infty} P(|\hat{\theta}_n-\theta|<\varepsilon)=1, \tag{7-11}$$

则称 $\hat{\theta}_n$ 是未知参数 θ 的一致估计量.

例如，由切比雪夫定理的推论知，对任给的 $\varepsilon>0$，

$$\begin{aligned} P\{|\overline{X}-\mu|<\varepsilon\}&=P\{|\overline{X}-E(\overline{X})|<\varepsilon\}\ (\text{用切比雪夫不等式}) \\ &\geqslant 1-\frac{D(\overline{X})}{\varepsilon^2}=1-\frac{\sigma^2}{n\varepsilon^2}\to 1(n\to+\infty), \end{aligned}$$

所以样本均值 $\overline{X}$ 是总体平均值 μ 的一致估计量.

我们还可以证明：样本方差 S^2 是总体方差 σ^2 的一致估计量.

还有其他评价估计量优良性的标准，不过无偏性、有效性、一致性是一个估计量所应具备的最基本性质.估计量是随机变量，也就是说，我们是用一个随机变量 $\hat{\theta}$ 的值作为未知参数 θ（常数）的估计值，由于数学期望和方差是随机变量的两个最基本的数字特征，因此，无偏性和有效性是对估计量最基本的要求.无偏性要求估计量 $\hat{\theta}$ 取值的中心位置恰好是要估计的未知参数 θ 的值，没有系统偏差.有效性表示估计量的以未知参数 θ 为中心取值越集中越好.此外，显然只有无偏估计量比较其方差才有意义.一致性要求，当 n 充分大时，$\hat{\theta}_n$ 应"基本上"是非随机的，并且近似等于它所估计的未知参数 θ，即 $P(\hat{\theta}_n\approx\theta)\approx 1$.

7.3 正态总体参数的区间估计

在 7.1 我们讨论了参数的点估计，即如何根据样本观测值求得未知参数的点估计值.参数 θ 的点估计值 $\hat{\theta}(x_1,x_2,\cdots,x_n)$ 只是 θ 的一个近似值，无论选用的点估计量多么好，我们都很难估计这个近似值 $\hat{\theta}(x_1,x_2,\cdots,x_n)$ 与 θ 的真值之间的误差.实际问题中，我们不仅需要求出参数 θ 的估计值，往往还需要大致估计这个估计值的精确性与可靠性.

7.3.1 区间估计的概念

假设用 $\hat{\theta}(X_1,X_2,\cdots,X_n)$ 作为参数 θ 的估计量，其误差小于某一给定正数 ε 的概率为 $1-\alpha(0<\alpha<1)$，即

$$P(|\hat{\theta}-\theta|<\varepsilon)=1-\alpha, \tag{7-12}$$

或者化为

$$P(\hat{\theta}-\varepsilon<\theta<\hat{\theta}+\varepsilon)=1-\alpha.$$

就是说，随机区间 $(\hat{\theta}-\varepsilon,\hat{\theta}+\varepsilon)$ 包含参数 θ 的真值的概率为 $1-\alpha$.通常把概率 $1-\alpha$ 叫作置信度（亦称置信水平或置信概率），α 叫作显著性水平，区间 $(\hat{\theta}-\varepsilon,\hat{\theta}+\varepsilon)$ 叫作参数 θ 的置信度为 $1-\alpha$ 的置信区间.置信区间表示估计结果的精确性，而置信度则表示这一结果的可靠性.

一般地，置信区间的概念可以叙述如下：

设总体 X 的分布中含有未知参数 θ，如果对于给定的概率 $1-\alpha(0<\alpha<1)$，存在两个统计量 $\hat{\theta}_1=\hat{\theta}_1(X_1,X_2,\cdots,X_n)$ 和 $\hat{\theta}_2=\hat{\theta}_2(X_1,X_2,\cdots,X_n)$，使得

$$P(\hat{\theta}_1<\theta<\hat{\theta}_2)=1-\alpha, \tag{7-13}$$

则称随机区间 $(\hat{\theta}_1,\hat{\theta}_2)$ 为参数 θ 的对应于置信度 $1-\alpha$ 的置信区间，其中 $\hat{\theta}_1$ 叫作置信下限，$\hat{\theta}_2$ 叫作置信上限.

置信区间的意义可以解释如下：如果进行 N 次随机抽样，第 k 次得到的样本观测值记为$(x_{1k},x_{2k},\cdots,x_{nk})$，$k=1,2,\cdots,N$，则我们随机地得到 N 个区间 $(\hat{\theta}_{1k},\hat{\theta}_{2k})$，$k=1,2,\cdots,N$. 这 N 个区间中，有的包含参数 θ 的真值，有的不包含. 当(7-13)式成立时，这些区间中，包含参数 θ 的真值的区间大约占 $100(1-\alpha)\%$.

对于给定的置信度 $1-\alpha$，根据样本观测值来确定未知参数 θ 的置信区间 $(\hat{\theta}_1,\hat{\theta}_2)$，称为参数 θ 的**区间估计**.

关于区间估计问题，如果已知样本函数的分布，则问题不难解决. 对于总体服从正态分布的情形，我们在第六章已求出某些样本函数的分布. 因此，我们首先讨论正态分布 $N(\mu,\sigma^2)$ 中的参数 μ 及 σ^2 的区间估计问题.

设总体 X 服从正态分布 $N(\mu,\sigma^2)$，$X_1,X_2,\cdots,X_n$ 是来自总体 X 的简单随机样本，样本观测值为 $x_1,x_2,\cdots,x_n$. 试求总体均值 μ 和方差 σ^2 的置信度 $1-\alpha$ 置信区间.

7.3.2 正态总体均值 μ 的区间估计

(1) 设总体 $X\sim N(\mu,\sigma^2)$，已知 $\sigma=\sigma_0$，求 μ 的置信度为 $1-\alpha$ 的置信区间.

由 6.2 定理 6.2.1 的推论知，样本函数

$$U=\frac{\overline{X}-\mu}{\sigma_0/\sqrt{n}}\sim N(0,1). \tag{7-14}$$

为了求 μ 的置信区间，我们引进临界值 u_α.

随机变量 U 服从标准正态分布 $N(0,1)$，对于给定的 α，数 u_α 由等式

$$P(U\geqslant u_\alpha)=\frac{1}{\sqrt{2\pi}}\int_{u_\alpha}^{+\infty}\mathrm{e}^{-\frac{x^2}{2}}\mathrm{d}x=\alpha \tag{7-15}$$

确定(如图 7-1)，

由教材附表 2(标准正态分布表)可以查得 u_α 的值. 例如，当 $\alpha=0.05$ 时，我们有

$$P(U\geqslant u_{0.05})=1-P(U<u_{0.05})=1-\Phi(u_{0.05})=0.05,$$

由此得

$$\Phi(u_{0.05})=0.95,$$

则 $u_{0.05}=1.645$.

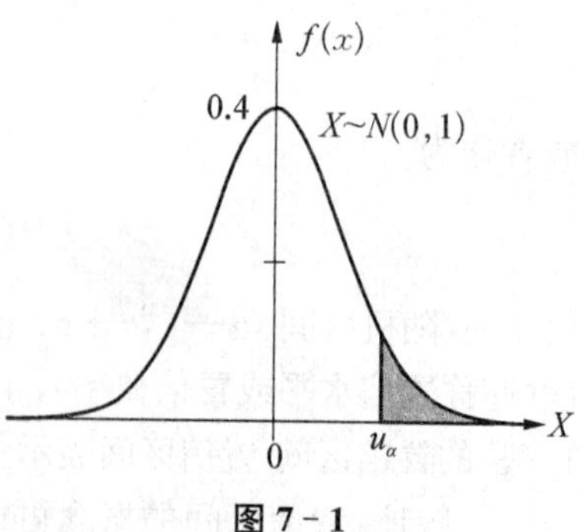

图 7-1

一般地，对于给定的置信度 $1-\alpha$，可以用不同的方法

确定未知参数的置信区间.考虑到置信区间的长度表示估计的精确程度,置信区间越短,估计就越精确.因为标准正态分布的分布曲线关于 y 轴对称,从而对称于原点的置信区间显然最短,所以我们应当选取这样的区间 $\left(-u_{\frac{\alpha}{2}}, u_{\frac{\alpha}{2}}\right)$(如图 7-2),使得

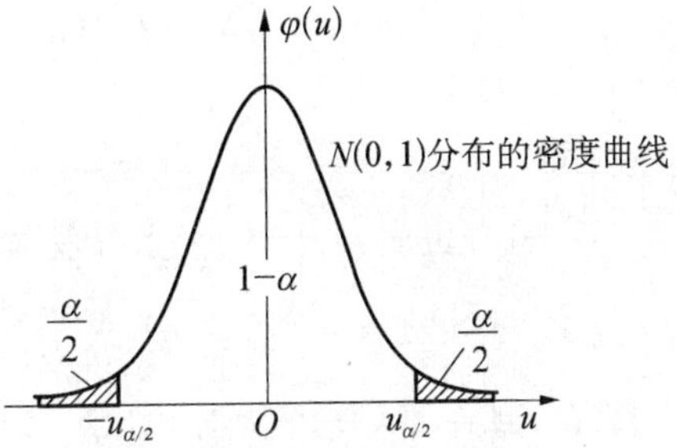

$$P(|U|<u_{\frac{\alpha}{2}})=1-\alpha,$$

图 7-2

即

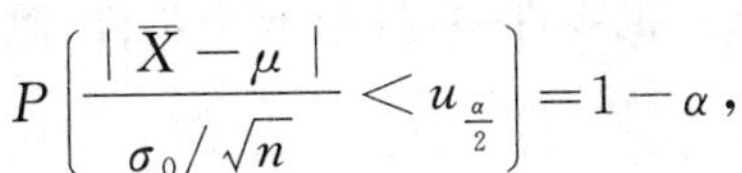

$$P\left(\frac{|\overline{X}-\mu|}{\sigma_0/\sqrt{n}}<u_{\frac{\alpha}{2}}\right)=1-\alpha,$$

即

$$P\left(\overline{X}-\frac{\sigma_0}{\sqrt{n}}u_{\frac{\alpha}{2}}<\mu<\overline{X}+\frac{\sigma_0}{\sqrt{n}}u_{\frac{\alpha}{2}}\right)=1-\alpha. \tag{7-16}$$

上式表明,对应于置信度 $1-\alpha$,总体均值 μ 的置信区间为

$$\left(\overline{X}-\frac{\sigma_0}{\sqrt{n}}u_{\frac{\alpha}{2}}, \overline{X}+\frac{\sigma_0}{\sqrt{n}}u_{\frac{\alpha}{2}}\right). \tag{7-17}$$

(2) 设总体 $X \sim N(\mu, \sigma^2)$,未知 σ,求 μ 置信度为 $1-\alpha$ 的置信区间.

我们用 S 代替(7-14)式中的 σ_0,由 6.2 定理 6.2.7 知,样本函数

$$t=\frac{\overline{X}-\mu}{S/\sqrt{n}} \sim t(n-1). \tag{7-18}$$

t 分布的曲线关于 y 轴对称,所以对于给定的置信度 $1-\alpha$,我们选取关于原点对称的区间 $(-t_{\alpha/2}(n-1), t_{\alpha/2}(n-1))$(如图 7-3),使得

$$P(|t|<t_{\alpha/2}(n-1))=1-\alpha, \tag{7-19}$$

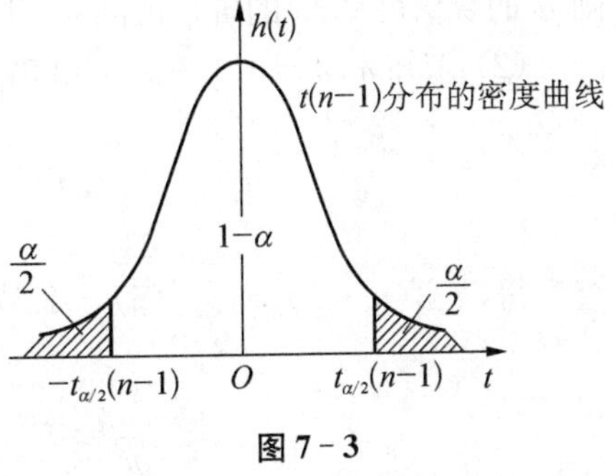

图 7-3

即

$$P\left(\left|\frac{\overline{X}-\mu}{S/\sqrt{n}}\right|<t_{\alpha/2}(n-1)\right)=1-\alpha,$$

亦即

$$P\left(\overline{X}-t_{\alpha/2}(n-1)\frac{S}{\sqrt{n}}<\mu<\overline{X}+t_{\alpha/2}(n-1)\frac{S}{\sqrt{n}}\right)=1-\alpha,$$

所以 μ 的置信度 $1-\alpha$ 的置信区间是

$$\left(\overline{X}-t_{\alpha/2}(n-1)\frac{S}{\sqrt{n}},\overline{X}+t_{\alpha/2}(n-1)\frac{S}{\sqrt{n}}\right). \tag{7-20}$$

注意

当自由度 k 趋于 ∞ 时，t 分布趋于标准正态分布，所以对于给定的 α，我们有

$$t_{\alpha}(\infty)=u_{\alpha}. \tag{7-21}$$

因此，自由度 k 充分大时，$t_{\alpha}(k)$ 的值近似等于 u_{α}，从而可由标准正态分布查得 $t_{\alpha}(k)$.

例 7.3.1 设某零件直径 $X\sim N(\mu,\sigma^2)$，现从一批零件中，抽取 6 个零件，测得其直径（毫米）为

$$15.1,14.8,15.2,14.9,14.6,15.1,$$

求这批零件直径均值 μ 的置信度为 0.95 的置信区间.(1) 已知 $\sigma_0^2=0.05$；(2) 未知 σ.

解 (1) 已知 $\sigma_0^2=0.05,n=6,1-\alpha=0.95$，计算得 $\bar{x}=14.95,\alpha=1-0.95=0.05$，又

$$U=\frac{\overline{X}-\mu}{\sigma_0/\sqrt{n}}\sim N(0,1),$$

查表得，$u_{\alpha/2}=u_{0.025}=1.96$，因此

$$\frac{\sigma_0}{\sqrt{n}}u_{\frac{\alpha}{2}}=\sqrt{\frac{0.05}{6}}\times 1.96\approx 0.179,$$

所以，按公式(7-17)得 μ 的置信区间为

$$(14.95-0.179,14.95+0.179),$$

则 μ 的置信度 0.95 的置信区间是 (14.771,15.129).

(2) 未知 $\sigma,n=6,1-\alpha=0.95$，计算得 $\bar{x}=14.95,s^2=0.051,\alpha=0.05$，又

$$t=\frac{\overline{X}-\mu}{S/\sqrt{n}}\sim t(n-1),$$

查表得，$t_{\alpha/2}(n-1)=t_{0.025}(5)=2.571$，因此

$$\frac{s}{\sqrt{n}}t_{\frac{\alpha}{2}}=\sqrt{\frac{0.051}{6}}\times 2.571\approx 0.237,$$

所以，按式(7-20)得 μ 的置信区间为

$$(14.95-0.237,14.95+0.237),$$

则 μ 的置信度 0.95 的置信区间是 (14.713,15.187).

例 7.3.2 设随机变量 $X\sim N(\mu,1),X_1,X_2,\cdots,X_n$ 是来自总体 X 的简单随机样本.

(1) 设样本容量为 $n=25$，求总体期望 μ 的置信度 0.95 的置信区间的长度 L；

(2) 估计使置信区间的长度不大于 0.5 的样本容量 n.

解　(1) 已知 $\sigma_0=1$，查表得，$u_{\alpha/2}=u_{0.025}=1.96$，按式(7-17)，总体期望 μ 的 0.95 置信区间为

$$\left(\overline{X}-1.96\frac{\sigma_0}{\sqrt{n}},\overline{X}+1.96\frac{\sigma_0}{\sqrt{n}}\right),$$

则当样本容量为 $n=25$ 时，置信区间的长度为

$$L=1.96\frac{\sigma_0}{\sqrt{n}}\times 2=3.92\frac{1}{\sqrt{25}}=0.784.$$

(2) 当限定置信区间的长度不大于 $L\leqslant 0.5$ 时，

$$L=1.96\frac{\sigma_0}{\sqrt{n}}\times 2=3.92\frac{1}{\sqrt{n}}\leqslant 0.5,$$

样本容量 n 应满足

$$n=\left(3.92\frac{1}{L}\right)^2\geqslant 15.366\,4\frac{1}{0.5^2}=61.465\,6.$$

可见，为使置信区间的长度不大于 0.5，应当使样本容量 $n\geqslant 62$.

7.3.3　正态总体方差 σ^2 的区间估计

(1) 设总体 $X\sim N(\mu,\sigma^2)$，已知 $\mu=\mu_0$，求 σ^2 的置信度为 $1-\alpha$ 的置信区间.由定理 6.2.4 可知，样本函数

$$\chi^2=\frac{1}{\sigma^2}\sum_{i=1}^{n}(X_i-\mu_0)^2\sim\chi^2(n). \tag{7-22}$$

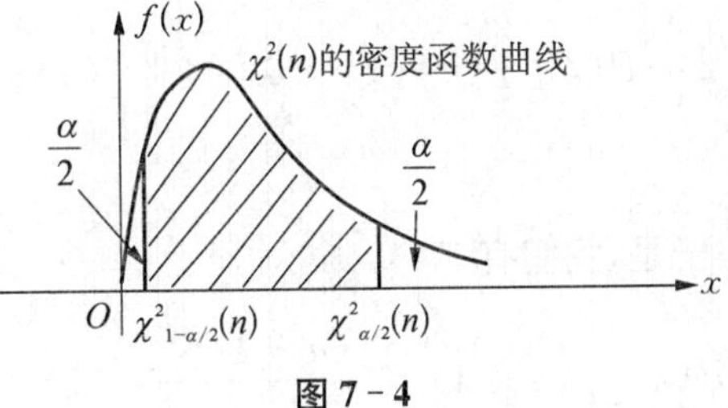

图 7-4

对于给定的置信度 $1-\alpha$，选取区间 $(\chi^2_{1-\frac{\alpha}{2}}(n),\chi^2_{\frac{\alpha}{2}}(n))$ (如图 7-4)，使得

$$P(\chi^2\geqslant\chi^2_{1-\frac{\alpha}{2}}(n))=1-\frac{\alpha}{2},P(\chi^2\geqslant\chi^2_{\frac{\alpha}{2}}(n))=\frac{\alpha}{2} \tag{7-23}$$

是合理的.于是，我们有

$$P(\chi^2_{1-\frac{\alpha}{2}}(n)<\chi^2<\chi^2_{\frac{\alpha}{2}}(n))=1-\alpha, \tag{7-24}$$

$$P\left(\chi^2_{1-\frac{\alpha}{2}}(n)<\frac{1}{\sigma^2}\sum_{i=1}^{n}(X_i-\mu_0)^2<\chi^2_{\frac{\alpha}{2}}(n)\right)=1-\alpha,$$

即

$$P\left(\frac{\sum_{i=1}^{n}(X_i-\mu_0)^2}{\chi^2_{\frac{\alpha}{2}}(n)}<\sigma^2<\frac{\sum_{i=1}^{n}(X_i-\mu_0)^2}{\chi^2_{1-\frac{\alpha}{2}}(n)}\right)=1-\alpha. \tag{7-25}$$

式(7－24)表明,总体方差σ^2的置信度$1-\alpha$的置信区间为

$$\left(\frac{\sum_{i=1}^{n}(X_i-\mu_0)^2}{\chi^2_{\frac{\alpha}{2}}(n)},\frac{\sum_{i=1}^{n}(X_i-\mu_0)^2}{\chi^2_{1-\frac{\alpha}{2}}(n)}\right), \tag{7-26}$$

由此得总体标准差σ的置信度$1-\alpha$的置信区间为

$$\left(\sqrt{\frac{\sum_{i=1}^{n}(X_i-\mu_0)^2}{\chi^2_{\frac{\alpha}{2}}(n)}},\sqrt{\frac{\sum_{i=1}^{n}(X_i-\mu_0)^2}{\chi^2_{1-\frac{\alpha}{2}}(n)}}\right). \tag{7-27}$$

(2) 设总体$X\sim N(\mu,\sigma^2)$,未知μ,求σ^2的置信度为$1-\alpha$的置信区间.我们用$\overline{X}$代替(7－22)中的μ_0,由定理6.2.5知,样本函数

$$\chi^2=\frac{1}{\sigma^2}\sum_{i=1}^{n}(X_i-\overline{X})^2=\frac{(n-1)S^2}{\sigma^2}\sim\chi^2(n-1) \tag{7-28}$$

与(1)类似,对给定的置信度$1-\alpha$,选取区间$(\chi^2_{1-\frac{\alpha}{2}}(n-1),\chi^2_{\frac{\alpha}{2}}(n-1))$(如图7－5),使得

$$P(\chi^2_{1-\frac{\alpha}{2}}(n-1)<\chi^2<\chi^2_{\frac{\alpha}{2}}(n-1))=1-\alpha, \tag{7-29}$$

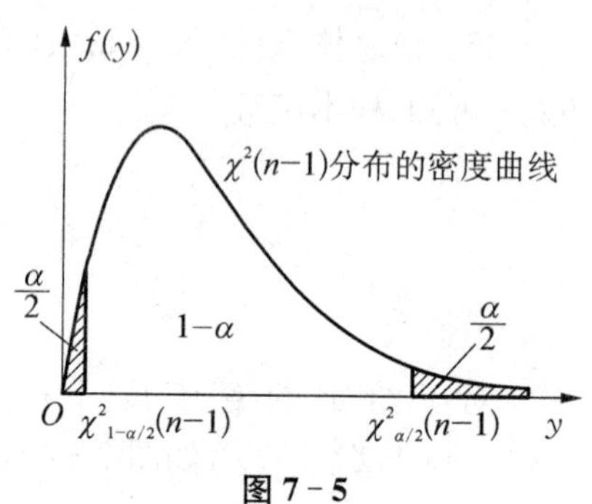

图7－5

于是,我们有

$$P\left(\chi^2_{1-\frac{\alpha}{2}}(n-1)<\frac{(n-1)S^2}{\sigma^2}<\chi^2_{\frac{\alpha}{2}}(n-1)\right)=1-\alpha,$$

即

$$P\left(\frac{(n-1)S^2}{\chi^2_{\frac{\alpha}{2}}(n-1)}<\sigma^2<\frac{(n-1)S^2}{\chi^2_{1-\frac{\alpha}{2}}(n-1)}\right)=1-\alpha. \tag{7-30}$$

式(7－30)表明,总体方差σ^2的置信度$1-\alpha$的置信区间为

$$\left(\frac{(n-1)S^2}{\chi^2_{\frac{\alpha}{2}}(n-1)},\frac{(n-1)S^2}{\chi^2_{1-\frac{\alpha}{2}}(n-1)}\right), \tag{7-31}$$

总体标准差σ的置信度$1-\alpha$的置信区间为

$$\left(\sqrt{\frac{(n-1)}{\chi^2_{\frac{\alpha}{2}}(n-1)}}S, \sqrt{\frac{(n-1)}{\chi^2_{1-\frac{\alpha}{2}}(n-1)}}S\right). \tag{7-32}$$

例 7.3.3 某厂生产的钢丝的抗拉强度 $X \sim N(\mu,\sigma^2)$，σ^2 和 μ 均未知，现从中随机抽取 9 根钢丝，测得其抗拉强度(单位:kg)为：

578,582,574,568,596,572,570,584,578,

试求抗拉强度的方差 σ^2 的置信度为 0.99 的置信区间.

解 已知 $n=9, 1-\alpha=0.99$，计算得

$$\bar{x}=578, s^2=\frac{1}{8}\times 592=74, \alpha=0.01,$$

又

$$\chi^2=\frac{(n-1)S^2}{\sigma^2}\sim\chi^2(n-1),$$

查表得，$\chi^2_{0.005}(8)=21.955$， $\chi^2_{0.995}(8)=1.344$，按公式(7-31)得方差 σ^2 的置信区间为

$$\left(\frac{(n-1)S^2}{\chi^2_{\frac{\alpha}{2}}(n-1)}, \frac{(n-1)S^2}{\chi^2_{1-\frac{\alpha}{2}}(n-1)}\right),$$

即(26.964,440.476)，所以方差 σ^2 的置信度 0.99 的置信区间是(26.964,440.476).

7.4 两个正态总体均值差与方差比的区间估计

现在讨论关于两个正态总体的均值差与方差比的区间估计问题.

设正态总体 X 与 Y 相互独立，$X\sim N(\mu_1,\sigma_1^2)$，$Y\sim N(\mu_2,\sigma_2^2)$，$(X_1,X_2,\cdots,X_{n_1})$ 和 $(Y_1,Y_2,\cdots,Y_{n_2})$ 是分别来自总体 X 和 Y 的随机样本，相应的有：样本观测值 $(x_1,x_2,\cdots,x_{n_1})$ 和 $(y_1,y_2,\cdots,y_{n_2})$、样本均值 $\overline{X}$ 和 $\overline{Y}$、样本方差 S_x^2 和 S_y^2，而 S_w^2 是两个样本的联合样本方差.

我们来求两个总体的均值差 $\mu_1-\mu_2$ 与方差比 $\frac{\sigma_1^2}{\sigma_2^2}$ 对应于置信度 $1-\alpha$ 的置信区间.

1. 两个正态总体均值差的区间估计

(1) 已知 σ_1 和 σ_2，求 $\mu_1-\mu_2$ 的置信区间(μ_1 和 μ_2 为未知参数).

由定理 6.2.11 知，样本函数

$$U=\frac{(\overline{X}-\overline{Y})-(\mu_1-\mu_2)}{\sqrt{\frac{\sigma_1^2}{n_1}+\frac{\sigma_2^2}{n_2}}}\sim N(0,1), \tag{7-33}$$

对于给定的置信度 $1-\alpha$，我们有

$$P\left(|U|=\frac{|(\overline{X}-\overline{Y})-(\mu_1-\mu_2)|}{\sqrt{\frac{\sigma_1^2}{n_1}+\frac{\sigma_2^2}{n_2}}}<u_{\frac{\alpha}{2}}\right)=1-\alpha,$$

即

$$P\left\{|(\overline{X}-\overline{Y})-(\mu_1-\mu_2)|<u_{\frac{\alpha}{2}}\sqrt{\frac{\sigma_1^2}{n_1}+\frac{\sigma_2^2}{n_2}}\right\}=1-\alpha,$$

可见,对应于置信度 $1-\alpha$,两个总体均值差 $\mu_1-\mu_2$ 的置信区间为

$$\left(\overline{X}-\overline{Y}-u_{\frac{\alpha}{2}}\sqrt{\frac{\sigma_1^2}{n_1}+\frac{\sigma_2^2}{n_2}},\overline{X}-\overline{Y}+u_{\frac{\alpha}{2}}\sqrt{\frac{\sigma_1^2}{n_1}+\frac{\sigma_2^2}{n_2}}\right).\tag{7-34}$$

(2) 未知 σ_1 及 σ_2,假设 $\sigma_1=\sigma_2=\sigma$,求 $\mu_1-\mu_2$ 的置信区间(μ_1 和 μ_2 为未知参数).

由定理 6.2.12 知,样本函数

$$T=\frac{(\overline{X}-\overline{Y})-(\mu_1-\mu_2)}{S_w\sqrt{\frac{1}{n_1}+\frac{1}{n_2}}}\sim t(n_1+n_2-2),\tag{7-35}$$

其中 $S_w=\sqrt{S_w^2}$,$S_w^2=\frac{(n_1-1)S_1^2+(n_2-1)S_2^2}{n_1+n_2-2}$ 称为总体 X 与 Y 的联合样本方差.

对于给定的置信度 $1-\alpha$,我们有

$$P\left\{|T|=\frac{|(\overline{X}-\overline{Y})-(\mu_1-\mu_2)|}{S_w\sqrt{\frac{1}{n_1}+\frac{1}{n_2}}}<t_{\alpha/2}(n_1+n_2-2)\right\}=1-\alpha,\tag{7-36}$$

按式(7-36)得

$$P=\left\{|(\overline{X}-\overline{Y})-(\mu_1-\mu_2)|<t_{\frac{\alpha}{2}}s_w\sqrt{\frac{1}{n_1}+\frac{1}{n_2}}\right\}=1-\alpha.\tag{7-37}$$

可见,对应于置信度 $1-\alpha$,两个总体均值差 $\mu_1-\mu_2$ 的置信区间为

$$\left(\overline{X}-\overline{Y}-t_{\frac{\alpha}{2}}s_w\sqrt{\frac{1}{n_1}+\frac{1}{n_2}},\overline{X}-\overline{Y}+t_{\frac{\alpha}{2}}s_w\sqrt{\frac{1}{n_1}+\frac{1}{n_2}}\right).\tag{7-38}$$

我们指出,如果按公式(7-34)或(7-38)求得 $\mu_1-\mu_2$ 的置信区间的下限大于 0,则有 $100(1-\alpha)\%$ 的可靠性可以认为 $\mu_1>\mu_2$;反之,如果置信区间的上限小于 0,则有 $100(1-\alpha)\%$ 的可靠性可以认为 $\mu_1<\mu_2$.

2. 两个正态总体方差比的区间估计

(1) 已知 μ_1 及 μ_2,求 $\frac{\sigma_1^2}{\sigma_2^2}$ 的置信区间.

由定理 6.2.9 知，样本函数

$$F=\frac{\sum_{i=1}^{n_1}(X_i-\mu_1)^2/n_1\sigma_1^2}{\sum_{j=1}^{n_2}(Y_j-\mu_2)^2/n_2\sigma_2^2}\sim F(n_1,n_2). \tag{7-39}$$

与 χ^2 分布的情形类似，对给定的置信度 $1-\alpha$，选取区间 $(F_{1-\frac{\alpha}{2}}(n_1,n_2),F_{\frac{\alpha}{2}}(n_1,n_2))$，使得

$$P(F_{1-\frac{\alpha}{2}}(n_1,n_2)<F<F_{\frac{\alpha}{2}}(n_1,n_2))=1-\alpha.$$

于是，我们有

$$P\left(F_{1-\frac{\alpha}{2}}(n_1,n_2)<F=\frac{\sum_{i=1}^{n_1}(X_i-\mu_1)^2/n_1\sigma_1^2}{\sum_{j=1}^{n_2}(Y_j-\mu_2)^2/n_2\sigma_2^2}<F_{\frac{\alpha}{2}}(n_1,n_2)\right)=1-\alpha,$$

即

$$P\left(\frac{\sum_{i=1}^{n_1}(X_i-\mu_1)^2/n_1}{F_{\frac{\alpha}{2}}(n_1,n_2)\sum_{j=1}^{n_2}(Y_j-\mu_2)^2/n_2}<\frac{\sigma_1^2}{\sigma_2^2}<\frac{\sum_{i=1}^{n_1}(X_i-\mu_1)^2/n_1}{F_{1-\frac{\alpha}{2}}(n_1,n_2)\sum_{j=1}^{n_2}(Y_j-\mu_2)^2/n_2}\right)=1-\alpha,$$

所以，已知 μ_1 及 μ_2 时，对应于置信度 $1-\alpha$，两个总体方差比 $\frac{\sigma_1^2}{\sigma_2^2}$ 的置信区间为

$$\left(\frac{\sum_{i=1}^{n_1}(X_i-\mu_1)^2/n_1}{F_{\frac{\alpha}{2}}(n_1,n_2)\sum_{j=1}^{n_2}(Y_j-\mu_2)^2/n_2},\frac{\sum_{i=1}^{n_1}(X_i-\mu_1)^2/n_1}{F_{1-\frac{\alpha}{2}}(n_1,n_2)\sum_{j=1}^{n_2}(Y_j-\mu_2)^2/n_2}\right). \tag{7-40}$$

(2) 未知 μ_1 及 μ_2，求 $\frac{\sigma_1^2}{\sigma_2^2}$ 的置信区间.

由定理 6.2.10 知，样本函数

$$F=\frac{S_1^2/\sigma_1^2}{S_2^2/\sigma_2^2}\sim F(n_1-1,n_2-1).$$

与(1)类似，对给定的置信度 $1-\alpha$，选取区间 $(F_{1-\frac{\alpha}{2}}(n_1-1,n_2-1),F_{\frac{\alpha}{2}}(n_1-1,n_2-1))$，使得

$$P(F_{1-\frac{\alpha}{2}}(n_1-1,n_2-1)<F<F_{\frac{\alpha}{2}}(n_1-1,n_2-1))=1-\alpha.$$

于是，我们有

$$P\left(F_{1-\frac{\alpha}{2}}(n_1-1,n_2-1)<\frac{S_1^2/\sigma_1^2}{S_2^2/\sigma_2^2}<F_{\frac{\alpha}{2}}(n_1-1,n_2-1)\right)=1-\alpha,$$

所以，未知 μ_1 及 μ_2 时，对应于置信度 $1-\alpha$，两个总体方差比 $\frac{\sigma_1^2}{\sigma_2^2}$ 的置信区间为

$$\left(\frac{S_1^2/S_2^2}{F_{\alpha/2}(n_1-1,n_2-1)},\frac{S_1^2/S_2^2}{F_{1-\alpha/2}(n_1-1,n_2-1)}\right).\tag{7-41}$$

例 7.4.1 现有两批导线，从第一批中抽取 4 根，从第二批中抽取 5 根，测得的电阻(Ω)如下：

第一批导线：0.143，0.142，0.143，0.137；

第二批导线：0.140，0.142，0.136，0.138，0.140.

设两批导线的电阻分别服从正态分布 $X\sim N(\mu_1,\sigma_1^2)$，$Y\sim N(\mu_2,\sigma_2^2)$，其中 μ_1,μ_2,σ_1 和 σ_2 均未知，求这两批导线电阻的均值差 $\mu_1-\mu_2$（假定 $\sigma_1=\sigma_2$）及方差比 $\frac{\sigma_1^2}{\sigma_2^2}$ 的置信度 0.95 的置信区间.

解 已知 $n_1=4,n_2=5,1-\alpha=0.95$，由已知的样本观测值计算得

$$\bar{x}=0.141\ 25(\Omega),s_1^2=8.25\times10^{-6}(\Omega^2);$$

$$\bar{y}=0.139\ 2(\Omega),s_2^2=5.20\times10^{-6}(\Omega^2).$$

(1) 因为 σ_1 和 σ_2 未知（假定 $\sigma_1=\sigma_2$），$\alpha=0.05$，样本函数

$$T=\frac{(\bar{X}-\bar{Y})-(\mu_1-\mu_2)}{S_w\sqrt{\frac{1}{n_1}+\frac{1}{n_2}}}\sim t(n_1+n_2-2),$$

查表得 $t_{\alpha/2}(n_1+n_2-2)=t_{0.025}(7)=2.365$，计算得

$$s_w=\sqrt{\frac{3\times8.25\times10^{-6}+4\times5.20\times10^{-6}}{4+5-2}}\approx2.55\times10^{-3},$$

所以

$$t_{\frac{\alpha}{2}}(n_1+n_2-2)s_w\sqrt{\frac{1}{n_1}+\frac{1}{n_2}}=2.365\times2.55\times10^{-3}\times\sqrt{\frac{1}{4}+\frac{1}{5}}\approx0.004\ 04.$$

按式(7-38)得 $\mu_1-\mu_2$ 置信区间为

$$(0.141\ 25-0.139\ 2-0.004\ 05,0.141\ 25-0.139\ 2+0.004\ 05),$$

即两个总体均值差 $\mu_1-\mu_2$ 的置信度 0.95 的置信区间为 $(-0.002,0.006)\Omega$.

(2) 因为 μ_1 和 μ_2 未知，$\alpha=0.05$，样本函数

$$F=\frac{S_1^2/\sigma_1^2}{S_2^2/\sigma_2^2}\sim F(n_1-1,n_2-1).$$

查表得

$$F_{\alpha/2}(n_1-1,n_2-1)=F_{0.025}(3,4)=9.98,F_{0.025}(4,3)=15.10,$$

计算得

$$F_{0.975}(3,4)=\frac{1}{F_{0.025}(4,3)}=\frac{1}{15.10},\frac{S_1^2}{S_2^2}\approx 1.586\,5,$$

所以，按式(7-41)得所求置信区间为

$$\left(\frac{1.586\,5}{9.98},\frac{1.586\,5}{1/15.10}\right),$$

即未知 μ_1 及 μ_2 时，两个总体方差比 $\dfrac{\sigma_1^2}{\sigma_2^2}$ 的置信度 0.95 的置信区间为 (0.159,23.96).

7.5* 非正态总体参数的区间估计

如果总体 X 不服从正态分布，则由于样本函数的分布不易确定，所以要讨论总体中未知参数的区间估计往往比较困难.但是，当样本容量 n 很大时，我们可以根据中心极限定理近似地解决这个问题.

设总体 X 服从某一分布，概率函数 $p(x,\theta)$ 或概率密度 $f(x,\theta)$ 中含有未知参数 θ，显然总体均值和方程都依赖于参数 θ，记

$$E(X)=\mu(\theta),D(X)=\sigma^2(\theta).$$

从总体 X 中抽取样本 $X_1,X_2,\cdots,X_n$，则它们相互独立，与总体 X 服从相同的分布，且

$$E(X_i)=\mu(\theta),D(X_i)=\sigma^2(\theta),i=1,2,\cdots,n.$$

由列维定理可知，当 n 充分大(一般要求 $n\geqslant 50$) 时，样本函数

$$\frac{\sum_{i=1}^{n}X_i-n\mu(\theta)}{\sqrt{n}\sigma(\theta)}=\frac{\overline{X}-\mu(\theta)}{\sigma(\theta)/\sqrt{n}} \tag{7-42}$$

近似地服从标准正态分布 $N(0,1)$. 所以，对于已给的置信概率 $1-\alpha$，我们有

$$P\left(\left|\frac{\overline{X}-\mu(\theta)}{\sigma(\theta)/\sqrt{n}}\right|<u_{\frac{\alpha}{2}}\right)\approx 1-\alpha. \tag{7-43}$$

如果能由不等式

$$\left|\frac{\overline{X}-\mu(\theta)}{\sigma(\theta)/\sqrt{n}}\right|<u_{\frac{\alpha}{2}} \tag{7-44}$$

解得参数 θ 应满足的不等式，则近似地求得参数 θ 的置信区间.

1. 服从"0-1"分布的总体参数 p 的区间估计

设总体 X 服从"0-1"分布：

$$P(X=x)=p^{x}(1-p)^{1-x}, x=0,1,$$

其中 p 为未知参数.我们有

$$E(X)=p, D(X)=p(1-p).$$

按式(7-43)，对应于置信概率 $1-\alpha$，得

$$P\left(\left|\frac{\overline{X}-p}{\sqrt{p(1-p)/n}}\right|<u_{\frac{\alpha}{2}}\right)\approx 1-\alpha,$$

由不等式

$$\left|\frac{\overline{X}-p}{\sqrt{p(1-p)/n}}\right|<u_{\frac{\alpha}{2}}$$

得

$$(n+u_{\frac{\alpha}{2}}^{2})p^{2}-(2n\overline{X}+u_{\frac{\alpha}{2}}^{2})p+n\overline{X}^{2}<0,$$

记

$$a=n+u_{\frac{\alpha}{2}}^{2}, b=-(2n\overline{X}+u_{\frac{\alpha}{2}}^{2}), c=n\overline{X}^{2},$$

则上式可写成

$$ap^{2}+bp+c<0.$$

注意到 $X_i=0,1(i=1,2,\cdots,n)$，从而 $0\leqslant\overline{X}\leqslant 1$，于是有

$$b^{2}-4ac=4n\overline{X}u_{\frac{\alpha}{2}}^{2}(1-\overline{X})+u_{\frac{\alpha}{2}}^{4}>0.$$

设方程 $ap^{2}+bp+c=0$ 的两个实根为

$$p_1=\frac{-b-\sqrt{b^{2}-4ac}}{2a}, p_2=\frac{-b+\sqrt{b^{2}-4ac}}{2a},$$

则参数 p 的置信区间为

$$(p_1, p_2).$$

例 7.5.1 从一批产品中，抽取 100 个样品，发现其中有 75 个优质品，求这批产品的优质品率 p 对应于置信概率 0.95 的置信区间.

解　设总体

$$X=\begin{cases}0 & \text{当取得非优质品}\\ 1 & \text{当取得优质品}\end{cases},$$

则 X 服从"0-1"分布：

$$P(x;p)=p^{x}(1-p)^{1-x},x=0,1,$$

其中 p 为这批产品的优质品率.

按题意，样本容量 $n=100$，在样本观测值 $x_1,x_2,\cdots,x_{100}$ 中恰有 25 个 0 与 75 个 1，所以

$$\bar{x}=\frac{1}{100}\sum_{i=1}^{100}x_i=\frac{75}{100}=0.75.$$

已给置信度 $1-\alpha=0.95,\alpha=0.05$，查表得 $u_{\frac{\alpha}{2}}=u_{0.025}=1.96$. 于是有

$$a=n+u_{\frac{\alpha}{2}}^2=100+1.96^2=103.8416,$$

$$b=-(2n\overline{X}+u_{\frac{\alpha}{2}}^2)=-(2\times 100\times 0.75+1.96^2)=-153.8416,$$

$$c=n\overline{X}^2=100\times 0.75^2=56.25.$$

由此得

$$\hat{p}_1=0.657,\hat{p}_2=0.825,$$

则所求优质品率 p 的置信区间为 $(0.657,0.825)$.

2. 服从指数分布 $e(\lambda)$ 的总体参数 λ 的区间估计

设总体 X 服从指数分布：

$$f(x)=\begin{cases}\lambda e^{-\lambda x} & \text{当 } x>0\\ 0 & \text{当 } x\leqslant 0\end{cases},$$

其中 $\lambda>0$ 为未知参数，我们有

$$E(X)=\frac{1}{\lambda},D(X)=\frac{1}{\lambda^2},$$

按(7-43)，对应于置信概率 $1-\alpha$，得

$$P\left(\left|\frac{\overline{X}-\frac{1}{\lambda}}{\frac{1}{\lambda\sqrt{n}}}\right|<u_{\frac{\alpha}{2}}\right)\approx 1-\alpha,$$

显然

$$\left|\frac{\overline{X}-\frac{1}{\lambda}}{\frac{1}{\lambda\sqrt{n}}}\right|<u_{\frac{\alpha}{2}}\Leftrightarrow|\lambda\overline{X}-1|<\frac{1}{\sqrt{n}}u_{\frac{\alpha}{2}},$$

由此得参数 λ 的置信度 $1-\alpha$ 的置信区间为 $(\hat{\lambda}_1,\hat{\lambda}_2)$，其中

$$\hat{\lambda}_1=\frac{1}{\overline{X}}\left(1-\frac{1}{\sqrt{n}}u_{\frac{\alpha}{2}}\right),\hat{\lambda}_2=\frac{1}{\overline{X}}\left(1+\frac{1}{\sqrt{n}}u_{\frac{\alpha}{2}}\right).$$

例 7.5.2 从一批电子元件中，抽取 50 个样品，测得它们的使用寿命的均值为 1 200 小时，设电子元件的使用寿命服从指数分布 $e(\lambda)$，求参数 λ 对应置信度 0.99 的置信区间.

解 我们有

$$n=50,\bar{x}=1\ 200.$$

已给置信度 $1-\alpha=0.99$，$\alpha=0.01$，可得 $u_{\frac{\alpha}{2}}=u_{0.005}=2.58$. 于是有

$$\hat{\lambda}_1=\frac{1}{1\ 200}\left(1-\frac{2.58}{\sqrt{50}}\right)=0.000\ 53,\hat{\lambda}_2=\frac{1}{1\ 200}\left(1+\frac{2.58}{\sqrt{50}}\right)=0.001\ 14.$$

因此，所求参数 λ 的置信区间为 (0.000 53,0.001 14).

7.6* 总体参数的单侧置信限

在前几节讨论中，对于未知参数 θ，我们给出了两个统计量 $\hat{\theta}_1=\hat{\theta}_1(X_1,X_2,\cdots,X_n)$ 和 $\hat{\theta}_2=\hat{\theta}_2(X_1,X_2,\cdots,X_n)$，得到置信区间 $(\hat{\theta}_1,\hat{\theta}_2)$，这种置信区间在统计中被称为是**双侧**的. 在某些实际问题中，例如，对于设备元件的使用寿命来说，平均寿命多长是我们所希望了解的，我们关心的是平均寿命 θ 的"下限"；与之相反，在考虑产品的废品率 p 时，我们常关心参数 p 的"上限". 为此，我们引入单侧置信限的概念.

定义 7.6.1 设总体 X 的分布中含有未知参数 θ，$X_1,X_2,\cdots,X_n$ 是来自总体 X 的一个样本，对给定的 $\alpha(0<\alpha<1)$，若存在统计量 $\hat{\theta}_1=\hat{\theta}_1(X_1,X_2,\cdots,X_n)$，使得

$$P(\theta>\hat{\theta}_1)=1-\alpha, \tag{7-45}$$

则称 $\hat{\theta}_1$ 为 θ 的置信度为 $1-\alpha$ 的**单侧置信下限**；若存在统计量 $\hat{\theta}_2=\hat{\theta}_2(X_1,X_2,\cdots,X_n)$，使得

$$P(\theta<\hat{\theta}_2)=1-\alpha, \tag{7-46}$$

则称 $\hat{\theta}_2$ 为 θ 的置信度为 $1-\alpha$ 的**单侧置信上限**.

例如，设 $X_1,X_2,\cdots,X_n$ 是来自正态总体 $N(\mu,\sigma^2)$ 的一个样本，若 μ,σ^2 均为未知，则

$$t=\frac{\overline{X}-\mu}{S/\sqrt{n}}\sim t(n-1).$$

令

$$P(t < t_{\alpha}(n-1)) = 1-\alpha,$$

根据图 7－6，有

$$P(\mu > \overline{X} - t_{\alpha}(n-1)S/\sqrt{n}) = 1-\alpha.$$

于是得到 μ 的置信度为 $1-\alpha$ 的单侧置信区间

$$\left[\overline{X} - \frac{S}{\sqrt{n}}t_{\alpha}(n-1), +\infty\right]. \tag{7-47}$$

μ 的置信度为 $1-\alpha$ 的单侧置信下限为

$$\hat{\mu}_1 = \overline{X} - \frac{S}{\sqrt{n}}t_{\alpha}(n-1). \tag{7-48}$$

类似地，可求得 μ 的置信度为 $1-\alpha$ 的单侧置信上限为

$$\hat{\mu}_2 = \overline{X} + \frac{S}{\sqrt{n}}t_{\alpha}(n-1). \tag{7-49}$$

又由

$$\eta = \frac{(n-1)S^2}{\sigma^2} \sim \chi^2(n-1),$$

令

$$P(\eta > \chi^2_{1-\alpha}(n-1)) = 1-\alpha.$$

根据图 7－7，有

$$P\left[\sigma^2 < \frac{(n-1)S^2}{\chi^2_{1-\alpha}(n-1)}\right] = 1-\alpha.$$

于是得到 σ^2 的一个置信度为 $1-\alpha$ 的单侧置信区间

$$\left[0, \frac{(n-1)S^2}{\chi^2_{1-\alpha}(n-1)}\right]. \tag{7-50}$$

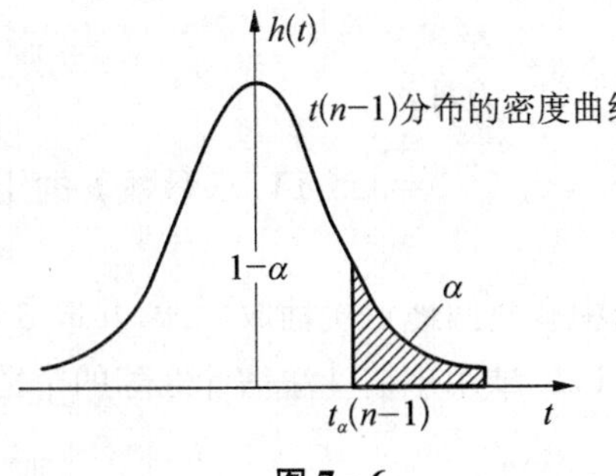

图 7－6

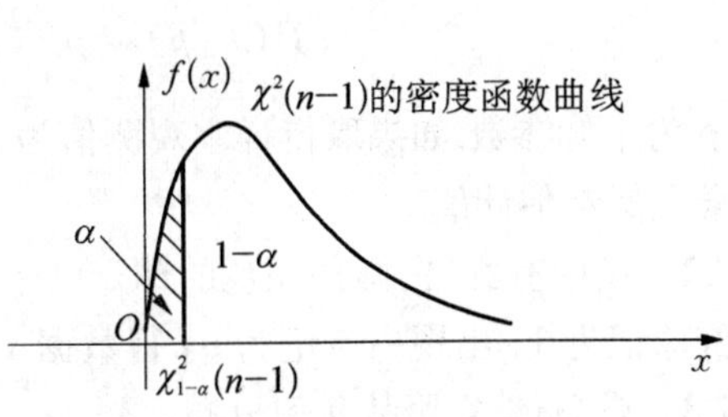

图 7－7

而σ^2的置信度为$1-\alpha$的单侧置信上限为

$$\hat{\sigma}_2^2=\frac{(n-1)S^2}{\chi_{1-\alpha}^2(n-1)}. \tag{7-51}$$

类似地,可求得σ^2的置信度为$1-\alpha$的单侧置信下限为

$$\hat{\sigma}_1^2=\frac{(n-1)S^2}{\chi_{\alpha}^2(n-1)}. \tag{7-52}$$

例 7.6.1 设灯泡寿命$X \sim N(\mu,\sigma^2)$,从一批灯泡中随机地抽取 5 只,测得寿命数据(单位:小时)为

$$1\,050,1\,100,1\,120,1\,250,1\,280,$$

求灯泡寿命的期望μ的置信度 0.95 的单侧置信下限.

解 由于σ^2未知,故由式(7-48)可得期望寿命μ的单侧置信下限为

$$\hat{\mu}_1=\bar{x}-\frac{s}{\sqrt{n}}t_{\alpha}(n-1).$$

查表、计算得

$$t_{\alpha}(n-1)=t_{0.05}(4)=2.132, \bar{x}=1\,160, \quad s=99.749\,7,$$

则灯泡寿命的期望μ的置信度 0.95 的单侧置信下限为

$$\hat{\mu}_1=1\,160-\frac{99.749\,7}{\sqrt{5}}\times 2.132 \approx 1\,065 \text{ (小时)}.$$

注意

对总体方差及双正态总体的均值差和方差比的单侧置信区间可类似求得,至于对参数是做双侧区间估计还是单侧区间估计,则要由实际需要来决定.

习题七

7.1 设总体X服从"0—1"分布:

$$P(x;p)=p^x(1-p)^{1-x}, x=0,1,$$

其中p为未知参数.如果取得样本观测值为$x_1,x_2,\cdots,x_n$($x_i=0$或1),求参数p的矩估计值与最大似然估计值.

7.2 箱中有红、白两种颜色的球 100 个,现从箱中有放回地每次抽取一球,共取 6 次.如出现红球记为 1,出现白球记为 0,得数据 1,1,0,1,1,1. 试用矩估计法估计红球的个数r.

7.3 设总体X服从几何分布:

$$P(x;p)=p(1-p)^{x-1}, x=1,2,3,\cdots.$$

其中 p 为未知参数.如果取得样本观测值为 $x_1, x_2, \cdots, x_n$，求参数 p 的矩估计值与最大似然估计值.

7.4　设总体 $X \sim U(0,\theta)$，其中 θ 为未知参数.如果取得样本观测值为 $x_1, x_2, \cdots, x_n$，求参数 θ 的矩估计值与最大似然估计值.

7.5　设总体 X 的概率分布列为

X	0	1	2	3
P	θ^2	$2\theta(1-\theta)$	θ^2	$1-2\theta$

其中 $\theta\left(0<\theta<\frac{1}{2}\right)$ 是未知参数，总体 X 有一组如下的样本观测值：

$$3,\ 1,\ 3,\ 0,\ 3,\ 1,\ 2,\ 3,$$

求参数 θ 的矩估计值与最大似然估计值.

7.6　设总体 X 的概率密度为

$$f(x;\theta)=\begin{cases}\theta x^{\theta-1} & 0<x<1 \\ 0 & \text{其他}\end{cases},$$

其中未知参数 $\theta>0$. 如果取得样本观测值为 $x_1, x_2, \cdots, x_n$，求参数 θ 的矩估计值与最大似然估计值.

7.7　设总体 X 的概率密度函数为

$$f(X)=\begin{cases}\lambda \mathrm{e}^{-\lambda(x-\mu)} & x \geqslant \mu \\ 0 & x<\mu\end{cases},$$

其中 $\lambda>0$ 和 μ 都是参数.设 $X_1, X_2, \cdots, X_n, X_{n+1}$ 为总体的简单随机样本，样本的观测值为 $x_1, x_2, \cdots, x_n, x_{n+1}$.

(1) 设 λ 已知，求 μ 的最大似然估计值；

(2) 设 μ 已知，求 λ 的矩估计值.

7.8　设 $X_1, X_2, \cdots, X_n$ 是来自总体 X 的简单随机样本，X 的概率密度为

$$f(x,\lambda)=\begin{cases}\lambda \alpha x^{\alpha-1} \mathrm{e}^{-\lambda x^{\alpha}} & x>0 \\ 0 & x \leqslant 0\end{cases},$$

其中 $\lambda>0$ 为未知参数，α 为已知常数，求 λ 的最大似然估计.

7.9　假设总体 X 的均值 $E(X)=\mu$，方差 $D(X)=\sigma^2$，$X_1, X_2, \cdots, X_n$ 是来自总体 X 的简单随机样本，证明 $\hat{\sigma}^2=\frac{1}{n} \sum_{i=1}^n\left(X_i-\mu\right)^2$ 是总体方差 σ^2 的无偏估计量.

7.10　设总体 $X \sim N(1,\sigma^2)$，σ 未知，$X_1, X_2, \cdots, X_n$ 是来自总体 X 的简单随机样本，问 $\frac{1}{n} \sqrt{\frac{\pi}{2}} \sum_{i=1}^n\left|X_i-1\right|$ 是否为 σ 的无偏估计量?

7.11　为估计总体 X 的方差，从总体 X 中抽取随机样本 $X_1, X_2, \cdots, X_n$，设

$$\hat{\sigma}^2 = k\sum_{i=1}^{n-1}(X_{i+1}-X_i)^2.$$

求常数 k 的值,使 $\hat{\sigma}^2$ 是总体方差 σ^2 的无偏估计量.

7.12 设总体 X 的简单随机样本为 $X_1,X_2,\cdots,X_n,X_{n+1}$,则分别用 $\overline{X}_n=\frac{1}{n}\sum_{i=1}^{n}X_i$,$\overline{X}_{n+1}=\frac{1}{n+1}\sum_{i=1}^{n+1}X_i$,估计总体的数学期望时,最有效的是哪一个?

7.13 设 $X_1,X_2,\cdots,X_{2n}$ 是总体 $N(\mu,\sigma^2)$ 的一个简单随机样本,现有未知参数 μ 的两个估计量:$\hat{\mu}_1=\overline{X}$,$\hat{\mu}_2=\frac{1}{n}\sum_{i=1}^{n}X_{2i}$.判断 $\hat{\mu}_1$,$\hat{\mu}_2$ 是否为 μ 的无偏估计?若均是 μ 的无偏估计,哪一个更有效?

7.14 设总体 $X\sim N(\mu,1)$ 和 $Y\sim N(\mu,2^2)$,$X_1,X_2,\cdots,X_n$ 和 $Y_1,Y_2,\cdots,Y_m$ 是分别取自总体 X 和 Y 的简单随机样本.a,b 满足什么条件时,$T=a\sum_{i=1}^{n}X_i+b\sum_{j=1}^{m}Y_j$ 为 μ 的一个无偏估计?又问 a,b 取何值时,T 最有效?

7.15 从一批钉子中抽取 16 枚,测得其长度为(单位:cm)

2.14, 2.10, 2.13, 2.15, 2.13, 2.12, 2.13, 2.10,
2.15, 2.12, 2.14, 2.10, 2.13, 2.11, 2.14, 2.11.

设钉长服从正态分布 $N(\mu,\sigma^2)$,试求 μ 的置信度为 0.90 的置信区间.如果:

(1) 已知 $\sigma=0.01$ cm;(2) 未知 σ^2.

7.16 设总体 X 服从正态分布 $N(\mu,\sigma_0^2)$,其中 σ_0 为已知常数.需要抽容量 n 为多大时,总体均值 μ 的置信度 $100(1-\alpha)\%$ 的置信区间长度不大于 L?

7.17 设大学生男生身高的总体 $X\sim N(\mu,16)$(单位 cm),若要使其平均身高的置信度为 0.95 的置信区间长度小于 1.2,问至少应抽查多少名学生的身高?

7.18 抽查了 500 名在校男大学生的身高,测得这 500 名同学的平均身高为 170 cm,假定由经验知道全体男大学生身高总体 $X\sim N(\mu,5^2)$,求男大学生的平均身高的置信度为 0.95 的置信区间.

7.19 今从一批零件中,随机抽取 10 个,测量其直径尺寸与标准尺寸之间的偏差(mm)分别为 2,1,−2,3,2,4,−2,5,3,4.零件尺寸偏差随机变量 $X\sim N(\mu,\sigma^2)$,试求 σ^2 的置信度 0.95 的置信区间.

7.20 某厂生产的电子元件,其电阻值服从正态分布 $N(\mu,\sigma^2)$,μ,σ^2 均未知,现从中抽查了 20 个元件,测得其电阻的样本均值 $\bar{x}=3.0\ \Omega$,样本标准差 $s=0.11\ \Omega$,试求电阻标准差 σ 的置信度为 0.95 的置信区间.

7.21 两台机床生产同一型号的滚珠,从甲、乙机床生产的滚球中分别抽取了 8 个和 9 个,测得这些滚球的直径(毫米)如下:

甲机床:15.0,14.8,15.2,15.4,14.9,15.1,15.2,14.8;
乙机床:15.2,15.8,14.8,15.1,14.2,14.6,14.8,15.1,14.5.

设两台机床生产的滚珠直径服从正态分布，求这两台机床生产的滚珠直径均值差 $\mu_1-\mu_2$ 对应于置信度 0.90 的置信区间，如果：

(1) 已知两台机床生产的滚珠直径的标准差分别是 $\sigma_1=0.18$（毫米）及 $\sigma_2=0.24$（毫米）；

(2) 未知 σ_1 及 σ_2，但假设 $\sigma_1=\sigma_2$.

7.22　在上题(7.21)中，求两台机床生产的滚珠直径方差比 $\dfrac{\sigma_1^2}{\sigma_2^2}$ 对应于置信度 0.90 的置信区间，如果：

(1) 已知两台机床生产的滚珠直径的均值分别是 $\mu_1=15.0$（毫米）及 $\mu_2=14.9$（毫米）；

(2) 未知 μ_1 及 μ_2.

7.23　设某显像管寿命 $X\sim N(\mu,\sigma^2)$，其中 μ 及 σ^2 均是未知参数.从一批显像管中随机地抽取 6 只，测得寿命数据（单位：kh）如下：

$$15.6,\quad 14.9,\quad 16.0,\quad 14.8,\quad 15.3,\quad 15.5$$

求：(1) 寿命均值 μ 的置信度 0.95 的单侧置信下限；

(2) 寿命方差 σ^2 的置信度 0.90 的单侧置信上限.

7.24*　设某总体 X 的方差为 1，根据来自总体 X 的简单随机样本 $X_1,X_2,\cdots,X_{100}$，测得 $\bar{x}=5$，求总体 X 的数学期望的置信度 0.95 的置信区间.

第八章
假设检验

我们知道,统计推断的基本任务是通过对样本的分析和研究来对总体的某些情况做出判断.第七章是通过样本估计总体参数,本章假设检验,是统计推断的另一个基本问题.首先关于总体的概率分布或分布参数提出某种"假设",然后根据样本运用数理统计的分析方法,对关于总体的"假设"做出"接受"或"拒绝"的决定,这就是假设检验问题.

8.1 假设检验的基本概念

8.1.1 假设检验的两类问题

假设检验可分为**参数假设检验**和**非参数假设检验**两类问题.

设 $X_1, X_2, \cdots, X_n$ 是来自总体 X 的样本,总体 X 的概率密度为 $f(x, \theta)$(或概率函数为 $p(x, \theta)$),总体的分布形式已知,但参数 θ 未知,由样本观测值 $x_1, x_2, \cdots, x_n$ 检验假设 $H_0: \theta = \theta_0; H_1: \theta \neq \theta_0$,这里 θ_0 为已知实数. 这类问题称为**参数假设检验**问题.

设 $X_1, X_2, \cdots, X_n$ 是来自总体 X 的样本,总体 X 的分布函数为 $F(x)$,总体的分布形式未知,由样本观测值 $x_1, x_2, \cdots, x_n$ 检验假设 $H_0: F(x) = F_0(x;\theta); H_1: F(x) \neq F_0(x;\theta)$,这里 $F_0(x;\theta)$ 为已知分布函数. 这类问题称为**非参数假设检验**问题.

下面我们通过两个例子来理解两类假设检验的基本概念.

例 8.1.1 某车间用一台包装机包装葡萄糖,额定标准为每袋净重 0.5 kg.包装机称得的糖重是一个随机变量 X (kg).设 $X \sim N(\mu, \sigma^2)$,据长期经验知其标准差为 $\sigma = 0.015$(kg).某天开工后,为检验包装机工作是否正常,随机抽取了 9 袋糖,称得净重为(kg):

$$0.497, 0.506, 0.518, 0.524, 0.488, 0.511, 0.510, 0.515, 0.512.$$

问这天包装机工作是否正常?

分析可知:若假设这天包装机所包装的糖重量为 X,则 $X \sim N(\mu, \sigma^2)$,且 $\sigma = 0.015$. 问题是如何根据样本观测值(9 袋糖的净重)去判断等式 $E(X) = \mu = \mu_0 = 0.5$ 成立与否?

例 8.1.2 某种建筑材料,其抗断裂强度以往一直符合正态分布,如今改变了配料方案,希望确定其抗断裂强度是否仍服从正态分布.

以上两个问题尽管实际意义各不相同,但有一个共同点,就是要根据样本观测值去判断一个假设是否成立. 例 8.1.1 的假定是" X 的均值 $\mu = 0.5$",例 8.1.2 的假定是" X 的分布仍为正态分布".数理统计中把这种假定称为统计假设,简称假设,并记为 H_0. 对于上述两个例

子,我们分别有

$$H_0: \mu = 0.5 \text{ 与 } H_0: \text{抗断裂强度服从正态分布.}$$

显然,第一个假设是**参数假设**,第二个假设是**非参数假设**.

8.1.2 假设检验的基本思想及推理方法

下面我们以例 8.1.1 来说明假设检验的基本思想及推理方法.

例 8.1.1 的问题是:已知总体 $X \sim N(\mu, \sigma^2)$,且 $\sigma = 0.015$,要求检验下面的假设

$$H_0: \mu = \mu_0 = 0.5;\ H_1: \mu \neq 0.5. \tag{8-1}$$

通常把假设 H_0 叫作原假设(或零假设),把与 H_0 对立的假设 H_1 叫作备择假设.检验的目的就是找到一个合理的法则,在原假设 H_0 与备择假设 H_1 之间二者选其一:若认为原假设 H_0 正确,则接受 H_0(即拒绝 H_1);若认为原假设 H_0 不正确,则拒绝 H_0(即接受 H_1).

从抽样检查的结果可知,样本均值

$$\bar{x} = \frac{1}{9}\sum_{i=1}^{9} x_i = 0.511(\text{kg}).$$

对于样本均值 $\bar{x}$ 与假设的总体均值 μ_0 之间的差异可以有两种不同的解释:

(1) 原假设 H_0 是正确的,即总体均值 $\mu = \mu_0 = 0.5$,由于抽样的随机性,$\bar{x}$ 与 μ_0 之间出现某些差异是完全可能的.

(2) 原假设 H_0 是不正确的,即总体均值 $\mu \neq \mu_0$,$\bar{x}$ 与 μ_0 之间的差异不是随机性的,而是存在实质性的差异,或者说,存在显著性差异.

上述哪一种解释比较合理呢?

为了回答这个问题,我们首先应当给定一个临界概率 α,叫作显著性水平,通常 α 取较小的值,如 0.05 或 0.01.在原假设 H_0 成立的条件下,确定临界值 δ_α,使事件 $|\bar{x} - \mu_0| > \delta_\alpha$ 的概率等于 α,即

$$P(|\bar{x} - \mu_0| > \delta_\alpha) = \alpha.$$

由 6.2 定理 6.2.1 的推论知,统计量

$$U = \frac{\bar{X} - \mu_0}{\sigma_0/\sqrt{n}} \sim N(0,1),$$

我们有

$$P\left(|U| > u_{\frac{\alpha}{2}}\right) = P\left(\frac{|\bar{X} - \mu_0|}{\sigma_0/\sqrt{n}} > u_{\frac{\alpha}{2}}\right) = P\left(|\bar{X} - \mu_0| > \frac{\sigma_0}{\sqrt{n}} u_{\frac{\alpha}{2}}\right) = \alpha,$$

可见,要确定的临界值 δ_α 为

$$\delta_\alpha = \frac{\sigma_0}{\sqrt{n}} u_{\frac{\alpha}{2}}.$$

为了方便起见，我们用统计量U的临界值$u_{\alpha/2}$来取代上述临界值δ_α. 例如，取显著性水平$\alpha=0.05$，则$u_{\alpha/2}=u_{0.025}=1.96$，则

$$P(|U|>1.96)=P\left(\frac{|\overline{X}-\mu_0|}{\sigma_0/\sqrt{n}}>1.96\right)=0.05.$$

因为$\alpha=0.05$很小，事件$|U|>1.96$是一个小概率事件.根据小概率事件的实际不可能性原理，我们认为在原假设H_0成立的条件下这样的小概率事件实际上在一次试验中是不可能发生的.现在抽样检查的结果是

$$|U|=\frac{|0.511-0.5|}{0.015/\sqrt{9}}=2.2>1.96,$$

上述小概率事件竟然在一次试验中发生了.这就表明，抽样检查的结果与原假设H_0不符合，或者说，样本均值$\bar{x}$与假设的总体均值μ_0之间存在显著性差异.因此，不能不使人怀疑原假设H_0的正确性，从而应当拒绝H_0，即认为这天包装机工作是不正常的.

注意

假设检验中使用的推理方法可以说是一种“反证法”.为了检验原假设H_0是否成立，就先假定H_0成立，然后运用统计分析方法看看由此将导致什么后果.如果导致小概率事件竟然在一次试验中发生了，则应当认为这是“不合理”的现象，表明原假设H_0很可能不正确，从而拒绝H_0；反之，如果没有导致这种“不合理”的现象发生，则没有理由拒绝H_0.但这种“反证法”与纯数学中通常使用的反证法是不同的，因为这里所谓的“不合理”现象，并不是逻辑推理中出现的矛盾，而只是根据小概率事件的实际不可能性原理来判断的.

试问，在例8.1.1中，如果抽查的9袋糖的净重均值发生变化，或者所取显著性水平α不是0.05，那么是否可认为这批葡萄糖均值μ为0.5呢？比如：

(1) 假设现在样本均值$\bar{x}=0.509$ kg，仍取显著性水平$\alpha=0.05$，则在原假设H_0成立的条件下，有

$$|U|=\frac{|0.509-0.5|}{0.015/\sqrt{9}}=1.8<1.96,$$

可见小概率事件$|U|>1.96$未发生，没有理由拒绝原假设H_0，认为这天包装机工作是正常的.

(2) 改取$\alpha=0.01$，样本均值仍为$\bar{x}=0.511$ kg，查表得$u_{\alpha/2}=u_{0.005}=2.58$，则有

$$|U|=\frac{|0.511-0.5|}{0.015/\sqrt{9}}=2.2<2.58,$$

小概率事件 $|U|>1.96$ 也没有发生，没有理由拒绝原假设 H_0，则认为这天包装机工作正常.

由此可见，假设检验的结论与抽取的样本、选取的显著性水平 α 等有密切的关系.

1. 双侧假设检验与单侧假设检验

上述关于假设(8.1.1)的检验中，当统计量 U 的观测值的绝对值大于临界值 $u_{\alpha/2}$，即 U 的观测值落在区间 $(-\infty,-u_{\alpha/2})$ 或 $(u_{\alpha/2},+\infty)$ 内时，则拒绝原假设 H_0，称这样的区间为**关于原假设 H_0 的拒绝域(简称拒绝域)**.因为上述拒绝域分别位于两侧(如图 8-1)，所以称这类假设检验为双侧假设检验.

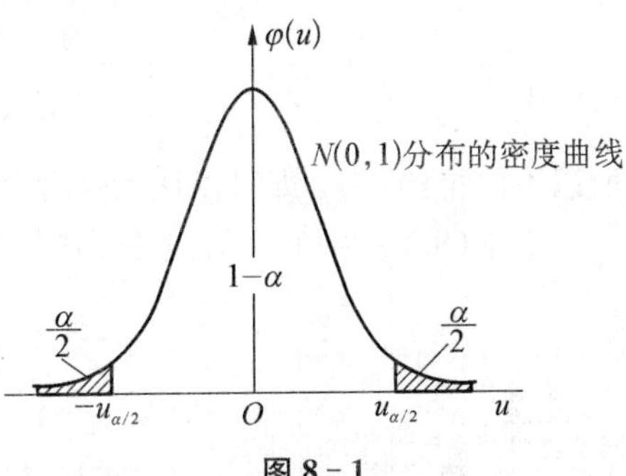

图 8-1

除双侧假设检验外，还有单侧假设检验.如例 8.1.1 中，把问题改为“是否可以认为这批葡萄糖的净重均值 μ 不小于 0.5 kg?”这样，就是要求检验如下的假设

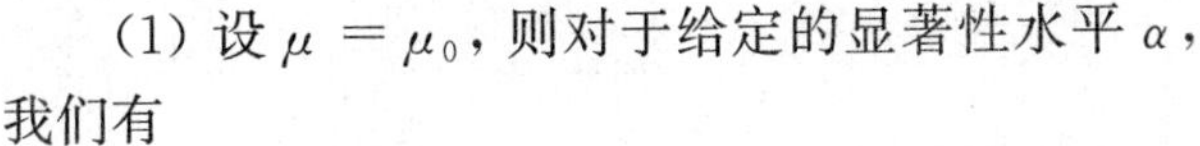

$$H_0:\mu\geqslant\mu_0=0.5;\ H_1:\mu<0.5.\quad(8-2)$$

现在由于原假设 H_0 比较复杂，需要分别进行讨论：

(1) 设 $\mu=\mu_0$，则对于给定的显著性水平 α，我们有

$$P(U<-u_\alpha)=P\left(\frac{\overline{X}-\mu_0}{\sigma_0/\sqrt{n}}<-u_\alpha\right)=\alpha.$$

(2) 设 $\mu>\mu_0$，则因为 μ 是总体均值，对于给定的显著性水平 α，我们有

$$P\left(\frac{\overline{X}-\mu}{\sigma_0/\sqrt{n}}<-u_\alpha\right)=\alpha.$$

注意到，当 $\mu>\mu_0$ 时，$\overline{X}-\mu<\overline{X}-\mu_0$，从而

$$\frac{\overline{X}-\mu}{\sigma_0/\sqrt{n}}<\frac{\overline{X}-\mu_0}{\sigma_0/\sqrt{n}}.$$

设事件 A 表示

$$U=\frac{\overline{X}-\mu_0}{\sigma_0/\sqrt{n}}<-u_\alpha,$$

事件 B 表示

$$\frac{\overline{X}-\mu}{\sigma_0/\sqrt{n}}<-u_\alpha.$$

显然，$A\subset B$，所以 $P(A)\leqslant P(B)$，即

$$P(U<-u_\alpha)=P\left(\frac{\overline{X}-\mu_0}{\sigma_0/\sqrt{n}}<-u_\alpha\right)\leqslant P\left(\frac{\overline{X}-\mu}{\sigma_0/\sqrt{n}}<-u_\alpha\right)=\alpha.$$

综合以上讨论可知，在原假设 $H_0:\mu \geqslant \mu_0$ 成立的条件下，$P(U<-u_\alpha)\leqslant \alpha$，所以事件 $U<-u_\alpha$ 是小概率事件.如果抽样检查的结果表明，统计量 U 的观测值小于 $-u_\alpha$，则拒绝 H_0 而接受 H_1，即认为 $\mu<\mu_0$；反之，如果统计量 U 的观测值不小于 $-u_\alpha$，则往往接受 H_0，即认为 $\mu \geqslant \mu_0$.

例如，在例 8.1.1 中，取显著性水平 $\alpha=0.05$，则 $u_\alpha=u_{0.05}=1.645$.如果抽查的 9 袋葡萄糖的净重均值 $\bar{x}=0.511$ kg，则因为

$$u=\frac{0.511-0.5}{0.015/\sqrt{9}}=2.2>-1.645,$$

所以不能拒绝 H_0，即可以认为这批葡萄糖的净重均值 $\mu \geqslant 0.5$ kg.

由于(8.1.2)中的原假设 H_0 比较复杂，我们不妨检验下面比较简单的假设

$$H_0:\mu=\mu_0;H_1:\mu<\mu_0. \tag{8-3}$$

注意

这里的备择假设 H_1 与原假设 H_0 不是对立的，仅是互不相容的.

例如，某厂正常生产的情况下元件的寿命均值 $\mu=2\ 000$ 小时，如果某天发生异常情况，可能影响产品的质量，则需要检验这天生产的元件的寿命均值是否有所下降，则需要检验类似(8-3)的假设 $H_0:\mu=\mu_0=2\ 000;H_1:\mu<2\ 000$.

易知，(8-2)与(8-3)的原假设 H_0 虽然不同，但检验时选用的统计量及其分布是相同的；对于给定的显著性水平 α，拒绝域也是相同的，从而检验的结论(拒绝或接受原假设 H_0)也是相同的.

上述关于假设(8-2)或(8-3)的检验中，当统计量 u 的观测值落在区间 $(-\infty,-u_\alpha)$ 内时，则拒绝原假设 H_0，这时，因为拒绝域位于一侧，所以称这类假设检验为单侧假设检验.按照拒绝域位于左侧或右侧，单侧假设检验又可分为左侧假设检验或右侧假设检验.显然，关于假设(8-2)与(8-3)的检验都是左侧假设检验，而关于假设

$$H_0:\mu=\mu_0;\ H_1:\mu>\mu_0; \tag{8-4}$$

或

$$H_0:\mu \leqslant \mu_0;\ H_1:\mu>\mu_0 \tag{8-5}$$

的检验都是右侧假设检验.

2. 假设检验的一般步骤

通过上面的分析可知，假设检验大致可以按下述步骤进行：

(1) 根据实际问题提出原假设 H_0 与备择假设 H_1，即说明需要检验的假设的具体内容(由于双侧假设检验中，备择假设 H_1 总是与原假设 H_0 对立的，所以往往只需写出原假设 H_0，而不必写出备择假设 H_1)；

(2) 选取适当的统计量，并在原假设 H_0 成立的条件下确定该统计量的分布；

(3) 按问题的具体要求，选取适当的显著性水平 α，并根据统计量的分布查表，确定对

应于 α 的临界值；

(4) 根据样本观测值计算统计量的观测值，并与临界值比较，从而对拒绝或接受原假设 H_0 做出判断.

3. 假设检验可能犯的两类错误

前面我们已经指出，假设检验的推理方法是根据小概率事件的实际不可能性原理进行判断的一种“反证法”.但是，小概率事件，无论其概率多么小，还是可能发生的，所以利用上述方法进行假设检验，可能使我们做出错误的判断，这种错误的判断有下述两种情况：

(1) 原假设 H_0 实际上是正确的，但我们却错误地拒绝了它，这是犯了“弃真”的错误，通常称为第一类错误.由于仅当小概率事件 A 发生时才否定 H_0，所以犯第一类错误的概率就是条件概率 $P(A|H_0)$，显然这个概率不大于显著性水平 α.

(2) 原假设 H_0 实际上是不正确的，但我们却错误地接受了它，这是犯了“纳伪”的错误，通常称为第二类错误，犯第二类错误的概率记为 β.

当然我们希望犯这两类错误的概率 α 或 β 越小越好.一般说来，当取定 α 后，可以通过增加样本容量使 β 减小.

8.2　正态总体参数的假设检验

对于理论研究和实际应用，正态分布是最常用、最重要的分布.一方面，许多自然现象和社会经济现象都可以或近似地用正态分布律来描述；另一方面，正态分布有比较简单的数学表达式，只要掌握了它的两个参数，就掌握了正态分布规律.关于正态分布参数的假设检验应用广泛，方法典型，所以这一节我们将讨论正态总体参数的假设检验问题.

为使叙述简明，我们把各种不同的假设检验中有关的原假设 H_0、备择假设 H_1、当原假设 H_0 成立时的统计量及其分布以及在显著性水平 α 下关于原假设 H_0 的拒绝域分别列成相应的表.所有这些表中用到的统计量及其分布都不难从 6.2 的有关定理得到，而统计量的观测值落在拒绝域内的概率在双侧检验中都等于 α，在单侧检验中都不大于 α.

本节讨论单个正态总体参数的假设检验问题.

设总体 $X \sim N(\mu,\sigma^2)$，$X_1,X_2,\cdots,X_n$ 是来自总体 X 的简单随机样本，样本观测值为 $x_1,x_2,\cdots,x_n$，$\overline{X}$ 是样本均值，S^2 是样本方差，我们来检验关于未知参数 μ 或 σ^2 的某些假设.

1. 关于正态总体均值的假设检验

(1) 已知 $\sigma=\sigma_0$，则由 6.2 定理 6.2.1 的推论可知，统计量

$$U=\frac{\overline{X}-\mu_0}{\sigma_0/\sqrt{n}} \sim N(0,1). \tag{8-6}$$

(2) 未知 σ，则由 6.2 定理 6.2.7 可知，统计量

$$t=\frac{\overline{X}-\mu_0}{S/\sqrt{n}}\sim t(n-1). \tag{8-7}$$

正态总体均值的假设检验,已知 $\sigma=\sigma_0$ 时用 u 检验法;未知 σ 时用 t 检验法,关于原假设 H_0 的相应的拒绝域见表 8-1,其中 u_α 是标准正态分布显著性水平 α 的临界值(见附表 2),$t_\alpha(n-1)$ 是自由度为 $n-1$ 的 t 分布显著性水平 α 的临界值(见附表 4).

表 8-1 正态总体均值的假设检验表

原假设 H_0	备择假设 H_1	在显著性水平 α 下关于 H_0 的拒绝域	
		已知 $\sigma=\sigma_0$ 时,u 检验	未知 σ 时,t 检验
$\mu=\mu_0$	$\mu\neq\mu_0$	$\{\lvert U\rvert\geqslant u_{\alpha/2}\}$	$\{\lvert t\rvert\geqslant t_{\alpha/2}(n-1)\}$
$\mu=\mu_0$ $(\mu\leqslant\mu_0)$	$\mu>\mu_0$	$\{U\geqslant u_\alpha\}$	$\{t\geqslant t_\alpha(n-1)\}$
$\mu=\mu_0$ $(\mu\geqslant\mu_0)$	$\mu<\mu_0$	$\{U\leqslant -u_\alpha\}$	$\{t\leqslant -t_\alpha(n-1)\}$

例 8.2.1 某工厂用自动包装机包装葡萄糖,规定标准重量为每袋净重 500 克.现在随机地抽取 10 袋,测得各袋净重(克)为

$$495,510,498,503,492,502,505,497,506,505,$$

设每袋净重服从正态分布 $N(\mu,\sigma^2)$,问包装机工作是否正常(取显著性水平 $\alpha=0.05$)? 如果:(1) 已知每袋葡萄糖净重的标准差 $\sigma=5$ 克;(2) 未知 σ.

解 计算得

$$\overline{x}=501.3, s=5.62.$$

(1) 已知 $\sigma=5$,检验假设

$$H_0:\mu=500;H_1:\mu\neq 500.$$

在原假设 H_0 为真时,统计量

$$U=\frac{\overline{X}-\mu}{\sigma_0/\sqrt{n}}\sim N(0,1).$$

计算统计量 U 的观测值得

$$u=\frac{501.3-500}{5/\sqrt{10}}=0.822,$$

查表得临界 $u_{\alpha/2}=u_{0.025}=1.96$,所以有 $|u|<u_{\alpha/2}$,因此,在显著性水平 $\alpha=0.05$ 下,接受原假设 H_0,即认为包装机工作正常.

(2) 未知 σ,检验假设

$$H_0:\mu=500;\ H_1:\mu\neq 500.$$

在原假设 H_0 为真时，统计量

$$t=\frac{\overline{X}-\mu}{S/\sqrt{n}}\sim t(n-1).$$

计算统计 t 的观测值得

$$t=\frac{501.3-500}{5.62/\sqrt{10}}=0.731,$$

查表得临界值 $t_{\frac{\alpha}{2}}(n-1)=t_{0.025}(9)=2.262$. 因为 $|t|<t_{\frac{\alpha}{2}}$，所以在显著性水平 $\alpha=0.05$ 下，接受原假设 H_0，即认为包装机工作正常.

例 8.2.2　设某厂生产乐器用镍合金弦线的抗拉强度 $X\sim N(\mu,\sigma^2)$. 长期以来，其抗拉强度的均值为 10 560 kg/cm^2，今用新工艺生产了一批弦线，随机地取 10 根弦线做抗拉试验，测得其抗拉强度为(单位:kg/cm^2)

10 512，　10 623，　10 668，　10 554，　10 776，
10 707，　10 557，　10 581，　10 666，　10 670.

问这批弦线的抗拉强度是否较以往生产的弦线的抗拉强度有所提高 ($\alpha=0.05$)?

解　按题意，应检验假设 $H_0:\mu=\mu_0=10\,560$; $H_1:\mu>\mu_0=10\,560$，在原假设 H_0 为真时，统计量

$$t=\frac{\overline{X}-\mu_0}{S/\sqrt{n}}\sim t(n-1).$$

由 $\alpha=0.05$ 及自由度 $n=9$ 查表得 $t_\alpha(n-1)=t_{0.05}(9)=1.833$，计算得

$$\bar{x}=10\,631.4,s=81,t=\frac{\bar{x}-\mu_0}{s/\sqrt{n}}=2.787.$$

由于 $t=2.787>1.83=t_{0.05}(9)$，故拒绝 H_0，接受 $H_1:\mu>\mu_0=10\,560$(kg/cm^2)，即认为弦线的抗拉强度有显著的提高.

2. 关于正态总体方差的假设检验

(1) 已知 $\mu=\mu_0$，由 6.2 定理 6.2.4 可知，样本函数

$$\chi_1^2=\frac{1}{\sigma_0^2}\sum_{i=1}^{n}(X_i-\mu_0)^2\sim\chi^2(n). \tag{8-8}$$

(2) 未知 μ，由 6.2 定理 6.2.5 知，样本函数

$$\chi_2^2=\frac{1}{\sigma_0^2}\sum_{i=1}^{n}(X_i-\overline{X})^2=\frac{(n-1)S^2}{\sigma_0^2}\sim\chi^2(n-1). \tag{8-9}$$

正态总体方差的假设检验中，关于原假设 H_0 的相应的拒绝域见表 8-2 所示.

表 8-2　正态总体方差的假设检验表

原假设 H_0	备择假设 H_1	在显著性水平 α 下关于 H_0 的拒绝域	
		已知 $\mu=\mu_0$ 时的 χ^2 检验	未知 μ 时的 χ^2 检验
$\sigma^2=\sigma_0^2$	$\sigma^2\neq\sigma_0^2$	$\chi_1^2<\chi_{1-\frac{\alpha}{2}}^2(n)$ 或 $\chi_1^2>\chi_{\frac{\alpha}{2}}^2(n)$	$\chi_2^2<\chi_{1-\frac{\alpha}{2}}^2(n-1)$ 或 $\chi_2^2>\chi_{\frac{\alpha}{2}}^2(n-1)$
$\sigma^2=\sigma_0^2\ (\sigma^2\leqslant\sigma_0^2)$	$\sigma^2>\sigma_0^2$	$\chi_1^2>\chi_\alpha^2(n)$	$\chi_2^2>\chi_\alpha^2(n-1)$
$\sigma^2=\sigma_0^2\ (\sigma^2\geqslant\sigma_0^2)$	$\sigma^2<\sigma_0^2$	$\chi_1^2<\chi_{1-\alpha}^2(n)$	$\chi_2^2<\chi_{1-\alpha}^2(n-1)$

例 8.2.3　设某厂在正常情况下生产的维尼纶纤度 $X\sim N(\mu,\sigma^2)$，纤度的方差为 0.048^2. 某日随机地抽取 5 根维尼纶，测得其纤度为 1.32，1.55，1.36，1.40，1.44. 问该日所生产的维尼纶的方差是否有显著变化（取 $\alpha=0.10$）？(1) 已知 $\mu=\mu_0=1.4$；(2) 未知 μ.

解　(1) 已知 $\mu=\mu_0=1.4$，检验假设

$$H_0:\sigma^2=\sigma_0^2=0.048^2;H_1:\sigma^2\neq0.048^2.$$

在原假设 H_0 为真时，统计量

$$\chi_1^2=\frac{1}{\sigma_0^2}\sum_{i=1}^{n}(X_i-\mu_0)^2\sim\chi^2(n).$$

由 $\alpha=0.1$ 及自由度 $n=5$ 查表得

$$\chi_{1-\frac{\alpha}{2}}^2(n)=\chi_{0.95}^2(5)=1.145,\chi_{\frac{\alpha}{2}}^2(n)=\chi_{0.05}^2(5)=11.071,$$

所以拒绝域为 $[0,1.145]\cup[11.071,+\infty)$. 计算 χ_1^2 的观测值得

$$\chi_1^2=\frac{1}{0.048^2}\sum_{i=1}^{5}(x_i-1.4)^2=\frac{0.032\,1}{0.002\,304}\approx13.93.$$

因为 $13.93>\chi_{0.05}^2(5)=11.071$，即 χ_1^2 的值落入拒绝域，所以拒绝原假设，即可以认为该日的维尼纶方差与正常情况的方差有显著性差异.

(2) 未知 μ，检验假设

$$H_0:\sigma^2=\sigma_0^2=0.048^2;H_1:\sigma^2\neq0.048^2.$$

在原假设 H_0 为真时，统计量

$$\chi_2^2=\frac{1}{\sigma_0^2}\sum_{i=1}^{n}(X_i-\overline{X})^2=\frac{(n-1)S^2}{\sigma^2}\sim\chi^2(n-1).$$

由 $\alpha=0.1$ 及自由度 $n-1=4$ 查表得

$$\chi_{1-\frac{\alpha}{2}}^2(4)=\chi_{0.95}^2(4)=0.711,\chi_{\frac{\alpha}{2}}^2(4)=\chi_{0.05}^2(4)=9.488,$$

所以拒绝域为 $[0,0.711]\cup[9.488,+\infty)$. 计算得 $\overline{x}=1.414$，χ_2^2 的观测值为

$$\chi_2^2=\frac{1}{\sigma_0^2}\sum_{i=1}^{5}(x_i-\bar{x})^2=\frac{(n-1)s^2}{\sigma_0^2}=\frac{0.031\ 12}{0.002\ 304}\approx 13.5.$$

因为 $13.5>9.488$，即 χ_2^2 的值落入拒绝域，所以拒绝原假设，即可以认为该日的维尼纶方差与正常情况的方差有显著性的差异.

例 8.2.4　自动机床加工的某种零件的内径 $X\sim N(\mu,\sigma^2)$，按设计标准零件内径的标准差不超过 0.05 cm.今从新生产的一批零件中抽检了 10 个，测得其平均内径 2.10 cm，标准差 0.07 cm.问能否认为这批零件的内径标准差在显著性水平 $\alpha=0.05$ 下符合标准?

解　已知 $n=10,\bar{x}=2.10,s=0.07$.

未知 μ，检验假设

$$H_0:\sigma^2\leqslant\sigma_0^2=0.05^2;H_1:\sigma^2>0.05^2.$$

在原假设 H_0 为真时，统计量

$$\chi^2=\frac{(n-1)S^2}{\sigma_0^2}\sim\chi^2(n-1).$$

由 $\alpha=0.05$ 及自由度 $n-1=9$ 查表得 $\chi_{0.05}^2(9)=16.919$，计算得 χ^2 的观测值为

$$\chi^2=\frac{(n-1)s^2}{\sigma_0^2}=\frac{9\times 0.07^2}{0.05^2}=17.64>16.919,$$

故否定 H_0，即认为这批零件的内径标准差在显著性水平 $\alpha=0.05$ 下不符合标准.

8.3　两个正态总体均值和方差的假设检验

这一节讨论关于两个正态总体的参数假设检验问题.

设正态总体 X 与 Y 相互独立，$X\sim N(\mu_1,\sigma_1^2)$，$Y\sim N(\mu_2,\sigma_2^2)$，$(X_1,X_2,\cdots,X_{n_1})$ 和 $(Y_1,Y_2,\cdots,Y_{n_2})$ 是分别来自总体 X 和 Y 的随机样本，相应的有：样本观测值 $(x_1,x_2,\cdots,x_{n_1})$ 和 $(y_1,y_2,\cdots,y_{n_2})$，样本均值 $\bar{X}$ 和 $\bar{Y}$，样本方差 S_1^2 和 S_2^2，而 S_w^2 是两个样本的联合样本方差.

我们来检验关于未知参数 $\mu_1,\mu_2,\sigma_1^2,\sigma_2^2$ 的某些假设.

1. 关于两个正态总体均值的假设检验

(1) 已知 σ_1 及 σ_2，则由 6.2 的定理 6.2.11 知，样本函数

$$U=\frac{(\bar{X}-\bar{Y})-(\mu_1-\mu_2)}{\sqrt{\dfrac{\sigma_1^2}{n_1}+\dfrac{\sigma_2^2}{n_2}}}\sim N(0,1). \tag{8-10}$$

(2) 未知 σ_1 及 σ_2，假设 $\sigma_1=\sigma_2=\sigma$，由 6.2 的定理 6.2.12 知，样本函数

$$T=\frac{(\bar{X}-\bar{Y})-(\mu_1-\mu_2)}{S_w\sqrt{\dfrac{1}{n_1}+\dfrac{1}{n_2}}}\sim t(n_1+n_2-2). \tag{8-11}$$

其中 $S_w=\sqrt{S_w^2}$，$S_w^2=\dfrac{(n_1-1)S_1^2+(n_2-1)S_2^2}{n_1+n_2-2}$ 称为总体 X 与 Y 的联合样本方差.

于是我们有表 8-3：

表 8-3　两个正态总体均值的假设检验表

原假设 H_0	备择假设 H_1	在显著性水平 α 下关于 H_0 的拒绝域	
		已知 σ_1 及 σ_2	未知 σ_1,σ_2（$\sigma_1=\sigma_2$）
$\mu_1=\mu_2$	$\mu_1\neq\mu_2$	$\{\lvert U\rvert\geqslant u_{\alpha/2}\}$	$\{\lvert t\rvert\geqslant t_{\alpha/2}(n_1+n_2-2)\}$
$\mu_1=\mu_2$ （$\mu_1\leqslant\mu_2$）	$\mu_1>\mu_2$	$\{U\geqslant u_\alpha\}$	$\{t>t_\alpha(n_1+n_2-2)\}$
$\mu_1=\mu_2$ （$\mu_1\geqslant\mu_2$）	$\mu_1<\mu_2$	$\{U\leqslant -u_\alpha\}$	$\{t<-t_\alpha(n_1+n_2-2)\}$

例 8.3.1　两台水泥自动包装机，其中一台包装的重量 $X\sim N(\mu_1,\sigma_1^2)$，另一台包装的重量 $Y\sim N(\mu_2,\sigma_2^2)$，抽样后算得 $\bar{x}=49.989$(样本容量 $n_1=9$)，$\bar{y}=50.275$(样本容量 $n_2=10$)，样本方差分别为 $s_1^2=1.469$，$s_2^2=0.194$. 设 $\sigma_1^2=\sigma_2^2$ 未知，检验假设 $H_0:\mu_1=\mu_2$；$H_1:\mu_1\neq\mu_2$(检验水平 $\alpha=0.05$).

解　按题意未知 σ_1,σ_2($\sigma_1=\sigma_2$)，检验假设

$$H_0:\mu_1=\mu_2;H_1:\mu_1\neq\mu_2.$$

在原假设 H_0 为真时，统计量

$$T=\frac{\bar{X}-\bar{Y}}{S_w\sqrt{\dfrac{1}{n_1}+\dfrac{1}{n_2}}}\sim t(n_1+n_2-2),$$

H_0 的拒绝域为 $|T|\geqslant t_{\alpha/2}(n_1+n_2-2)$，由 $\alpha=0.05$ 及自由度 $n_1+n_2-2=17$，查表得

$$t_{\alpha/2}(n_1+n_2-2)=t_{0.025}(17)=2.110,$$

计算 T 的观测值

$$t=\frac{(\bar{x}-\bar{y})}{s_w\sqrt{\dfrac{1}{n_1}+\dfrac{1}{n_2}}}=-0.698\ 6.$$

由于 $|t|=0.698\ 6<2.11=t_{0.025}(17)$，故接受 H_0，即认为这两台水泥自动包装机的包装重量无显著差异.

2. 关于两个正态总体标准差的假设检验

(1) 已知 μ_1 及 μ_2，设

$$\hat{\sigma}_1^2=\frac{1}{n_1}\sum_{i=1}^{n_1}(X_i-\mu_1)^2,\hat{\sigma}_2^2=\frac{1}{n_2}\sum_{j=1}^{n_2}(Y_j-\mu_2)^2,$$

则由 6.2 定理 6.2.9 可知，当 $\hat{\sigma}_1^2 > \hat{\sigma}_2^2$ 时，统计量 $F=\frac{\hat{\sigma}_1^2}{\hat{\sigma}_2} \sim F(n_1,n_2)$；当 $\hat{\sigma}_1^2 < \hat{\sigma}_2^2$ 时，统计量 $F=\frac{\hat{\sigma}_2^2}{\hat{\sigma}_1} \sim F(n_2,n_1)$，所以我们选取统计量

$$F_1=\frac{\max\{\hat{\sigma}_1^2,\hat{\sigma}_2^2\}}{\min\{\hat{\sigma}_1^2,\hat{\sigma}_2^2\}} \sim F(n_{分子},n_{分母}), \tag{8-12}$$

其中 $n_{分子}$ 及 $n_{分母}$ 分别表示统计量 F 的分子及分母的样本容量.

(2) 未知 μ_1 及 μ_2，则由 6.2 定理 6.2.10 可知，统计量

$$F_2=\frac{\max\{S_1^2,S_2^2\}}{\min\{S_1^2,S_2^2\}} \sim F(n_{分子}-1,n_{分母}-1), \tag{8-13}$$

其中 $n_{分子}$ 及 $n_{分母}$ 分别表示统计量 F 的分子及分母的样本容量.

检验假设 $H_0:\sigma_1^2=\sigma_2^2, H_1:\sigma_1^2 \neq \sigma_2^2$ 时，对于给定的 α，由表可以查得两数 $F_{1-\frac{\alpha}{2}}$ 及 $F_{\frac{\alpha}{2}}$，使得

$$P(F \geqslant F_{1-\frac{\alpha}{2}})=1-\frac{\alpha}{2}, P(F \geqslant F_{\frac{\alpha}{2}})=\frac{\alpha}{2}. \tag{8-14}$$

如果由样本观测值计算得到 F 的值大于 $F_{1-\frac{\alpha}{2}}$ 或大于 $F_{\frac{\alpha}{2}}$，则在显著性水平 α 下拒绝原假设 H_0；如果 $F_{1-\frac{\alpha}{2}} \leqslant F \leqslant F_{\frac{\alpha}{2}}$，则接受 H_0.

注意

因为这里 F 的值不可能小于 1，而且当 α 取较小的值（$\alpha \leqslant 0.10$）时，总有

$$F_{1-\frac{\alpha}{2}}(k_1,k_2)=\frac{1}{F_{\frac{\alpha}{2}}(k_1,k_2)} \leqslant 1.$$

所以统计量 F 的值小于 $F_{1-\frac{\alpha}{2}}$.

因此，我们只需由 F 的值是否大于 $F_{\frac{\alpha}{2}}$，即可在显著性水平 α 下拒绝或接受原假设 H_0，于是我们得到表 8-4：

表 8-4　两个正态总体方差的假设检验表

原假设 H_0	备择假设 H_1	在显著性水平 α 下关于 H_0 的拒绝域	
		已知 μ_1 及 μ_2	未知 μ_1 及 μ_2
$\sigma_1^2=\sigma_2^2$	$\sigma_1^2 \neq \sigma_2^2$	$F_1 > F_{\alpha/2}(n_{分子},n_{分母})$	$F_2 > F_{\alpha/2}(n_{分子}-1,n_{分母}-1)$
$\sigma_1^2=\sigma_2^2\ (\sigma_1^2 \leqslant \sigma_2^2)$	$\sigma_1^2 > \sigma_2^2$	$F_1=\frac{\hat{\sigma}_1^2}{\hat{\sigma}_2} > F_\alpha(n_1,n_2)$	$F_2=\frac{S_1^2}{S_2} > F_\alpha(n_1-1,n_2-1)$
$\sigma_1^2=\sigma_2^2\ (\sigma_1^2 \geqslant \sigma_2^2)$	$\sigma_1^2 < \sigma_2^2$	$F_1=\frac{\hat{\sigma}_2^2}{\hat{\sigma}_1} > F_\alpha(n_2,n_1)$	$F_2=\frac{S_2^2}{S_1} > F_\alpha(n_2-1,n_1-1)$

例 8.3.2 某市甲、乙两个居民区户月人均煤气用量分别为 X 和 Y，$X \sim N(\mu_1,\sigma_1^2)$，$Y \sim N(\mu_2,\sigma_2^2)$，现在甲、乙两个居民区分别调查了 8 户和 10 户的月人均煤气用量，得如下数据：

X	7.68	6.99	5.91	10.13	6.70	7.97	8.62	6.44

Y	6.14	5.60	4.75	7.98	6.88	5.37	5.43	6.37	5.16	6.57

问两区户月人均煤气用量的方差是否有显著性差异？（取显著性水平 0.05）

解 按题意，未知 μ_1 及 μ_2，检验假设

$$H_0:\sigma_1^2=\sigma_2^2;H_1:\sigma^2 \neq \sigma_0^2.$$

在原假设 H_0 为真时，统计量

$$F=\frac{S_x^2}{S_y^2} \sim F(n_1-1,n_2-1).$$

$n_1=8,n_2=10,H_0$ 的拒绝域为 $F > F_{\alpha/2}(n_1-1,n_2-1)$，由 $\alpha=0.05$ 及自由度 $n_1-1=7$，$n_2-1=9$ 查表得

$$F_{\alpha/2}(n_1-1,n_2-1)=F_{0.025}(7,9)=4.20.$$

计算得 $\bar{x}=7.56,s_x^2=1.36^2;\bar{y}=6.02,s_y^2=0.94^2$，

$$F=\frac{s_x^2}{s_y^2}=\left(\frac{1.36}{0.94}\right)^2=2.093\,2<4.20,$$

从而可以认为假设 $H_0:\sigma_1^2=\sigma_2^2$ 成立，即说明两区户月人均煤气用量的方差在水平 0.05 下无显著差异.

8.4* 总体分布的假设检验

在 8.2 和 8.3 节，我们介绍了有关正态总体参数 μ 和 σ^2 的假设检验.然而在许多实际问题中，总体分布经常是未知的，需要利用样本对总体的分布形式进行假设检验.这类检验方法很多，本节只简单介绍其中最常用的一种方法——皮尔逊(Pearson) χ^2 拟合检验法或 χ^2 适度检验法.

一般来说，给定总体 X 的样本观测值 $x_1,x_2,\cdots,x_n$（$n \geqslant 50$），检验对总体分布的假设：

$$H_0:F(x)=F_0(x), \tag{8-15}$$

这里的 $F_0(x)$ 是假设的已知分布函数.为了构造合适的统计量，完成假设检验，先做如下工作：

(1) 将实数轴 $(-\infty, +\infty)$ 划分为 k 个区间，

$$(t_1, t_2), [t_2, t_3), [t_3, t_4), \cdots, [t_k, t_{k+1}),$$

其中 $t_1=-\infty, t_{k+1}=+\infty$，根据给定的样本值 $x_1, x_2, \cdots, x_n$，使每个区间至少包含 5 个样本，k 在 7 到 14 之间.

(2) 假设 H_0 成立，则任一样本落入 $[t_i, t_{i+1})$ 的概率为

$$p_i=F_0(t_{i+1})-F_0(t_i),$$

它被称为总体 X 在区间 $[t_i, t_{i+1})$ 上的理论频率，而称 np_i 为理论频数.

(3) 假设 n 个样本值落入 $[t_i, t_{i+1})$ 中的样本个数为 m_i，它被称为实际频数或观测频数，且

$$\sum_{i=1}^{k} m_i=n.$$

(4) 以加权形式构造落入各区间 $[t_i, t_{i+1})$ 的理论频数 np_i 与实际频数 m_i 的差的平方和：

$$\chi^2=\sum_{i=1}^{k}\frac{(m_i-np_i)^2}{np_i}. \tag{8-16}$$

根据有名的皮尔逊(Karl Pearson)定理(证明略)，式(8-16)服从自由度为 $k-1$ 的 χ^2 分布，因此，式(8-16)给出了这类检验问题的统计量.

给定显著性水平 α，由

$$P(\chi^2 \geqslant \chi_\alpha^2)=\alpha$$

确定出拒绝区域 $[\chi_\alpha^2(k-1), +\infty)$.

由样本值和原假设的 $F_0(x)$ 计算 χ^2 值，若落入拒绝域，则拒绝 H_0；否则，接受 H_0，这就完成了分布的拟合优度检验.

需要指出的是，在 H_0 中假设的 $F_0(x)$ 是完全已知的，即不仅其分布形式而且分布中包含的参数都是已知的.倘若只是知道 $F_0(x)$ 的分布形式，而其中有 r 个参数未知，那么首先要运用样本求出未知参数的估计量的值，代入 $F_0(x)$ 使它完全已知，这样才有条件运用拟合优度 χ^2 检验法. 不过要注意，此时统计量 χ^2 的自由度不再是 $k-1$，而是 $k-r-1$.

例 8.4.1　下面有 84 名成年男子身高的数据.

(1) 试检验成年男子身高服从正态分布；

(2) 若公共汽车车门高度是按男子碰头机会不超过 1%来设计的，由以上 84 个数据设计的车门高度至少应是多少厘米？

高度(厘米)	154	155	156	157	159	160	161	162	163	164	165	166	167	168	169
人数	1	2	1	1	2	1	5	1	2	5	2	1	4	5	5
高度(厘米)	170	171	172	173	174	175	176	177	178	179	180	181	182	185	
人数	4	4	7	3	7	4	2	2	3	1	1	3	3	2	

解 (1) 先根据上面 84 个样本值计算出：

$$\hat{\mu}=\bar{x}=170,\hat{\sigma}^2=s^2=7.2^2.$$

于是原假设中 $F_0(x)$ 的分布密度为

$$\frac{1}{7.2\sqrt{2\pi}}\exp\left\{-\frac{1}{2}\left(\frac{x-170}{7.2}\right)^2\right\}.$$

$$H_0:F(x)=F_0(x).$$

根据上面(1) 中的原则,我们将实数轴分成 8 个区间(见表 8-5). 然后将正态分布 $N(170,7.2^2)$ 标准化后,相应的变换区间列在第三列,计算理论频率 $p_i=\Phi(\beta_i)-\Phi(\beta_{i-1})$ 及理论频数 $84p_i$，注意到式(8-17)可化简为

$$\chi^2=\sum_{i=1}^{k}\frac{m_i^2}{np_i}-n, \tag{8-17}$$

再在表 8-5 最后两列分别计算 m_i^2 和 $\frac{m_i^2}{np_i}$.

表 8-5

序号	区间	频数 m_i	变换区间	p_i	np_i	m_i^2	$\frac{m_i^2}{np_i}$
1	$(-\infty,158)$	5	$(-\infty,-1.67)$	0.047 5	3.99	25	6.265 7
2	$[158,162)$	8	$[-1.67,-1.11)$	0.086	7.224	64	8.859 4
3	$[162,166)$	10	$[-1.11,-0.56)$	0.154 2	12.952 8	100	7.720 3
4	$[166,170)$	15	$[-0.56,0)$	0.212 3	17.833 2	225	12.616 9
5	$[170,174)$	18	$[0,0.56)$	0.212 3	17.833 2	324	18.168 4
6	$[174,178)$	15	$[0.56,1.11)$	0.154 2	12.952 8	225	17.370 8
7	$[178,182)$	8	$[1.11,1.67)$	0.086	7.224	64	8.859 4
8	$[182,+\infty)$	5	$[1.67,+\infty)$	0.047 5	3.99	25	6.265 7

由式(8-17)计算统计量的值：

$$\chi^2=\sum_{i=1}^{8}\frac{m_i^2}{np_i}-n=86.126\ 6-84=2.126\ 6.$$

给定显著性水平 $\alpha=0.05$，由于已利用样本值计算了 $\hat{\mu}$ 和 $\hat{\sigma}^2$，故统计量 χ^2 的自由度为 $8-2-1=5$. 查附表,求得临界值 $\chi_{0.05}^2(5)=11.071$，故拒绝域为 $[11.071,+\infty)$,χ^2 值不在拒绝域中,故接受原假设,即认为成年男子高度服从正态分布 $N(170,7.2^2)$.

(2) 设车门最低高度为 h，设随机变量 X 为成年男子身高，$X\sim N(170,7.2^2)$，据题意

$$P(X\geqslant h)=1-P(X<h)\leqslant 0.01,$$

即

$$P(X<h)=\Phi\left(\frac{h-170}{7.2}\right)\geqslant 0.99.$$

查附表 2 得

$$\frac{h-170}{7.2}\geqslant 2.33,\quad h\geqslant 186.776,$$

故车门高度至少为 187 厘米.

习题八

8.1 切割机在正常工作时,切割出的每段金属棒的长度是服从正态分布的随机变量,即总体 $X\sim N(\mu,\sigma^2)$,已知 $\mu=10.5$ cm,$\sigma=0.15$ cm,今从生产出的一批产品中随机地抽取 16 段进行测量,测得结果如下(单位:cm):

10.4	10.6	10.1	10.4	10.5	10.3	10.3	10.2
10.9	10.6	10.8	10.5	10.7	10.2	10.7	10.3

如果标准差不变,试问该日切割机生产的金属棒长度的均值是否正常($\alpha=0.01$)?

8.2 某市进行英语统考,初三年级平均成绩为 75.6 分,标准差为 7.4 分,从该市某中学中抽取 50 位初三学生,测得平均英语统考成绩为 78 分,试问该中学初三的英语成绩与全区英语成绩有无显著差异?($\alpha=0.05$)

8.3 某设备制造厂生产一种新的人造钓鱼线,其平均切断力为 8 kg,标准差 $\sigma=0.5$ kg,如果有 50 个随机样本进行检验,测得其平均切断力为 7.8 kg. 试检验假设

$$H_0:\mu=8\text{ kg},H_1:\mu\neq 8\text{ kg}.\ (\text{取 }\alpha=0.01)$$

8.4 一种元件,要求其使用寿命不得低于 1 000 h. 现在从一批这种元件中任取 25 件,测得其寿命平均值为 950 h,已知该种元件寿命服从标准差 $\sigma=100$ h 的正态分布,问这批元件是否合格 ($\alpha=0.05$)?

8.5 设 $X_1,X_2,\cdots,X_n$ 是来自正态总体 $N(\mu,\sigma^2)$ 的简单随机样本,其中参数 μ,σ^2 未知,记 $\overline{X}=\frac{1}{n}\sum_{i=1}^{n}X_i,Q^2=\sum_{i=1}^{n}(X_i-\overline{X})^2$,则假设 $H_0:\mu=0$ 的 t 检验使用的统计量 T 怎么选取?

8.6 化肥厂用自动打包机包装化肥,某日测得 9 包化肥的质量(kg)为:

49.7, 49.8, 50.3, 50.5, 49.7, 50.1, 50.5, 49.9, 50.4

设每包化肥的质量服从正态分布 $N(\mu,\sigma^2)$,是否可以认为每包化肥的平均质量为 50 kg? (取显著性水平 $\alpha=0.05$)

8.7 假设某种钢筋的抗拉强度 X 服从正态分布 $N(\mu,\sigma^2)$. 现在从一批新产品钢筋中随意抽出了 10 条,测得样本标准差 $s=30$ kg,抗拉强度平均比老产品的平均抗拉强度多

25 kg.问抽样结果是否说明新产品的抗拉强度比老产品有明显提高(取显著性水平 $\alpha=0.05$)?

8.8 已知某种溶液中水分含量 $X \sim N(\mu,\sigma^2)$,要求平均水分含量 μ 不低于 0.5%,今测定该溶液 9 个样本,得到平均水分含量为 0.451%,均方差 $S=0.039\%$,试在显著性水平 $\alpha=0.05$ 下,检验溶液水分含量是否合格.

8.9 某工厂生产的铜丝的折断力(N) $X \sim N(\mu,\sigma^2)$,某日随机抽取了 10 根铜丝进行折断力试验,测得如下结果:

$$2830,\quad 2800,\quad 2795,\quad 2785,\quad 2820,$$
$$2850,\quad 2830,\quad 2890,\quad 2860,\quad 2875.$$

是否可以认为该日生产的铜丝的折断力方差是 $40^2(\mathrm{N}^2)$?(取显著性水平 $\alpha=0.05$)

8.10 某厂生产的某种型号的电池,其寿命长期以来服从方差为 5 000(小时^2)的正态分布,现有一批这种电池,从它生产情况来看,寿命的波动性有所变化. 现随机地取 26 只电池,测出其寿命的样本方差为 9 200(小时^2).问根据这一数据能否推断这批电池的寿命的波动性较以往有显著的变化($\alpha=0.02$)?

8.11 设某厂在正常情况下生产的维尼纶纤度 $X \sim N(\mu,\sigma^2)$,方差不大于 0.048^2. 某日随机地抽取 5 根维尼纶,测得其纤度为

$$1.32,\quad 1.55,\quad 1.36,\quad 1.40,\quad 1.44.$$

是否可以认为该日所生产的维尼纶的方差是正常的($\alpha=0.01$)?

8.12 对 7 岁儿童做身高调查,结果如下所示,能否说明性别对 7 岁儿童的身高有显著影响?

性　别	人数(n)	平均身高($\bar{x}$)	总体标准差
男	384	118.64	4.53
女	377	117.86	4.86

8.13 某香烟厂生产两种香烟,独立地随机抽取容量大小相同的烟叶标本,测量尼古丁含量的毫克数,实验室分别做了六次测定,数据记录如下:

甲　25　28　23　26　29　22

乙　28　23　30　25　21　27

试问:这两种香烟的尼古丁含量有无显著差异? 给定 $\alpha=0.05$,假定尼古丁含量服从正态分布且具有公共方差.

8.14 已知某砖厂制成的红砖的抗折强度服从正态分布,今从两批红砖中抽样检查测量砖的抗折强度(千克),得到结果如下:

$$第一批:n_1=10,\bar{x}=27.3,s_1^2=6.4^2;$$
$$第二批:n_2=8,\bar{y}=30.5,s_2^2=3.8^2.$$

试检验两批红砖的抗折强度的方差是否有显著差异?(设 $\alpha=0.05$)

8.15 为研究一种化肥对某种农作物的效力,选了 13 块条件相当的地种植这种作物,

在其中 6 块上施肥，在其余 7 块上不施肥.结果，施肥的平均单产 33 千克、方差 3.2；未施肥的平均单产 30 千克、方差 4.假设产量服从正态分布，问实验结果能否说明此肥料提高产量的效力显著（设显著性水平 $\alpha=0.10$）？

8.16　在某段公路上，观测每 15 秒内通过的汽车辆数，得到数据如下：

每 15 秒通过的汽车数 x_i	0	1	2	3	4	5	6	$\geqslant 7$
频数 m_i	24	67	58	35	10	4	2	0

利用 χ^2 拟合检验准则检验该段公路上每 15 秒内通过的车辆数是否服从泊松分布(设显著性水平 $\alpha=0.05$).

第九章

MATLAB 在数理统计中的应用

数理统计研究的对象是受随机因素影响的数据，以下数理统计就简称统计，统计是以概率论为基础的一门应用学科.数据样本少则几个，多则成千上万，人们希望能用少数几个包含其最多相关信息的数值来体现数据样本总体的规律.描述性统计就是搜集、整理、加工和分析统计数据，使之系统化、条理化，以显示出数据资料的趋势、特征和数量关系.它是统计推断的基础，实用性较强，在统计工作中经常使用.对一批数据进行分析和建模，首先需要掌握参数估计和假设检验这两个数理统计的最基本方法，给定的数据满足一定的分布要求后，才能建立回归分析和方差分析等数学模型.

9.1 参数估计和假设检验

9.1.1 区间估计

例 9.1.1 有一大批糖果，现从中随机地取 16 袋，称得重量(以 g 计)如下：

506 508 499 503 504 510 497 512

514 505 493 496 506 502 509 496

设袋装糖果的重量近似地服从正态分布，试求总体均值 μ 的置信水平为 0.95 的置信区间.

解 μ 的一个置信水平为 $1-\alpha$ 的置信区间为 $\left(\overline{X}-\frac{S}{\sqrt{n}}t_{\frac{\alpha}{2}}(n-1),\overline{X}+\frac{S}{\sqrt{n}}t_{\frac{\alpha}{2}}(n-1)\right)$，这里显著性水平 $\alpha=0.05$，$\alpha/2=0.025$，$n-1=15$，$t_{0.025}(15)=2.131$，由给出的数据算得 $\overline{X}=503.75$，$s=6.2022$. 计算得总体均值 μ 的置信水平为 0.95 的置信区间为 (500.4451,507.0549).计算程序如下所示：

```
clc,clear
x0 = [506  508  499  503  504  510  497  512
514  505  493  496  506  502  509  496]; x0 = x0(:);
alpha = 0.05;
mu = mean(x0),sig = std(x0),n = length(x0);
t = [mu - sig/sqrt(n) * tinv(1 - alpha/2,n - 1),mu + sig/sqrt(n) * tinv(1 - alpha/
2,n - 1)];
[h,p,ci] = ttest(x0,mu,0.05)
```

注意

MATLAB命令ttest实际上是进行单个总体,方差未知的 t 检验,同时给出了参数的区间估计.

例 9.1.2 分别使用金球和铂球测定引力常数(单位:$10^{-11}\ m^3 \cdot kg^{-1} \cdot s^{-2}$).

(1) 用金球测定观察值为 6.683,6.681,6.676,6.678,6.679,6.672.

(2) 用铂球测定观察值为 6.661,6.661,6.667,6.667,6.664.

设测定值总体为 $N(\mu,\sigma^2)$,μ,σ^2 均为未知,试就(1),(2)两种情况分别求 μ 的置信度为0.9的置信区间,并求 σ^2 的置信度为0.9的置信区间.

解

(1) μ,σ^2 均未知时,μ 的置信度为0.9的置信区间为

$$\left(\overline{X}-\frac{S}{\sqrt{n}}t_{\alpha/2}(n-1),\overline{X}+\frac{S}{\sqrt{n}}t_{\alpha/2}(n-1)\right),$$

这里 $1-\alpha=0.9,\alpha=0.1,\alpha/2=0.05,n_1=6,n_2=5,n_1-1=5,n_2-1=4.$

$$\overline{X}_1=\frac{1}{6}\sum_{i=1}^{6}x_i=6.678,\bar{s}_1^2=\frac{1}{5}\sum_{i=1}^{6}(x_i-\overline{X}_1)^2=0.15\times10^{-4},$$

$$\overline{X}_2=\frac{1}{5}\sum_{i=1}^{5}x_i=6.664,\bar{s}_2^2=\frac{1}{4}\sum_{i=1}^{5}(x_i-\overline{X}_2)^2=0.9\times10^{-5},$$

$$t_{\alpha/2}(5)=2.015,t_{\alpha/2}(4)=2.132.$$

代入得,用金球测定时,μ 的置信区间是(6.675,6.681),用铂球测定时,μ 的置信区间为(6.661,6.667).

(2) μ,σ^2 均未知时,σ^2 的置信度为0.9的置信区间为

$$\left[\frac{(n-1)S}{\chi^2_{\alpha/2}(n-1)},\frac{(n-1)S}{\chi^2_{1-\alpha/2}(n-1)}\right].$$

这里 $n_1-1=5,n_2-1=4,\alpha/2=0.05$,查表得

$$\chi^2_{\alpha/2}(5)=11.071,\chi^2_{\alpha/2}(4)=9.488,$$

$$\chi^2_{1-\alpha/2}(5)=1.145,\chi^2_{1-\alpha/2}(4)=0.711.$$

将这些值以及上面(1)中算得的 s_1^2,s_2^2 代入上面区间得

用金球测定时,σ^2 的置信区间是 $(6.76\times10^{-6},6.533\times10^{-5})$,

用铂球测定时,σ^2 的置信区间是 $(3.79\times10^{-6},5.065\times10^{-5})$.

MATLAB程序如下所示:

```
clc,clear
x1 = [6.683,6.681,6.676,6.678,6.679,6.672];
x2 = [6.661,6.661,6.667,6.667,6.664];
[h1,p1,ci1,st1] = ttest(x1,mean(x1),'Alpha',0.1)
[h2,p2,ci2,st2] = ttest(x2,mean(x2),'Alpha',0.1)
```

```
[h3,p3,ci3,st3] = vartest(x1,var(x1),'Alpha',0.1)
[h4,p4,ci4,st4] = vartest(x2,var(x1),'Alpha',0.1)
```

9.1.2 经验分布函数

设 $X_1, X_2, \cdots, X_n$ 是总体 F 的一个样本,用 $S(x)$ $(-\infty < x < \infty)$ 表示 $X_1, X_2, \cdots, X_n$ 中不大于 x 的随机变量的个数.定义经验分布函数 $F_n(x)$ 为

$$F_n(x) = \frac{1}{n}S(x), -\infty < x < \infty.$$

对于一个样本值,那么经验分布函数 $F_n(x)$ 的观察值是很容易得到的($F_n(x)$ 的观察值仍以 $F_n(x)$ 表示).

一般地,设 $x_1, x_2, \cdots, x_n$ 是总体 F 的一个容量为 n 的样本值.先将 $x_1, x_2, \cdots, x_n$ 按自小到大的次序排列,并重新编号,设为

$$x_{(1)} \leqslant x_{(2)} \leqslant \cdots \leqslant x_{(n)},$$

则经验分布函数 $F_n(x)$ 的观察值为

$$F_n(x) = \begin{cases} 0 & x < x_{(1)} \\ \dfrac{k}{n} & x_{(k)} \leqslant x < x_{(k+1)}. \\ 1 & x \geqslant x_{(n)} \end{cases}$$

对于经验分布函数 $F_n(x)$,格里汶科(Glivenko)在 1933 年证明了,当 $n \to \infty$ 时 $F_n(x)$ 以概率 1 一致收敛于总体分布函数 $F(x)$. 因此,对于任一实数 x,当 n 充分大时,经验分布函数的任一个观察值 $F_n(x)$ 与总体分布函数 $F(x)$ 只有微小的差别,从而实际上可当作 $F(x)$ 来使用.

例 9.1.3 下面列出了 84 个伊特拉斯坎(Etruscan)人男子的头颅的最大宽度(mm),计算经验分布函数并画出经验分布函数图形.

141	148	132	138	154	142	150	146	155	158
150	140	147	148	144	150	149	145	149	158
143	141	144	144	126	140	144	142	141	140
145	135	147	146	141	136	140	146	142	137
148	154	137	139	143	140	131	143	141	149
148	135	148	152	143	144	141	143	147	146
150	132	142	142	143	153	149	146	149	138
142	149	142	137	134	144	146	147	140	142
140	137	152	145						

解 首先把上面数据保存在纯文本文件 ex3.txt 中,计算经验分布函数 $F_n(x)$ 在每个点 x_i 的值,计算结果保存在 Excel 文件.画出经验分布函数 $F_n(x)$ 的图形,如图 9-1 所示.

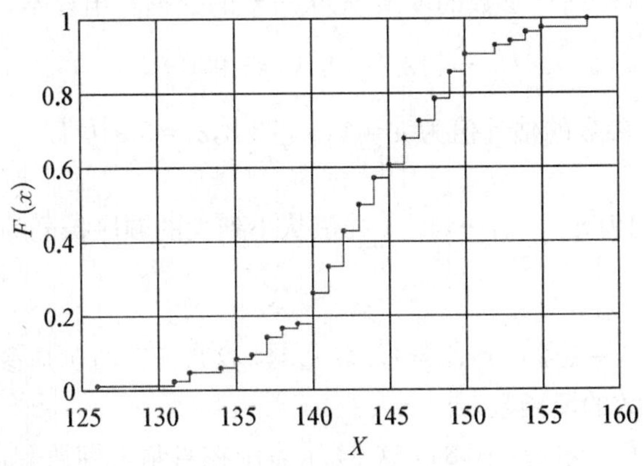

图9-1 经验分布函数取值图

MATLAB程序如下：

```
clc,clear
a = textread('ex3.txt'); a = nonzeros(a);
[ycdf,xcdf,n] = cdfcalc(a)
cdfplot(a),title('')
hold on,plot(xcdf,ycdf(2:end),'.')
xlswrite('ex3.xls',[xcdf,ycdf(2:end)])
```

9.1.3 Q-Q图

Q-Q图是Quantile-quantile Plot的简称，是检验拟合优度的好方法，目前在国内外被广泛使用，它的图示方法简单直观，易于使用.

对于一组观察数据 $x_1,x_2,\cdots,x_n$，利用参数估计方法确定了分布模型的参数 θ 后，分布函数 $F(x;\theta)$ 就知道了，现在我们希望知道观测数据与分布模型的拟合效果如何.如果拟合效果好，观测数据的经验分布就应当非常接近分布模型的理论分布，而经验分布函数的分位数自然也应当与分布模型的理论分位数近似相等.

Q-Q图的基本思想就是基于这个观点，将经验分布函数的分位数点和分布模型的理论分位数点作为一对数组画在直角坐标图上，就是一个点，n 个观测数据对应 n 个点，如果这 n 个点看起来像一条直线，说明观测数据与分布模型的拟合效果很好，以下我们简单地给出计算步骤.

判断观测数据 $x_1,x_2,\cdots,x_n$ 是否来自分布 $F(x)$，Q-Q图的计算步骤如下：

(1) 将 $x_1,x_2,\cdots,x_n$ 依大小顺序排列成：$x_{(1)}\leqslant x_{(2)}\leqslant\cdots\leqslant x_{(n)}$；

(2) 取 $y_i=F^{-1}((i-1/2)/n),i=1,2,\cdots,n$；

(3) 将 $(y_i,x_{(i)}),i=1,2,\cdots,n$，这 n 个点画在直角坐标图上；

(4) 如果这 n 个点看起来呈一条45°角的直线，从(0,0)到(1,1)分布，我们就相信 $x_1,x_2,\cdots,x_n$ 拟合分布 $F(x)$ 的效果很好.

例9.1.4 假设例9.1.3中的数据来自正态总体，求该正态分布的参数，试画出它们的Q-Q图，判断拟合效果.

解 采用矩估计方法估计参数的取值.先从所给的数据算出样本均值和标准差

$$\overline{X}=143.773\,8, s=5.970\,5,$$

正态分布 $N(\mu,\sigma^2)$ 中参数的估计值为 $\hat{\mu}=143.773\,8, \hat{\sigma}=5.970\,5$.

画 Q-Q 图

(1) 将观测数据记为 $x_1, x_2, \cdots, x_{84}$, 并依从小到大的顺序排列为

$$x_{(1)} \leqslant x_{(2)} \leqslant \cdots \leqslant x_{(84)}.$$

(2) 取 $y_i=F^{-1}((i-1/2)/n), i=1,2,\cdots,84$, 这里 $F^{-1}(x)$ 是参数 $\mu=143.773\,8, \sigma=5.970\,5$ 的正态分布函数的反函数.

(3) 将 $(y_i, x_{(i)})$ ($i=1,2,\cdots,84$) 这 84 个点画在直角坐标系上,如图 9-2 所示.

(4) 这些点看起来接近一条 45° 角的直线,说明拟合结果较好.

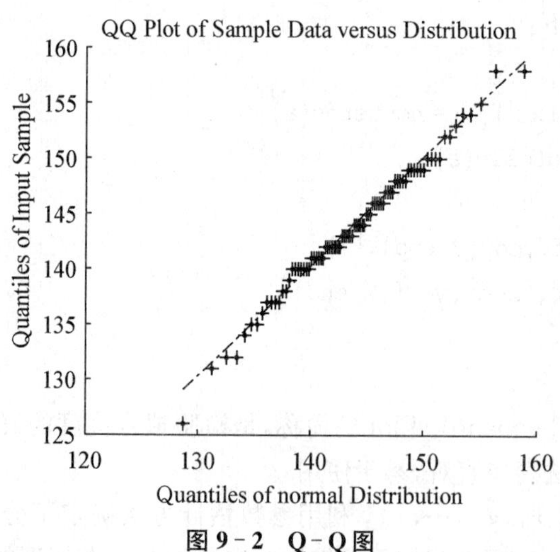

图 9-2 Q-Q 图

程序:
```
clc,clear
a = textread('ex3.txt'); a = nonzeros(a);
xbar = mean(a),s = std(a)
pd = ProbDistUnivParam('normal',[xbar s])
qqplot(a,pd)
sa = sort(a);
n = length(a); pi = ([1:n] - 1/2)/n;
yi = norminv(pi,xbar,s)'
hold on,plot(yi,sa,'.')
```

9.1.4 非参数检验

1. χ^2 拟合优度检验

若总体 X 是离散型的,则建立待检假设 H_0: 总体 X 的分布律为 $P(X=x_i)=p_i, i=1, 2, \cdots$.

若总体 X 是连续型的,则建立待检假设 H_0:总体 X 的概率密度为 $f(x)$.

可按照下面的五个步骤进行检验:

(1) 建立待检假设 H_0:总体 X 的分布函数为 $F(x)$.

(2) 在数轴上选取 $k-1$ 个分点 $t_1,t_2,\cdots,t_{k-1}$,将数轴分成 k 个区间:$(-\infty,t_1)$,$[t_1,t_2)$,…,$[t_{k-2},t_{k-1})$,$[t_{k-1},+\infty)$,令 p_i 为分布函数 $F(x)$ 的总体 X 在第 i 个区间内取值的概率,设 m_i 为 n 个样本观察值中落入第 i 个区间上的个数,也称为组频数.

(3) 选取统计量 $\chi^2=\sum\limits_{i=1}^{k}\dfrac{(m_i-np_i)^2}{np_i}$,如果 H_0 为真,则 $\chi^2\sim\chi^2(k-1-r)$,其中 r 为分布函数 $F(x)$ 中未知参数的个数.

(4) 对于给定的显著性水平 α,确定 χ_α^2,使其满足 $P(\chi^2(k-1-r)>\chi_\alpha^2)=\alpha$,并且依据样本计算统计量 χ^2 的观察值.

(5) 做出判断:若 $\chi^2<\chi_\alpha^2$,则接受 H_0;否则拒绝 H_0,即不能认为总体 X 的分布函数为 $F(x)$.

例 9.1.5　检查了一本书的 100 页,记录各页中印刷错误的个数,其结果见表 9-1 所示.

表 9-1　印刷错误数据表

错误个数 f_i	0	1	2	3	4	5	6	$\geqslant 7$
含 f_i 个错误的页数	36	40	19	2	0	2	1	0

问能否认为一页的印刷错误的个数服从泊松分布(取 $\alpha=0.05$).

解　记一页的印刷错误数为 X,按题意需在显著性水平 $\alpha=0.05$ 下检验假设:

H_0:X 的分布律为

$$P(X=k)=\frac{\lambda^k e^{-\lambda}}{k!},k=0,1,2,\cdots.$$

因参数 λ 未知,应先根据观察值,用矩估计法来求 λ 的估计.可知 λ 的矩估计值为 $\hat{\lambda}=\bar{x}=1$.在 X 服从泊松分布的假设下,X 的所有可能取得的值为 $\Omega=\{0,1,2,\cdots\}$,将 Ω 分成如表 9-2 左起第一栏所示的两两不相交的子集:A_0,A_1,A_2,A_3,接着根据估计式

$$\hat{p}_k=\hat{P}(X=k)=\frac{\hat{\lambda}^k e^{-\hat{\lambda}}}{k!}=\frac{e^{-1}}{k!},k=0,1,2,\cdots$$

计算有关概率的估计,计算结果列于表 9-2.

表 9-2　χ^2 检验数据表

A_i	f_i	$\hat{p}_i$	$n\hat{p}_i$	$f_i^2/(n\hat{p}_i)$
$A_0:\{X=0\}$	36	0.367 9	36.787 9	35.228 9
$A_1:\{X=1\}$	40	0.367 9	36.787 9	43.492 5
$A_2:\{X=2\}$	19	0.183 9	18.394 0	19.626 0
$A_3:\{X\geqslant 3\}$	5	0.080 3	8.029 1	3.113 7
				$\Sigma=101.461\ 1$

今 $\chi^2=101.4611-100=1.4611$，因估计了一个参数，$r=1$，只有 4 组，故 $k=4$，$\alpha=0.05$，$\chi_\alpha^2(k-r-1)=\chi_{0.05}^2(2)=5.991>1.4611=\chi^2$，故在显著性水平 $\alpha=0.05$ 下接受假设 H_0，即认为样本来自泊松分布的总体.

MATLAB 程序如下所示：

```
clc,clear,n=100;
f=0:7; num=[36  40  19  2  0  2  1  0];
lamda=dot(f,num)/100;
pi=poisspdf(f,lamda) ;
[h,p,st]=chi2gof(f,'ctrs',f,'frequency',num,'expected',n*pi,'nparams',1)
col3=st.E/sum(st.O) ;
col4=st.E ;
col5=st.O.^2./col4;
sumcol5=sum(col5) ;
k2=chi2inv(0.95,st.df);
```

9.2 方差分析

下面只给出单因素试验的方差分析，双因素试验和多因素试验的方差分析是类似的.

设因素有 s 个水平 $A_1,A_2,\cdots,A_s$，在水平 A_j（$j=1,2,\cdots,s$）下，进行 n_j（$n_j\geqslant 2$）次独立试验，得出表 9-3 所列结果.

表 9-3　方差分析数据表

	A_1	A_2	$\cdots$	A_s
试验批号	X_{11} X_{21} $\vdots$ $X_{n_1 1}$	X_{12} X_{22} $\vdots$ $X_{n_2 2}$	$\cdots$ $\cdots$ $\cdots$	X_{1s} X_{2s} $\vdots$ $X_{n_s s}$
样本总和 $T_{\cdot j}$	$T_{\cdot 1}$	$T_{\cdot 2}$	$\cdots$	$T_{\cdot s}$
样本均值 $\overline{X}_{\cdot j}$	$\overline{X}_{\cdot 1}$	$\overline{X}_{\cdot 2}$	$\cdots$	$\overline{X}_{\cdot s}$
总体均值	μ_1	μ_2	$\cdots$	μ_s

其中 X_{ij} 表示第 j 个等级进行第 i 次试验的可能结果，记 $n=n_1+n_2+\cdots+n_s$，

$$\overline{X}_{\cdot j}=\frac{1}{n_j}\sum_{i=1}^{n_j}X_{ij},T_{\cdot j}=\sum_{i=1}^{n_j}X_{ij},\overline{X}=\frac{1}{n}\sum_{j=1}^{s}\sum_{i=1}^{n_j}X_{ij},T_{\cdot\cdot}=\sum_{j=1}^{s}\sum_{i=1}^{n_j}X_{ij}=n\overline{X}.$$

1. 方差分析的假设前提

(1) 对变异因素的某一个水平，例如第 j 个水平，进行实验，得到的观察值 $X_{1j},X_{2j},\cdots,X_{n_j j}$ 可以看成是从正态总体 $N(\mu_j,\sigma^2)$ 中取得的一个容量为 n_j 的样本，且 μ_j,σ^2 未知.

(2) 对于表示 s 个水平的 s 个正态总体的方差认为是相等的；

(3) 由不同总体中抽取的样本相互独立.

2. 统计假设

提出待检假设 $H_0:\mu_1=\mu_2=\cdots=\mu_s=\mu$.

3. 检验方法

设

$$S_T=\sum_{j=1}^{s}\sum_{i=1}^{n_j}(X_{ij}-\overline{X})^2=\sum_{j=1}^{s}\sum_{i=1}^{n_j}X_{ij}^2-\frac{T_{..}^2}{n},$$

$$S_E=\sum_{j=1}^{s}\sum_{i=1}^{n_j}(X_{ij}-\overline{X}_{.j})^2=\sum_{j=1}^{s}\sum_{i=1}^{n_j}X_{ij}^2-\sum_{j=1}^{s}\frac{T_{.j}^2}{n_j},S_A=S_T-S_E,$$

若 H_0 为真,则检验统计量

$$F=\frac{(n-s)S_A}{(s-1)S_E}\sim F(s-1,n-s).$$

对于给定的显著性水平 α，查表确定临界值 F_α，使得 $P\left(\frac{(n-s)S_A}{(s-1)S_E}>F_\alpha\right)=\alpha$，依据样本值计算检验统计量 F 的观察值,并与 F_α 比较,最后下结论:若检验统计量 F 的观察值大于临界值 F_α，则拒绝原假设 H_0；若 F 的值小于 F_α，则接受 H_0.

例 9.2.1　设有某品牌的三台机器 A,B,C 生产同一产品,对每台机器观测 5 天.其日产量如表 9-4 所示,设各机器日产量服从正态分布,且方差相等,问三台机器的日产量有无显著性差异($\alpha=0.05$)?

表 9-4　三台机器产量数据表

	A	B	C
1	41	65	45
2	48	57	51
3	41	54	56
4	49	72	48
5	57	64	48

解　设 μ_1,μ_2,μ_3 分别为 A,B,C 的平均日产量.

(1) 原假设 $H_0:\mu_1=\mu_2=\mu_3$；$H_1:\mu_1,\mu_2,\mu_3$ 不全相等.

(2) 当 H_0 为真时，$F=\frac{(n-s)S_A}{(s-1)S_E}\sim F(s-1,n-s)$.

(3) 此题中，$n=n_1+n_2+n_3=15,s=3,\alpha=0.05$.

拒绝域为 $F>F_\alpha(s-1,n-3)=F_\alpha(2,12)=3.89$.

由题意列出方差分析表,见表 9-5 所示.

表 9-5　方差分析表

	A	B	C	$\sum$
1	41	65	45	
2	48	57	51	
3	41	54	56	
4	49	72	48	
5	57	64	48	
$T_{\cdot j}$	236	312	248	$T_{\cdot\cdot}=796$
$T_{\cdot j}^2$	55 696	97 344	61 504	$\sum_{j=1}^{3}\frac{T_{\cdot j}^2}{n_j}=42\ 908.8$
$\sum_{i=1}^{n_j}X_{ij}^2$	11 316	19 670	12 370	$\sum_{i=1}^{5}\sum_{j=1}^{3}X_{ij}^2=43\ 356$

$$S_T=\sum_{i=1}^{5}\sum_{j=1}^{3}X_{ij}^2-\frac{T_{\cdot\cdot}^2}{n}=43\ 356-42\ 241.07=1\ 114.93,$$

$$S_E=\sum_{i=1}^{5}\sum_{j=1}^{3}X_{ij}^2-\sum_{j=1}^{3}\frac{T_{\cdot j}^2}{n_j}=43\ 356-42\ 908.8=447.2,$$

$$S_A=S_T-S_E=1\ 114.93-447.2=667.73,$$

$$F=\frac{S_A/(s-1)}{S_E/(n-r)}=\frac{667.73/2}{447.2/12}=8.958\ 9,$$

由于 $F=8.958\ 9>3.885\ 3$.

(4) 结论:故拒绝 H_0:即认为机器日产量存在显著差异.

计算程序如下所示:

```
clc,clear,alpha = 0.05;
a = [41 65 45 48 57 51 41 54 56 49 72 48 57 64 48];
[p,t,st] = anova1(a)
F = t{2,5}
fa = finv(1 - alpha,t{2,3},t{3,3})
```

9.3 回归分析

9.3.1 多元线性回归

1. 模型

多元线性回归分析的模型为

$$\begin{cases} y=\beta_0+\beta_1 x_1+\cdots+\beta_m x_m+\varepsilon \\ \varepsilon \sim N(0,\sigma^2) \end{cases}. \tag{9-1}$$

式中 $\beta_0,\beta_1,\cdots,\beta_m,\sigma^2$ 都是与 $x_1,x_2,\cdots,x_m$ 无关的未知参数,其中 $\beta_0,\beta_1,\cdots,\beta_m$ 称为回归系数.

现得到 n 个独立观测数据 $[b_i,a_{i1},\cdots,a_{im}]$,其中 b_i 为 y 的观察值,$a_{i1},\cdots,a_{im}$ 分别为 $x_1,x_2,\cdots,x_m$ 的观察值,$i=1,\cdots,n,n>m$,由式(9-1)得

$$\begin{cases} b_i=\beta_0+\beta_1 a_{i1}+\cdots+\beta_m a_{im}+\varepsilon_i \\ \varepsilon_i \sim N(0,\sigma^2) \quad i=1,\cdots,n \end{cases}. \tag{9-2}$$

记

$$\boldsymbol{X}=\begin{bmatrix} 1 & a_{11} & \cdots & a_{1m} \\ \vdots & \vdots & & \vdots \\ 1 & a_{n1} & \cdots & a_{nm} \end{bmatrix}, \boldsymbol{Y}=\begin{bmatrix} b_1 \\ \vdots \\ b_n \end{bmatrix}, \tag{9-3}$$

$$\boldsymbol{\varepsilon}=[\varepsilon_1,\cdots,\varepsilon_n]^{\mathrm{T}}, \boldsymbol{\beta}=[\beta_0,\beta_1,\cdots,\beta_m]^{\mathrm{T}},$$

式(9-1)表示为

$$\begin{cases} \boldsymbol{Y}=\boldsymbol{X\beta}+\boldsymbol{\varepsilon} \\ \boldsymbol{\varepsilon} \sim N(0,\sigma^2 \boldsymbol{E}_n) \end{cases}, \tag{9-4}$$

其中 $\boldsymbol{E}_n$ 为 n 阶单位矩阵.

2. 参数估计

模型(9-1)中的参数 $\beta_0,\beta_1,\cdots,\beta_m$ 用最小二乘法估计,即应选取估计值 $\hat{\beta}_j$,使当 $\beta_j=\hat{\beta}_j,j=0,1,\cdots,m$ 时,误差平方和

$$Q=\sum_{i=1}^{n}\varepsilon_i^2=\sum_{i=1}^{n}(b_i-\hat{b}_i)^2=\sum_{i=1}^{n}(b_i-\beta_0-\beta_1 a_{i1}-\cdots-\beta_m a_{im})^2 \tag{9-5}$$

达到最小.为此,令

$$\frac{\partial Q}{\partial \beta_j}=0,j=0,1,2,\cdots,n,$$

得

$$\begin{cases} \dfrac{\partial Q}{\partial \beta_0}=-2\sum\limits_{i=1}^{n}(b_i-\beta_0-\beta_1 a_{i1}-\cdots-\beta_m a_{im})=0 \\ \dfrac{\partial Q}{\partial \beta_j}=-2\sum\limits_{i=1}^{n}(b_i-\beta_0-\beta_1 a_{i1}-\cdots-\beta_m a_{im})a_{ij}=0,j=1,2,\cdots,m \end{cases}. \tag{9-6}$$

经整理,化为以下正规方程组

$$\begin{cases}\beta_0 n+\beta_1\sum_{i=1}^{n}a_{i1}+\beta_2\sum_{i=1}^{n}a_{i2}+\cdots+\beta_m\sum_{i=1}^{n}a_{im}=\sum_{i=1}^{n}b_i\\ \beta_0\sum_{i=1}^{n}a_{i1}+\beta_1\sum_{i=1}^{n}a_{i1}^2+\beta_2\sum_{i=1}^{n}a_{i1}a_{i2}+\cdots+\beta_m\sum_{i=1}^{n}a_{i1}a_{im}=\sum_{i=1}^{n}a_{i1}b_i\\ \vdots\\ \beta_0\sum_{i=1}^{n}a_{im}+\beta_1\sum_{i=1}^{n}a_{im}a_{i1}+\beta_2\sum_{i=1}^{n}a_{im}a_{i2}+\cdots+\beta_m\sum_{i=1}^{n}a_{im}^2=\sum_{i=1}^{n}a_{im}b_i\end{cases}, \tag{9-7}$$

正规方程组的矩阵形式为

$$\boldsymbol{X}^{\mathrm{T}}\boldsymbol{X}\boldsymbol{\beta}=\boldsymbol{X}^{\mathrm{T}}\boldsymbol{Y}. \tag{9-8}$$

当矩阵 $\boldsymbol{X}$ 列满秩时，$\boldsymbol{X}^{\mathrm{T}}\boldsymbol{X}$ 为可逆方阵，式(9-8)的解为

$$\hat{\boldsymbol{\beta}}=(\boldsymbol{X}^{\mathrm{T}}\boldsymbol{X})^{-1}\boldsymbol{X}^{\mathrm{T}}\boldsymbol{Y}. \tag{9-9}$$

将 $\hat{\beta}$ 代回原模型得到 y 的估计值

$$\hat{y}=\hat{\beta}_0+\hat{\beta}_1x_1+\cdots+\hat{\beta}_mx_m, \tag{9-10}$$

而这组数据的拟合值为

$$\hat{b}_i=\hat{\beta}_0+\hat{\beta}_1a_{i1}+\cdots+\hat{\beta}_ma_{im}\ (i=1,\cdots,n).$$

记 $\hat{\boldsymbol{Y}}=\boldsymbol{X}\hat{\boldsymbol{\beta}}=[\hat{b}_1,\cdots,\hat{b}_n]^{\mathrm{T}}$，拟合误差 $\boldsymbol{e}=\boldsymbol{Y}-\hat{\boldsymbol{Y}}$ 称为残差，可作为随机误差 $\boldsymbol{\varepsilon}$ 的估计，而

$$Q=\sum_{i=1}^{n}e_i^2=\sum_{i=1}^{n}(b_i-\hat{b}_i)^2 \tag{9-11}$$

为残差平方和(或剩余平方和).

3. 统计分析

不加证明地给出以下结果：

(1) $\hat{\beta}$ 是 β 的线性无偏最小方差估计；$\hat{\beta}$ 的期望等于 β；在 β 的线性无偏估计中，$\hat{\beta}$ 的方差最小.

(2) $\hat{\beta}$ 服从正态分布

$$\hat{\beta}\sim N(\beta,\sigma^2(\boldsymbol{X}^{\mathrm{T}}\boldsymbol{X})^{-1}), \tag{9-12}$$

记 $(\boldsymbol{X}^{\mathrm{T}}\boldsymbol{X})^{-1}=(c_{ij})_{n\times n}$.

(3) 对残差平方和 Q，$EQ=(n-m-1)\sigma^2$，且

$$\frac{Q}{\sigma^2}\sim\chi^2(n-m-1). \tag{9-13}$$

由此得到 σ^2 的无偏估计

$$s^2=\frac{Q}{n-m-1}=\hat{\sigma}^2. \tag{9-14}$$

s^2 是剩余方差(残差的方差)，s 称为剩余标准差.

(4) 对总平方和 $SST=\sum_{i=1}^{n}(b_i-\bar{b})^2$ 进行分解，有

$$SST=Q+U, U=\sum_{i=1}^{n}(\hat{b}_i-\bar{b})^2, \tag{9-15}$$

其中 $\bar{b}=\frac{1}{n}\sum_{i=1}^{n}b_i$，$Q$ 是由式(9-5)定义的残差平方和，反映随机误差对 y 的影响，U 称为回归平方和，反映自变量对 y 的影响.上面的分解中利用了正规方程组.

4. 回归模型的假设检验

因变量 y 与自变量 $x_1,\cdots,x_m$ 之间是否存在如模型(9-1)所示的线性关系是需要检验的，显然，如果所有的 $|\hat{\beta}_j|$ $(j=1,\cdots,m)$ 都很小，y 与 $x_1,\cdots,x_m$ 的线性关系就不明显，所以可令原假设为

$$H_0:\beta_j=0, j=1,\cdots,m.$$

当 H_0 成立时，由分解式(9-15)定义的 U,Q 满足

$$F=\frac{U/m}{Q/(n-m-1)}\sim F(m,n-m-1). \tag{9-16}$$

在显著性水平 α 下，对于上 α 分位数 $F_\alpha(m,n-m-1)$，若 $F<F_\alpha(m,n-m-1)$，接受 H_0；否则拒绝.

注意

接受 H_0 只说明 y 与 $x_1,\cdots,x_m$ 的线性关系不明显，可能存在非线性关系，如平方关系.

还有一些衡量 y 与 $x_1,\cdots,x_m$ 相关程度的指标，如用回归平方和在总平方和中的比值定义复判定系数

$$R^2=\frac{U}{SST}. \tag{9-17}$$

$R=\sqrt{R^2}$ 称为复相关系数，R 越大，y 与 $x_1,\cdots,x_m$ 的相关关系越密切，通常，R 大于0.8(或0.9)，才认为相关关系成立.

5. 回归系数的假设检验和区间估计

当上面的 H_0 被拒绝时，β_j 不全为零，但是不排除其中若干个等于零，所以应进一步做如下 $m+1$ 个检验

$$H_0^{(j)}:\beta_j=0, j=0,1,\cdots,m.$$

由式(9-12) $\hat{\beta}_j\sim N(\beta_j,\sigma^2c_{jj})$，$c_{jj}$ 是 $(\boldsymbol{X}^{\mathrm{T}}\boldsymbol{X})^{-1}$ 中的第 (j,j) 个元素，用 s^2 代替 σ^2，由式(9-12)～(9-14)，当 $H_0^{(j)}$ 成立时，有

$$t_j = \frac{\hat{\beta}_j / \sqrt{c_{jj}}}{\sqrt{Q/(n-m-1)}} \sim t(n-m-1). \tag{9-18}$$

对给定的 α，若 $|t_j| < t_{\frac{\alpha}{2}}(n-m-1)$，接受 $H_0^{(j)}$；否则拒绝.

式(9-18)也可用于对 β_j 做区间估计，在置信水平 $1-\alpha$ 下，β_j 的置信区间为

$$[\hat{\beta}_j - t_{\frac{\alpha}{2}}(n-m-1)s\sqrt{c_{jj}}, \hat{\beta}_j + t_{\frac{\alpha}{2}}(n-m-1)s\sqrt{c_{jj}}], \tag{9-19}$$

其中 $s=\sqrt{\dfrac{Q}{n-m-1}}$.

6. 利用回归模型进行预测

当回归模型和系数通过检验后，可由给定 $[x_1,\cdots,x_m]$ 的取值 $[a_{01},\cdots,a_{0m}]$ 预测 y 的取值 b_0，b_0 是随机的，显然其预测值(点估计)为

$$\hat{b}_0 = \hat{\beta}_0 + \hat{\beta}_1 a_{01} + \cdots + \hat{\beta}_m a_{0m}. \tag{9-20}$$

给定 α 可以算出 b_0 的预测区间(区间估计)，结果较复杂，但当 n 较大且 a_{0i} 接近平均值 $\bar{x}_i$ 时，b_0 的预测区间可简化为

$$[\hat{b}_0 - z_{\frac{\alpha}{2}}s, \hat{b}_0 + z_{\frac{\alpha}{2}}s], \tag{9-21}$$

其中 $z_{\frac{\alpha}{2}}$ 是标准正态分布的上 $\dfrac{\alpha}{2}$ 分位数.

对 b_0 的区间估计方法可用于给出已知数据残差 $e_i = b_i - \hat{b}_i (i=1,\cdots,n)$ 的置信区间，e_i 服从均值为零的正态分布，所以若某个 e_i 的置信区间不包含零点，则认为这个数据是异常的，可予以剔除.

9.3.2 多元二项式回归

统计工具箱提供了一个作多元二项式回归的命令 rstool，它产生一个交互式画面，并输出有关信息，用法是

```
rstool(X,Y,model,alpha)
```

其中：alpha 为显著性水平 α (缺省时设定为 0.05)，model 可选择如下的 4 个模型(用字符串输入，缺省时设定为线性模型)：

(1) linear(线性)：$y=\beta_0+\beta_1 x_1+\cdots+\beta_m x_m$；

(2) purequadratic(纯二次)：$y=\beta_0+\beta_1 x_1+\cdots+\beta_m x_m+\sum\limits_{j=1}^{m}\beta_{jj}x_j^2$；

(3) interaction(交叉)：$y=\beta_0+\beta_1 x_1+\cdots+\beta_m x_m+\sum\limits_{1\leqslant j<k\leqslant m}\beta_{jk}x_j x_k$；

(4) quadratic(完全二次)：$y=\beta_0+\beta_1 x_1+\cdots+\beta_m x_m+\sum\limits_{1\leqslant j\leqslant k\leqslant m}\beta_{jk}x_j x_k$.

$[y,x_1,\cdots,x_m]$ 的 n 个独立观测数据仍然记为 $[b_i,a_{i1},\cdots,a_{im}]$，$i=1,\cdots,n$，$\boldsymbol{Y}$，$\boldsymbol{XX}$ 分别为 n 维列向量和 $n\times m$ 矩阵，这里

$$\boldsymbol{Y}=\begin{bmatrix} b_1 \\ \vdots \\ b_n \end{bmatrix}, \boldsymbol{XX}=\begin{bmatrix} a_{11} & \cdots & a_{1m} \\ \vdots & & \vdots \\ a_{n1} & \cdots & a_{nm} \end{bmatrix}.$$

注意

(1) 这里多元二项式回归中,数据矩阵 **XX** 与线性回归分析中的数据矩阵 **X** 是有差异的,后者的第一列为全是 1 的列向量.

(2) 在完全二次多项式回归中,二次项系数的排列次序是先交叉项的系数,最后是纯二次项的系数.

例 9.3.1 根据表 9-6 某猪场 25 头育肥猪 4 个胴体性状的数据资料,试进行瘦肉量 y 对眼肌面积 x_1、腿肉量 x_2、腰肉量 x_3 的多元回归分析.

表 9-6 某猪场数据资料

序号	瘦肉量 y/kg	眼肌面积 x_1/cm^2	腿肉量 x_2/kg	腰肉量 x_3/kg	序号	瘦肉量 y/kg	眼肌面积 x_1/cm^2	腿肉量 x_2/kg	腰肉量 x_3/kg
1	15.2	23.73	5.49	1.21	14	15.94	23.52	5.18	1.98
2	12.62	22.34	4.32	1.35	15	14.33	21.86	4.86	1.59
3	14.86	28.84	5.04	1.92	16	15.11	28.95	5.18	1.37
4	13.98	27.67	4.72	1.49	17	13.81	24.53	4.88	1.39
5	15.91	20.83	5.35	1.56	18	15.58	27.65	5.02	1.66
6	12.47	22.27	4.27	1.50	19	15.85	27.29	5.55	1.70
7	15.80	27.57	5.25	1.85	20	15.28	29.07	5.26	1.82
8	14.32	28.01	4.62	1.51	21	16.40	32.47	5.18	1.75
9	13.76	24.79	4.42	1.46	22	15.02	29.65	5.08	1.70
10	15.18	28.96	5.30	1.66	23	15.73	22.11	4.90	1.81
11	14.20	25.77	4.87	1.64	24	14.75	22.43	4.65	1.82
12	17.07	23.17	5.80	1.90	25	14.35	20.04	5.08	1.53
13	15.40	28.57	5.22	1.66					

要求:

(1) 求 y 关于 x_1, x_2, x_3 的线性回归方程

$$y=c_0+c_1x_1+c_2x_2+c_3x_3,$$

计算 c_0, c_1, c_2, c_3 的估计值;

(2) 对上述回归模型和回归系数进行检验(要写出相关的统计量);

(3) 试建立 y 关于 x_1, x_2, x_3 的二项式回归模型,并根据适当统计量指标选择一个较好的模型.

解 (1) 记 y,x_1,x_2,x_3 的观察值分别为 $b_i,a_{i1},a_{i2},a_{i3},i=1,2,\cdots,25$，且

$$\boldsymbol{X}=\begin{bmatrix}1 & a_{11} & a_{12} & a_{13}\\ \vdots & \vdots & & \vdots\\ 1 & a_{25,1} & a_{25,2} & a_{25,3}\end{bmatrix},\boldsymbol{Y}=\begin{bmatrix}b_1\\ \vdots\\ b_{25}\end{bmatrix}.$$

用最小二乘法求 c_0,c_1,c_2,c_3 的估计值,即应选取估计值 $\hat{c}_j$，使当 $c_j=\hat{c}_j,j=0,1,2,3$ 时,误差平方和

$$Q=\sum_{i=1}^{25}\varepsilon_i^2=\sum_{i=1}^{25}(b_i-\hat{b}_i)^2=\sum_{i=1}^{25}(b_i-c_0-c_1a_{i1}-c_2a_{i2}-c_3a_{i3})^2$$

达到最小.为此,令

$$\frac{\partial Q}{\partial c_j}=0,j=0,1,2,3,$$

得到正规方程组,求解正规方程组得 c_0,c_1,c_2,c_3 的估计值为：

$$[\hat{c}_0,\hat{c}_1,\hat{c}_2,\hat{c}_3]=(\boldsymbol{X}^{\mathrm{T}}\boldsymbol{X})^{-1}\boldsymbol{X}^{\mathrm{T}}\boldsymbol{Y}.$$

利用 MATLAB 程序,求得

$$\hat{c}_0=0.853\,9,\hat{c}_1=0.017\,8,\hat{c}_2=2.078\,2,\hat{c}_3=1.939\,6.$$

(2) 因变量 y 与自变量 x_1,x_2,x_3 之间是否存在线性关系是需要检验的,显然,如果所有的 $|\hat{c}_j|$ $(j=1,2,3)$ 都很小，y 与 x_1,x_2,x_3 的线性关系就不明显,所以可令原假设为

$$H_0:c_j=0,j=1,2,3. \tag{9-22}$$

记 $m=3,n=25,Q=\sum_{i=1}^{n}\mathrm{e}_i^2=\sum_{i=1}^{n}(b_i-\hat{b}_i)^2,U=\sum_{i=1}^{n}(\hat{b}_i-\bar{b})^2$，这里 $\hat{b}_i=\hat{c}_0+\hat{c}_1a_{i1}+\cdots+\hat{c}_ma_{im}$ $(i=1,\cdots,n),\bar{b}=\frac{1}{n}\sum_{i=1}^{n}b_i$.

当 H_0 成立时,统计量

$$F=\frac{U/m}{Q/(n-m-1)}\sim F(m,n-m-1),$$

在显著性水平 α 下,若

$$F_{1-\alpha/2}(m,n-m-1)<F<F_{\alpha/2}(m,n-m-1),$$

接受 H_0；否则拒绝.

利用 MATLAB 程序求得统计量 $F=37.745\,3$，上 $\alpha/2$ 分位数 $F_{0.025}(3,21)=3.82$，因而拒绝式(9-22)的原假设,模型整体上通过了检验.

当式(9-22)的 H_0 被拒绝时，β_j 不全为零,但是不排除其中若干个等于零.所以应进一步做如下 $m+1$ 个检验

$$H_0^{(j)}:c_j=0,j=0,1,\cdots,m. \tag{9-23}$$

当 $H_0^{(j)}$ 成立时，有

$$t_j = \frac{\hat{\beta}_j / \sqrt{c_{jj}}}{\sqrt{Q/(n-m-1)}} \sim t(n-m-1),$$

这里 c_{jj} 是 $(\boldsymbol{X}^{\mathrm{T}}\boldsymbol{X})^{-1}$ 中的第 (j,j) 个元素，对给定的 α，若 $|t_j| < t_{\frac{\alpha}{2}}(n-m-1)$，则接受 $H_0^{(j)}$，否则拒绝.

利用 MATLAB 程序，求得统计量

$$t_0 = 0.622\,3, t_1 = 0.609\,0, t_2 = 7.740\,7, t_3 = 3.806\,2,$$

查表得上 $\alpha/2$ 分位数 $t_{0.025}(21) = 2.080$.

对于式(9 - 23)的检验，在显著性水平 $\alpha = 0.05$ 时，接受 $H_0^{(j)}: c_j = 0(j = 0,1)$，拒绝 $H_0^{(j)}$：$c_j = 0(j = 2,3)$，即变量 x_1 对模型的影响是不显著的.建立线性模型时，可以不使用 x_1.

把全部原始数据，包括 13 行后面的空行，复制保存到纯文本文件 ex2.txt 中.

问题(1)和(2)的 MATLAB 程序如下：

```
clc,clear
ab = textread('ex2.txt');
y = ab(:,[2:5:10]);
Y = nonzeros(y);
x123 = [ab([1:13],[3:5]); ab([1:12],[8:10])];
X = [ones(25,1),x123];
[beta,betaint,r,rint,st] = regress(Y,X)
q = sum(r.^2)
ybar = mean(Y)
yhat = X * beta;
u = sum((yhat - ybar).^2)
m = 3;
n = length(Y);
F = u/m/(q/(n - m - 1))
fw1 = finv(0.025,m,n - m - 1)
fw2 = finv(0.975,m,n - m - 1)
c = diag(inv(X' * X))
t = beta./sqrt(c)/sqrt(q/(n - m - 1))
tfw = tinv(0.975,n - m - 1)
save xydata Y x123
```

注意

(1) 在 regress 的第 5 个返回值中，就包含 F 统计量的值，不需单独计算.

(2) regress 的返回值中不包括 t 统计量的值，如果需要则要单独计算.由于假设检验和参数的区间估计是等价的，regress 的第 2 个返回值是各参数的区间估计，如果某参数的区间估计包含零点，则该参数对应的变量是不显著的.

(3) 使用 MATLAB 的用户图形界面解法求二项式回归模型.根据剩余标准差(rmse)这个指标选取较好的模型是完全二次模型,模型为

$$y=-17.0988+0.3611x_1+2.3563x_2+18.2730x_3-0.1412x_1x_2-0.4404x_1x_3-1.2754x_2x_3+0.0217x_1^2+0.5025x_2^2+0.3962x_3^2.$$

计算程序如下:

```
clc,clear
load xydata
rstool(x123,Y)
```

习题九

9.1 从一批灯泡中随机地取 5 只做寿命试验,测得寿命(单位:小时)为:

1 050　1 100　1 120　1 250　1 280

设灯泡寿命服从正态分布.求灯泡寿命平均值的置信水平为 0.90 的置信区间.

9.2 某服装公司在服装标准的制定过程中调查了很多人的身材,得到一系列的服装各部位的尺寸与身高、胸围等的关系.例如表 9-7 给出的就是一组青年身高 x 和裤长 y 的数据.

(1) 求裤长 y 对身高 x 的回归方程;

(2) 在显著性水平 $\alpha=0.01$ 下检验回归方程的显著性.

i	x	y	i	x	y	i	x	y
1	168	107	11	158	100	21	156	99
2	162	103	12	156	99	22	164	107
3	160	103	13	165	105	23	168	108
4	160	102	14	158	101	24	165	106
5	156	100	15	166	105	25	162	103
6	157	100	16	162	105	26	158	101
7	162	102	17	150	97	27	157	101
8	159	101	18	152	98	28	172	110
9	168	107	19	156	101	29	147	95
10	159	100	20	159	103	30	156	99

附　录

附表 1　常用分布、记号及数字特征一览表

（1）离散型分布

名　称	记　号	概率分布列	均　值	方　差
0-1 分布	$B(1,p)$	$P(X=k)=p^k(1-p)^{1-k},k=0,1$	p	$p(1-p)$
二项分布	$B(n,p)$	$P(X=k)=C_n^k p^k(1-p)^{n-k}$，$k=0,1,\cdots,n$	np	$np(1-p)$
泊松分布	$P(\lambda)$	$P(X=k)=e^{-\lambda}\cdot\dfrac{\lambda^k}{k!}$，$k=0,1,2,\cdots$	λ	λ
几何分布	$G(P)$	$P(X=k)=pq^{k-1},0<p<1$，$q=1-p$	$\dfrac{1}{p}$	$\dfrac{1-p}{p^2}$

（2）连续型分布

名　称	记　号	概率密度函数	均　值	方　差
均匀分布	$U(a,b)$	$f(x)=\begin{cases}\dfrac{1}{b-a} & a\leqslant x\leqslant b\\ a & \text{其他}\end{cases}$	$\dfrac{a+b}{2}$	$\dfrac{(b-a)^2}{12}$
指数分布	$e(\lambda)$	$f(x)=\begin{cases}\lambda e^{-\lambda x} & x\geqslant 0\\ 0 & \text{其他}\end{cases}$	$\dfrac{1}{\lambda}$	$\dfrac{1}{\lambda^2}$
正态分布	$N(\mu,\sigma^2)$	$f(x)=\dfrac{1}{\sqrt{2\pi}\sigma}e^{-\frac{(x-\mu)^2}{2\sigma^2}}$，$-\infty<x<+\infty$	μ	σ^2

附表 2　标准正态分布函数数值表

$$\Phi(u)=\frac{1}{\sqrt{2\pi}}\int_{-\infty}^{u}\mathrm{e}^{-\frac{x^2}{2}}\mathrm{d}x\,(u\geqslant 0)$$

u \ $\Phi(u)$ \ u	0.00	0.01	0.02	0.03	0.04	0.05	0.06	0.07	0.08	0.09
0.0	0.500 0	0.504 0	0.508 0	0.512 0	0.516 0	0.519 9	0.523 9	0.527 9	0.531 9	0.535 9
0.1	0.539 8	0.543 8	0.547 8	0.551 7	0.555 7	0.559 6	0.563 6	0.567 5	0.571 4	0.575 3
0.2	0.579 3	0.583 2	0.587 1	0.591 0	0.594 8	0.598 7	0.602 6	0.606 4	0.610 3	0.614 1
0.3	0.617 9	0.621 7	0.625 5	0.629 3	0.633 1	0.636 8	0.640 6	0.644 3	0.648 0	0.651 7
0.4	0.655 4	0.659 1	0.662 8	0.666 4	0.670 0	0.673 6	0.677 2	0.680 8	0.684 4	0.687 9
0.5	0.691 5	0.695 0	0.698 5	0.701 9	0.705 4	0.708 8	0.712 3	0.715 7	0.719 0	0.722 4
0.6	0.725 7	0.729 1	0.732 4	0.735 7	0.738 9	0.742 2	0.745 4	0.748 6	0.751 7	0.754 9
0.7	0.758 0	0.761 1	0.764 2	0.767 3	0.770 3	0.773 4	0.776 4	0.779 4	0.782 3	0.785 2
0.8	0.788 1	0.791 0	0.793 9	0.796 7	0.799 5	0.802 3	0.805 1	0.807 8	0.810 6	0.813 3
0.9	0.815 9	0.818 6	0.821 2	0.823 8	0.826 4	0.828 9	0.831 5	0.834 0	0.836 5	0.838 9
1.0	0.841 3	0.843 8	0.846 1	0.848 5	0.850 8	0.853 1	0.855 4	0.857 7	0.859 9	0.862 1
1.1	0.864 3	0.866 5	0.868 6	0.870 8	0.872 9	0.874 9	0.877 0	0.879 0	0.881 0	0.883 0
1.2	0.884 9	0.886 9	0.888 8	0.890 7	0.892 5	0.894 4	0.896 2	0.898 0	0.899 7	0.901 5
1.3	0.903 2	0.904 9	0.906 6	0.908 2	0.909 9	0.911 5	0.913 1	0.914 7	0.916 2	0.917 7
1.4	0.919 2	0.920 7	0.922 2	0.923 6	0.925 1	0.926 5	0.927 8	0.929 2	0.930 6	0.931 9
1.5	0.933 2	0.934 5	0.935 7	0.937 0	0.938 2	0.939 4	0.940 6	0.941 8	0.943 0	0.944 1
1.6	0.945 2	0.946 3	0.947 4	0.948 4	0.949 5	0.950 5	0.951 5	0.952 5	0.953 5	0.954 5
1.7	0.955 4	0.956 4	0.957 3	0.958 2	0.959 1	0.959 9	0.960 8	0.961 6	0.962 5	0.963 3
1.8	0.964 1	0.964 8	0.965 6	0.966 4	0.967 1	0.967 8	0.968 6	0.969 3	0.970 0	0.970 6
1.9	0.971 3	0.971 9	0.972 6	0.973 2	0.973 8	0.974 4	0.975 0	0.975 6	0.976 2	0.976 7
2.0	0.977 2	0.977 8	0.978 3	0.978 8	0.978 3	0.979 8	0.980 3	0.980 8	0.981 2	0.981 7
2.1	0.982 1	0.982 6	0.983 0	0.983 4	0.983 8	0.984 2	0.984 6	0.985 0	0.985 4	0.985 7
2.2	0.986 1	0.986 4	0.986 8	0.987 1	0.987 4	0.987 8	0.988 1	0.988 4	0.988 7	0.989 0
2.3	0.989 3	0.989 6	0.989 8	0.990 1	0.990 4	0.990 6	0.990 9	0.991 1	0.991 3	0.991 6
2.4	0.991 8	0.992 0	0.992 2	0.992 5	0.992 7	0.992 9	0.993 1	0.993 2	0.993 4	0.993 6
2.5	0.993 8	0.994 0	0.994 1	0.994 3	0.994 5	0.994 6	0.994 8	0.994 9	0.995 1	0.995 2
2.6	0.995 3	0.995 5	0.995 6	0.995 7	0.995 9	0.996 0	0.996 1	0.996 2	0.996 3	0.996 4
2.7	0.996 5	0.996 6	0.996 7	0.996 8	0.996 9	0.997 0	0.997 1	0.997 2	0.997 3	0.997 4
2.8	0.997 4	0.997 5	0.997 6	0.997 7	0.997 7	0.997 8	0.997 9	0.997 9	0.998 0	0.998 1
2.9	0.998 1	0.998 2	0.998 2	0.998 3	0.998 4	0.998 4	0.998 5	0.998 5	0.998 6	0.998 6
3.0	0.998 7	0.999 0	0.999 3	0.999 5	0.999 7	0.999 8	0.999 8	0.999 9	0.999 9	1.000 0

注：本表最后一行自左至右依次是 $\Phi(3.0),\cdots,\Phi(3.9)$ 的值。

附表 3 泊松分布数值表

$$P(X=k)=\frac{\lambda^k}{k!}e^{-\lambda}\quad(k=0,1,2,\cdots)$$

k \ λ	0.1	0.2	0.3	0.4	0.5	0.6	0.7	0.8	0.9	1.0	1.5	2.0	2.5	3.0
0	0.940 8	0.818 7	0.740 8	0.670 3	0.606 5	0.548 8	0.496 0	0.449 3	0.406 6	0.367 9	0.223 1	0.135 3	0.082 1	0.049 8
1	0.090 5	0.163 7	0.222 3	0.268 1	0.303 3	0.329 3	0.347 6	0.359 5	0.365 9	0.367 9	0.334 7	0.270 7	0.205 2	0.149 4
2	0.004 5	0.016 4	0.033 3	0.053 6	0.075 8	0.098 8	0.121 6	0.143 8	0.164 7	0.183 9	0.251 0	0.270 7	0.256 5	0.224 0
3	0.000 2	0.001 1	0.003 3	0.007 2	0.012 6	0.019 8	0.028 4	0.038 3	0.049 4	0.061 3	0.125 5	0.180 5	0.213 8	0.224 0
4		0.000 1	0.000 3	0.000 7	0.001 6	0.003 0	0.005 0	0.007 7	0.011 1	0.015 3	0.047 1	0.090 2	0.133 6	0.168 1
5				0.000 1	0.000 2	0.000 3	0.000 7	0.001 2	0.002 0	0.003 1	0.014 1	0.036 1	0.066 8	0.100 8
6							0.000 1	0.000 2	0.000 3	0.000 5	0.003 5	0.012 0	0.027 8	0.050 4
7										0.000 1	0.000 8	0.003 4	0.009 9	0.021 6
8											0.000 2	0.000 9	0.003 1	0.008 1
9												0.000 2	0.000 9	0.002 7
10													0.000 2	0.000 8
11													0.000 1	0.000 2
12														0.000 1

k \ λ	3.5	4.0	4.5	5.0	6	7	8	9	10	11	12	13	14	15
0	0.030 2	0.018 3	0.011 1	0.006 7	0.002 5	0.000 9	0.000 3	0.000 1						
1	0.105 7	0.073 3	0.050 0	0.033 7	0.014 9	0.006 4	0.002 7	0.001 1	0.000 4	0.000 2	0.000 1			
2	0.185 0	0.146 5	0.112 5	0.084 2	0.044 6	0.022 3	0.010 7	0.005 0	0.002 3	0.001 0	0.000 4	0.000 2	0.000 1	
3	0.215 8	0.195 4	0.168 7	0.140 4	0.089 2	0.052 1	0.028 6	0.015 0	0.007 6	0.003 7	0.001 8	0.000 8	0.000 4	0.000 2
4	0.188 8	0.195 4	0.189 8	0.175 5	0.133 9	0.091 2	0.057 3	0.033 7	0.018 9	0.010 2	0.005 3	0.002 7	0.001 3	0.000 6
5	0.132 2	0.156 3	0.170 8	0.175 5	0.160 6	0.127 7	0.091 6	0.060 7	0.037 8	0.022 4	0.012 7	0.007 1	0.003 7	0.001 9
6	0.077 1	0.104 2	0.128 1	0.146 2	0.160 6	0.149 0	0.122 1	0.091 1	0.063 1	0.041 1	0.025 5	0.015 1	0.008 7	0.004 8
7	0.038 5	0.059 5	0.082 4	0.104 4	0.137 7	0.149 0	0.139 6	0.117 1	0.090 1	0.064 6	0.043 7	0.028 1	0.017 4	0.010 4
8	0.016 9	0.029 8	0.046 3	0.065 3	0.103 3	0.130 4	0.139 6	0.131 8	0.112 6	0.088 8	0.065 5	0.045 7	0.030 4	0.019 5
9	0.006 5	0.013 2	0.023 2	0.036 3	0.068 8	0.101 4	0.124 1	0.131 8	0.125 1	0.108 5	0.087 4	0.066 0	0.047 3	0.032 4
10	0.002 3	0.005 3	0.010 4	0.018 1	0.041 3	0.071 0	0.099 3	0.118 6	0.125 1	0.119 4	0.104 8	0.085 9	0.066 3	0.048 6
11	0.000 7	0.001 9	0.004 3	0.008 2	0.022 5	0.045 2	0.072 2	0.097 0	0.113 7	0.119 4	0.114 4	0.101 5	0.084 3	0.066 3
12	0.000 2	0.000 6	0.001 5	0.003 4	0.011 3	0.026 4	0.048 1	0.072 8	0.094 8	0.109 4	0.114 4	0.109 9	0.098 4	0.082 8
13	0.000 1	0.000 2	0.000 6	0.001 3	0.005 2	0.014 2	0.029 6	0.050 4	0.072 9	0.092 6	0.105 6	0.109 9	0.106 1	0.095 6
14		0.000 1	0.000 2	0.000 5	0.002 3	0.007 1	0.016 9	0.032 4	0.052 1	0.072 8	0.090 5	0.102 1	0.106 1	0.102 5
15			0.000 1	0.000 2	0.000 9	0.003 3	0.009 0	0.019 4	0.034 7	0.053 3	0.072 4	0.088 5	0.098 9	0.102 5
16				0.000 1	0.000 3	0.001 5	0.004 5	0.010 9	0.021 7	0.036 7	0.054 3	0.071 9	0.086 5	0.096 0
17					0.001 1	0.000 6	0.002 1	0.005 8	0.012 8	0.023 7	0.038 3	0.055 1	0.071 3	0.084 7
18						0.000 2	0.001 0	0.002 9	0.007 1	0.014 5	0.025 5	0.039 7	0.055 4	0.070 6
19						0.000 1	0.000 4	0.001 4	0.003 7	0.008 4	0.016 1	0.027 2	0.040 8	0.055 7
20							0.000 2	0.000 6	0.001 9	0.004 6	0.009 7	0.017 7	0.028 6	0.041 8
21							0.000 1	0.000 3	0.000 9	0.002 4	0.005 5	0.010 9	0.019 1	0.029 9
22								0.000 1	0.000 4	0.001 3	0.003 0	0.006 5	0.012 2	0.020 4
23									0.000 2	0.000 6	0.001 6	0.003 6	0.007 4	0.013 3
24									0.000 1	0.000 3	0.000 8	0.002 0	0.004 3	0.008 3
25										0.000 1	0.000 4	0.001 1	0.002 4	0.005 0
26											0.000 2	0.000 5	0.001 3	0.002 9
27											0.000 1	0.000 2	0.000 7	0.001 7
28												0.000 1	0.000 3	0.000 9
29													0.000 2	0.000 4
30													0.000 1	0.000 2
31														0.000 1

续表

λ=20						λ=30					
k	p	k	p	k	p	k	p	k	p	k	p
5	0.000 1	20	0.088 9	35	0.000 7	10		25	0.051 1	40	0.013 9
6	0.000 2	21	0.084 6	36	0.000 4	11		26	0.059 1	41	0.010 2
7	0.000 6	22	0.076 9	37	0.000 2	12	0.000 1	27	0.065 5	42	0.007 3
8	0.001 3	23	0.066 9	38	0.000 1	13	0.000 2	28	0.070 2	43	0.005 1
9	0.002 9	24	0.055 7	39	0.000 1	14	0.000 5	29	0.072 7	44	0.003 5
10	0.005 8	25	0.064 6			15	0.001 0	30	0.072 7	45	0.002 3
11	0.010 6	26	0.034 3			16	0.001 9	31	0.070 3	46	0.001 5
12	0.017 6	27	0.025 4			17	0.003 4	32	0.065 9	47	0.001 0
13	0.027 1	28	0.018 3			18	0.005 7	33	0.059 9	48	0.000 6
14	0.038 2	29	0.012 5			19	0.008 9	34	0.052 9	49	0.000 4
15	0.051 7	30	0.008 3			20	0.013 4	35	0.045 3	50	0.000 2
16	0.064 6	31	0.005 4			21	0.019 2	36	0.037 8	51	0.000 1
17	0.076 0	32	0.003 4			22	0.026 1	37	0.030 6	52	0.000 1
18	0.084 4	33	0.002 1			23	0.034 1	38	0.024 2		
19	0.088 9	34	0.001 2			24	0.042 6	39	0.018 6		

λ=40						λ=50					
k	p	k	p	k	p	k	p	k	p	k	p
15		35	0.048 5	55	0.004 3	25		45	0.045 8	65	0.006 3
16		36	0.053 9	56	0.003 1	26	0.000 1	46	0.049 8	66	0.004 8
17		37	0.058 3	57	0.002 2	27	0.000 1	47	0.053 0	67	0.003 6
18	0.000 1	38	0.061 4	58	0.001 5	28	0.000 2	48	0.055 2	68	0.002 6
19	0.000 1	39	0.062 9	59	0.001 0	29	0.000 4	49	0.056 4	69	0.001 9
20	0.000 2	40	0.062 9	60	0.000 7	30	0.000 7	50	0.056 4	70	0.001 4
21	0.000 4	41	0.061 4	61	0.000 5	31	0.001 1	51	0.055 2	71	0.001 0
22	0.000 7	42	0.058 5	62	0.000 3	32	0.001 7	52	0.053 1	72	0.000 7
23	0.001 2	43	0.054 4	63	0.000 2	33	0.002 6	53	0.050 1	73	0.000 5
24	0.001 9	44	0.049 5	64	0.000 1	34	0.003 8	54	0.046 4	74	0.000 3
25	0.003 1	45	0.044 0	65	0.000 1	35	0.005 4	55	0.042 2	75	0.000 2
26	0.004 7	46	0.038 2			36	0.007 5	56	0.037 7	76	0.000 1
27	0.007 0	47	0.032 5			37	0.010 2	57	0.033 0	77	0.000 1
28	0.010 0	48	0.027 1			38	0.013 4	58	0.028 5	78	0.000 1
29	0.013 9	49	0.022 1			39	0.017 2	59	0.024 1		
30	0.018 5	50	0.017 7			40	0.021 5	60	0.020 1		
31	0.023 8	51	0.013 9			41	0.026 2	61	0.016 5		
32	0.029 8	52	0.010 7			42	0.031 2	62	0.013 3		
33	0.036 1	53	0.008 5			43	0.036 3	63	0.010 6		
34	0.042 5	54	0.006 0			44	0.041 2	64	0.008 2		

附表 4　t 分布临界值表

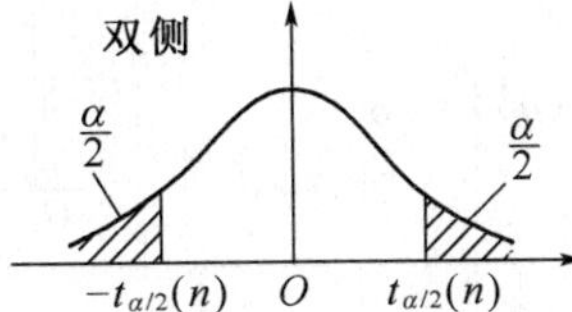

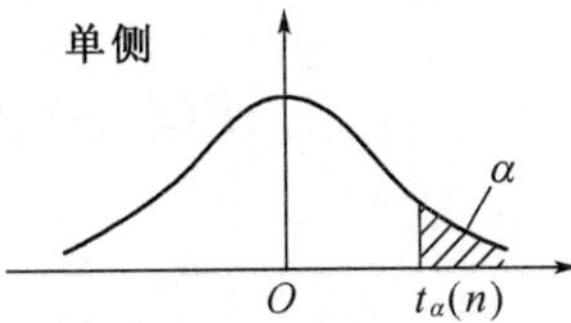

α	双　侧	0.5	0.2	0.1	0.05	0.02	0.01
	单　侧	0.25	0.1	0.05	0.025	0.01	0.005
自由度	1	1.000	3.078	6.314	12.708	31.821	63.657
	2	0.816	1.886	2.920	4.303	6.965	9.925
	3	0.765	1.638	2.353	3.182	4.541	5.841
	4	0.741	1.533	2.132	2.776	3.747	4.604
	5	0.727	1.476	2.015	2.571	3.365	4.032
	6	0.718	1.440	1.943	2.447	8.143	3.707
	7	0.711	1.415	1.895	2.365	2.998	3.499
	8	0.706	1.397	1.860	2.306	2.896	3.355
	9	0.703	1.383	1.833	2.262	2.821	3.250
	10	0.700	1.372	1.812	2.228	2.764	3.169
	11	0.697	1.363	1.796	2.201	2.718	3.106
	12	0.695	1.358	1.782	2.179	2.681	3.056
	13	0.694	1.350	1.771	2.160	2.650	3.012
	14	0.692	1.345	1.761	2.145	2.624	2.977
	15	0.691	1.341	1.753	2.131	2.602	2.947
	16	0.690	1.337	1.748	2.120	2.583	2.921
	17	0.689	1.333	1.740	2.110	2.567	2.898
	18	0.688	1.330	1.734	2.101	2.552	2.878
	19	0.688	1.328	1.729	2.093	2.589	2.861
	20	0.687	1.325	1.725	2.086	2.528	2.845
	21	0.686	1.323	1.721	2.080	2.518	2.831
	22	0.686	1.321	1.717	2.074	2.508	2.819
	23	0.685	1.319	1.714	2.069	2.500	2.807
	24	0.685	1.318	1.711	2.064	2.492	2.797
	25	0.684	1.316	1.708	2.060	2.485	2.787
	26	0.684	1.315	1.706	2.056	2.479	2.779
	27	0.684	1.314	1.703	2.052	2.473	2.771
	28	0.683	1.313	1.701	2.048	2.467	2.763
	29	0.683	1.311	1.699	2.045	2.462	2.756
	30	0.683	1.310	1.697	2.042	2.457	2.750
	40	0.681	1.303	1.684	2.021	2.423	2.704
	60	0.679	1.296	1.671	2.000	2.390	2.660
	120	0.677	1.289	1.658	1.980	2.358	2.617
	∞	0.674	1.282	1.645	1.960	2.326	2.576

附表 5 χ^2 分布临界值表

$$P(\chi^2(n) > \chi^2_\alpha(n)) = \alpha$$

自由度 \ α	0.995	0.99	0.975	0.95	0.90	0.75	0.25	0.10	0.05	0.025	0.01	0.005
1			0.001	0.004	0.016	0.102	1.323	2.706	3.841	5.024	6.635	7.879
2	0.010	0.020	0.051	0.103	0.211	0.575	2.773	4.605	5.991	7.378	9.210	10.597
3	0.072	0.115	0.216	0.352	0.584	1.213	4.108	6.251	7.815	9.348	11.345	12.838
4	0.207	0.297	0.484	0.711	1.064	1.923	5.385	7.779	9.488	11.143	13.277	14.860
5	0.412	0.554	0.831	1.145	1.610	2.675	6.626	9.236	11.071	12.833	15.086	16.750
6	0.676	0.872	1.237	1.635	2.204	3.455	7.841	10.645	12.592	14.449	16.812	18.548
7	0.989	1.239	1.690	2.167	2.833	4.255	9.037	12.017	14.067	16.013	18.475	20.278
8	1.344	1.646	2.180	2.733	3.490	5.071	10.219	13.362	15.507	17.535	20.090	21.955
9	1.735	2.088	2.700	3.325	4.168	5.899	11.389	14.684	16.919	19.023	21.666	23.589
10	2.156	2.558	3.247	3.940	4.865	6.737	12.549	15.987	18.307	20.483	23.209	25.188
11	2.603	3.053	3.816	4.575	5.578	7.584	13.701	17.275	19.675	21.920	24.725	26.757
12	3.074	3.571	4.404	5.226	6.304	8.438	14.845	18.549	21.026	23.337	26.217	28.299
13	3.565	4.107	5.009	5.892	7.042	9.299	15.984	19.812	22.362	24.736	27.688	29.819
14	4.075	4.660	5.629	6.571	7.790	10.165	17.117	21.064	23.685	26.119	29.141	31.319
15	4.601	5.229	6.262	7.261	8.547	11.037	18.245	22.307	24.996	27.488	30.578	32.801
16	5.142	5.812	6.908	7.962	9.312	11.912	19.369	23.542	26.296	28.845	32.000	34.267
17	5.697	6.408	7.564	8.672	10.085	12.792	20.489	24.769	27.587	30.191	33.409	35.718
18	6.265	7.015	8.213	9.390	10.865	13.675	21.605	25.989	28.869	31.526	34.805	37.156
19	6.844	7.633	8.907	10.117	11.651	14.562	22.718	27.204	30.144	32.852	36.191	38.582
20	7.434	8.260	9.591	10.851	12.443	15.452	23.828	28.412	31.410	34.170	37.566	39.997
21	8.034	8.897	10.283	11.591	13.240	16.344	24.935	29.615	32.671	35.479	38.932	41.401
22	8.643	9.542	10.982	12.338	14.042	17.240	26.039	30.813	33.924	36.781	40.289	42.796
23	9.260	10.196	11.689	13.091	14.848	18.137	27.141	32.007	35.172	38.076	41.638	44.181
24	9.886	10.856	12.401	13.848	15.659	19.037	28.241	33.196	36.415	39.364	42.980	45.559
25	10.520	11.524	13.120	14.611	16.473	19.939	29.339	34.382	37.652	40.646	44.314	46.928
26	11.160	12.198	13.844	15.379	17.292	20.843	30.435	35.563	38.885	41.923	45.642	48.290
27	11.808	12.879	14.573	16.151	18.114	21.749	31.528	36.741	40.113	43.194	46.963	49.645
28	12.461	13.565	15.308	16.928	18.939	22.657	32.620	37.916	41.337	44.461	48.278	50.993
29	13.121	14.257	16.047	17.708	19.768	23.567	33.711	39.087	42.557	45.722	49.588	52.336
30	13.787	14.954	16.791	18.493	20.599	24.478	34.800	40.256	43.773	46.979	50.892	53.672
31	14.458	15.655	17.539	19.281	21.434	25.390	35.887	41.422	44.985	48.232	52.191	55.003
32	15.134	16.362	18.291	20.072	22.271	26.304	36.973	42.585	46.194	49.480	53.486	56.328
33	15.815	17.074	19.047	20.867	23.110	27.219	38.058	43.745	47.400	50.725	54.776	57.648
34	16.501	17.789	19.806	21.664	23.952	28.136	39.141	44.903	48.602	51.966	56.061	58.964
35	17.192	18.509	20.569	22.465	24.797	29.054	40.223	46.059	49.802	53.203	57.342	60.275
36	17.887	19.233	21.336	23.269	25.643	29.973	41.304	47.212	50.998	54.437	58.619	61.581
37	18.586	19.960	22.106	24.075	26.492	30.893	42.383	48.363	52.192	55.668	59.892	62.883
38	19.289	20.691	22.878	24.884	27.343	31.815	43.462	49.513	53.384	56.896	61.162	64.181
39	19.996	21.426	23.654	25.695	28.196	32.737	44.539	50.660	54.572	58.120	62.428	65.476
40	20.707	22.164	24.433	26.509	29.051	33.660	45.616	51.805	55.758	59.342	63.691	66.766

附表 6 *F* 分布临界值表

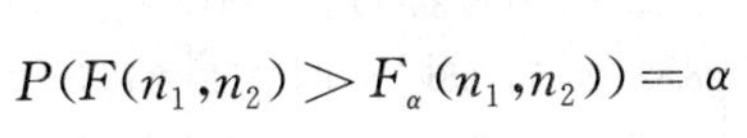

$$P(F(n_1,n_2) > F_\alpha(n_1,n_2)) = \alpha$$

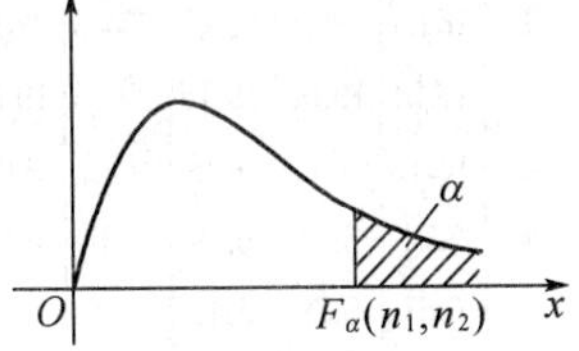

$\alpha = 0.10$

n_2 \ n_1	1	2	3	4	5	6	7	8	9	10	12	15	20	24	30	40	60	120	∞
1	39.86	49.50	53.59	55.83	57.24	58.20	58.91	59.44	59.86	60.19	60.71	61.22	61.74	62.00	62.26	62.53	62.79	63.06	63.33
2	8.53	9.00	9.16	9.24	9.26	9.33	9.35	9.37	9.38	9.39	9.41	9.42	9.44	9.45	9.46	9.47	9.47	9.48	9.49
3	5.54	5.46	5.39	5.34	5.31	5.28	5.27	5.25	5.24	5.23	5.22	5.20	5.18	5.18	5.17	5.16	5.15	5.14	5.13
4	4.54	4.32	4.19	4.11	4.05	4.01	3.98	3.95	3.94	3.92	3.96	3.87	3.84	3.83	3.82	3.80	3.79	3.78	3.76
5	4.06	3.78	3.62	3.52	3.45	3.40	3.37	3.34	3.32	3.30	3.27	3.24	3.21	3.19	3.17	3.16	3.14	3.12	3.10
6	3.78	3.46	3.29	3.18	3.11	3.05	3.01	2.98	2.96	2.94	2.90	2.87	2.84	2.82	2.80	2.78	2.76	2.74	2.72
7	4.59	3.26	3.07	2.96	2.88	2.83	2.78	2.75	2.72	2.70	2.67	2.63	2.59	2.58	2.56	2.54	2.51	2.49	2.47
8	3.46	3.11	2.92	2.81	2.78	2.67	2.62	2.59	2.56	2.54	2.50	2.46	2.42	2.40	2.38	2.36	2.34	2.32	2.29
9	3.36	3.01	2.81	2.69	2.61	2.55	2.51	2.47	2.44	2.42	2.38	2.34	2.30	2.28	2.25	2.23	2.21	2.18	2.16
10	3.28	2.92	2.73	2.61	2.52	2.46	2.41	2.38	2.35	2.32	2.28	2.24	2.20	2.18	2.16	2.13	2.11	2.08	2.06
11	3.23	2.86	2.66	2.54	2.45	2.39	2.34	2.30	2.27	2.25	2.21	2.17	2.12	2.10	2.08	2.05	2.03	2.00	1.97
12	3.18	2.81	2.61	2.48	2.39	2.33	2.28	2.24	2.21	2.19	2.15	2.10	2.06	2.04	2.01	1.99	1.96	1.93	1.90
13	3.14	2.76	2.56	2.43	2.35	2.28	2.23	2.20	2.16	2.14	2.10	2.05	2.01	1.98	1.96	1.93	1.90	1.88	1.85
14	3.10	2.73	2.52	2.39	2.31	2.24	2.19	2.15	2.12	2.10	2.05	2.01	1.96	1.94	1.91	1.89	1.86	1.83	1.80
15	3.07	2.70	2.49	2.36	2.27	2.21	2.16	2.12	2.09	2.06	2.02	1.97	1.92	1.90	1.87	1.85	1.82	1.79	1.76
16	3.05	2.67	2.46	2.33	2.24	2.18	2.13	2.09	2.06	2.03	1.99	1.94	1.89	1.87	1.84	1.81	1.78	1.75	1.72
17	3.03	2.64	2.44	2.31	2.22	2.15	2.10	2.06	2.03	2.00	1.96	1.91	1.86	1.84	1.81	1.78	1.75	1.72	1.69
18	3.01	2.62	2.42	2.29	2.20	2.13	2.08	2.04	2.00	1.98	1.93	1.89	1.84	1.81	1.78	1.75	1.72	1.69	1.66
19	2.99	2.61	2.40	2.27	2.18	2.11	2.06	2.02	1.98	1.96	1.91	1.86	1.81	1.79	1.76	1.73	1.70	1.67	1.63
20	2.97	2.59	2.38	2.25	2.16	2.09	2.04	2.00	1.96	1.94	1.89	1.84	1.79	1.77	1.74	1.71	1.68	1.64	1.61
21	2.96	2.57	2.36	2.23	2.14	2.08	2.02	1.98	1.95	1.92	1.87	1.83	1.78	1.75	1.72	1.69	1.66	1.62	1.59
22	2.95	2.56	2.35	2.22	2.13	2.06	2.01	1.97	1.93	1.90	1.86	1.81	1.76	1.73	1.70	1.67	1.64	1.60	1.57
23	2.94	2.55	2.34	2.21	2.11	2.05	1.99	1.95	1.92	1.89	1.84	1.80	1.74	1.72	1.69	1.66	1.62	1.59	1.55
24	2.93	2.54	2.33	2.19	2.10	2.04	1.98	1.94	1.91	1.88	1.83	1.78	1.73	1.70	1.67	1.64	1.61	1.57	1.53
25	2.92	2.53	2.32	2.18	2.09	2.02	1.97	1.93	1.89	1.87	1.82	1.77	1.72	1.69	1.66	1.63	1.59	1.56	1.52
26	2.91	2.52	2.31	2.17	2.08	2.01	1.96	1.92	1.88	1.86	1.81	1.76	1.71	1.68	1.65	1.61	1.58	1.54	1.50
27	2.90	2.51	2.30	2.17	2.07	2.00	1.95	1.91	1.87	1.85	1.80	1.75	1.70	1.67	1.64	1.60	1.57	1.53	1.49
28	2.89	2.50	2.29	2.16	2.06	2.00	1.94	1.90	1.87	1.84	1.79	1.74	1.69	1.66	1.63	1.59	1.56	1.52	1.48
29	2.89	2.50	2.28	2.15	2.06	1.99	1.93	1.89	1.86	1.83	1.78	1.73	1.68	1.65	1.62	1.58	1.55	1.51	1.47
30	2.88	2.49	2.28	2.14	2.05	1.98	1.93	1.88	1.85	1.82	1.77	1.72	1.67	1.64	1.61	1.57	1.54	1.50	1.46
40	2.84	2.44	2.23	2.09	2.00	1.93	1.87	1.83	1.79	1.76	1.71	1.66	1.61	1.57	1.54	1.51	1.47	1.42	1.38
60	2.79	2.39	2.18	2.04	1.95	1.87	1.82	1.77	1.74	1.71	1.66	1.60	1.54	1.51	1.48	1.44	1.40	1.35	1.29
120	2.75	2.35	2.13	1.99	1.90	1.82	1.77	1.72	1.68	1.65	1.60	1.55	1.48	1.45	1.41	1.37	1.32	1.26	1.19
∞	2.71	2.30	2.08	1.94	1.85	1.77	1.72	1.67	1.63	1.60	1.55	1.49	1.42	1.38	1.34	1.30	1.24	1.17	1.00

续表

$\alpha = 0.05$

n_2 \ n_1	1	2	3	4	5	6	7	8	9	10	12	15	20	24	30	40	60	120	∞
1	161.4	199.5	215.7	224.6	230.2	234.0	236.8	238.9	240.5	241.9	243.9	245.9	248.0	249.1	250.1	251.1	252.2	253.3	254.3
2	18.51	19.00	19.16	19.25	19.30	19.33	19.35	19.37	19.38	19.40	19.41	19.43	19.45	19.45	19.46	19.47	19.48	19.49	19.50
3	10.13	9.55	9.28	9.12	9.01	8.94	8.89	8.85	8.81	8.79	8.74	8.70	8.66	8.64	8.62	8.59	8.57	8.55	8.53
4	7.71	6.94	6.59	6.39	6.26	6.16	6.09	6.04	6.00	5.96	5.91	5.86	5.80	5.77	5.75	5.72	5.69	5.66	5.63
5	6.61	5.79	5.41	5.19	5.05	4.95	4.88	4.82	4.77	4.74	4.68	4.62	4.56	4.53	4.50	4.46	4.43	4.40	4.36
6	5.99	5.14	4.76	4.53	4.39	4.28	4.21	4.15	4.10	4.06	4.00	3.94	3.87	3.84	3.81	3.77	3.74	3.70	3.67
7	5.59	4.74	4.35	4.12	3.97	3.87	3.79	3.73	3.68	3.64	3.57	3.51	3.44	3.41	3.38	3.34	3.30	3.27	3.23
8	5.32	4.46	4.07	3.84	3.69	3.58	3.50	3.44	3.39	3.35	3.28	3.22	3.15	3.12	3.08	3.04	3.01	2.97	2.93
9	5.12	4.26	3.86	3.63	3.48	3.37	3.29	3.23	3.18	3.14	3.07	3.01	2.94	2.90	2.86	2.83	2.79	2.75	2.71
10	4.96	4.10	3.71	3.48	3.33	3.22	3.14	3.07	3.02	2.98	2.91	2.85	2.77	2.74	2.70	2.66	2.62	2.58	2.54
11	4.84	3.98	3.59	3.36	3.20	3.09	3.01	2.95	2.90	2.85	2.79	2.72	2.65	2.61	2.57	2.53	2.49	2.45	2.40
12	4.75	3.89	3.49	3.26	3.11	3.00	2.91	2.85	2.80	2.75	2.69	2.62	2.54	2.51	2.47	2.43	2.38	2.34	2.30
13	4.67	3.81	3.41	3.18	3.03	2.92	2.83	2.77	2.71	2.67	2.60	2.53	2.46	2.42	2.38	2.34	2.30	2.25	2.21
14	4.60	3.74	3.34	3.11	2.96	2.85	2.76	2.70	2.65	2.60	2.53	2.46	2.39	2.35	2.31	2.27	2.22	2.18	2.13
15	4.54	3.68	3.29	3.06	2.90	2.79	2.71	2.64	2.59	2.54	2.48	2.40	2.33	2.29	2.25	2.20	2.16	2.11	2.07
16	4.49	3.63	3.24	3.01	2.85	2.74	2.66	2.59	2.54	2.49	2.42	2.35	2.28	2.24	2.19	2.15	2.11	2.06	2.01
17	4.45	3.59	3.20	2.96	2.81	2.70	2.61	2.55	2.49	2.45	2.38	2.31	2.23	2.19	2.15	2.10	2.06	2.01	1.96
18	4.41	3.55	3.16	2.93	2.77	2.66	2.58	2.51	2.46	2.41	2.34	2.27	2.19	2.15	2.11	2.06	2.02	1.97	1.92
19	4.38	3.52	3.13	2.90	2.74	2.63	2.54	2.48	2.42	2.38	2.31	2.23	2.16	2.11	2.07	2.03	1.98	1.93	1.88
20	4.35	3.49	3.10	2.87	2.71	2.60	2.51	2.45	2.39	2.35	2.28	2.20	2.12	2.08	2.04	1.99	1.95	1.90	1.84
21	4.32	3.47	3.07	2.84	2.68	2.57	2.49	2.42	2.37	2.32	2.25	2.18	2.10	2.05	2.01	1.96	1.92	1.87	1.81
22	4.30	3.44	3.05	2.82	2.66	2.55	2.46	2.40	2.34	2.30	2.23	2.15	2.07	2.03	1.98	1.94	1.89	1.84	1.78
23	4.28	3.42	3.03	2.80	2.64	2.53	2.44	2.37	2.32	2.27	2.20	2.13	2.05	2.01	1.96	1.91	1.86	1.81	1.76
24	4.26	3.40	3.01	2.78	2.62	2.51	2.42	2.36	2.30	2.25	2.18	2.11	2.03	1.98	1.94	1.89	1.84	1.79	1.73
25	4.24	3.39	2.99	2.76	2.60	2.49	2.40	2.34	2.28	2.24	2.16	2.09	2.01	1.96	1.92	1.87	1.82	1.77	1.71
26	4.23	3.37	2.98	2.74	2.59	2.47	2.39	2.32	2.27	2.22	2.15	2.07	1.99	1.95	1.90	1.85	1.80	1.75	1.69
27	4.21	3.35	2.96	2.73	2.57	2.46	2.37	2.31	2.25	2.20	2.13	2.06	1.97	1.93	1.88	1.84	1.79	1.73	1.67
28	4.20	3.34	2.95	2.71	2.56	2.45	2.36	2.29	2.24	2.19	2.12	2.04	1.96	1.91	1.87	1.82	1.77	1.71	1.65
29	4.18	3.33	2.93	2.70	2.55	2.43	2.35	2.28	2.22	2.18	2.10	2.03	1.94	1.90	1.85	1.81	1.75	1.70	1.64
30	4.17	3.32	2.92	2.69	2.53	2.42	2.33	2.27	2.21	2.16	2.09	2.01	1.93	1.89	1.84	1.79	1.74	1.68	1.62
40	4.08	3.23	2.84	2.61	2.45	2.34	2.25	2.18	2.12	2.08	2.00	1.92	1.84	1.79	1.74	1.69	1.64	1.58	1.51
60	4.00	3.15	2.76	2.53	2.37	2.25	2.17	2.10	2.04	1.99	1.92	1.84	1.75	1.70	1.65	1.59	1.53	1.47	1.39
120	3.92	3.07	2.68	2.45	2.29	2.17	2.09	2.02	1.96	1.91	1.83	1.75	1.66	1.61	1.55	1.50	1.43	1.35	1.25
∞	3.84	3.00	2.60	2.37	2.21	2.10	2.01	1.94	1.88	1.83	1.75	1.67	1.57	1.52	1.46	1.39	1.32	1.22	1.00

续表

$\alpha = 0.025$

n_2 \ n_1	1	2	3	4	5	6	7	8	9	10	12	15	20	24	30	40	60	120	∞
1	647.8	799.5	864.2	899.6	921.8	937.1	948.2	956.7	963.3	968.6	976.7	984.9	993.1	997.2	1 001	1 006	1 010	1 014	1 018
2	38.51	39.00	39.17	39.25	39.30	39.33	39.36	39.37	39.39	39.40	39.41	39.43	39.45	39.46	39.46	39.47	39.48	39.49	39.50
3	17.44	16.04	15.44	15.10	14.88	14.73	14.62	14.54	14.47	14.42	14.34	14.25	14.17	14.12	14.08	14.04	13.99	13.95	13.90
4	12.22	10.65	9.98	9.60	9.36	9.20	9.07	8.98	8.90	8.84	8.75	8.66	8.56	8.51	8.64	8.41	8.36	8.31	8.26
5	10.01	8.43	7.76	7.39	7.15	6.98	6.85	6.76	6.68	6.62	6.52	6.43	6.33	6.28	6.23	6.18	6.12	6.07	6.02
6	8.81	7.26	6.60	6.23	5.99	5.82	5.70	5.60	5.52	5.46	5.37	5.27	5.17	5.12	5.07	5.01	4.96	4.90	4.85
7	8.07	6.54	5.89	5.52	5.29	5.12	4.99	4.90	4.82	4.76	4.67	4.57	4.47	4.42	4.36	4.31	4.25	4.20	4.14
8	7.57	6.06	5.42	5.05	4.82	4.65	4.53	4.43	4.36	4.30	4.20	4.10	4.00	3.95	3.89	3.84	3.78	3.73	3.67
9	7.21	5.71	5.08	4.72	4.48	4.32	4.20	4.10	4.03	3.96	3.87	3.77	3.67	3.61	3.56	3.51	3.45	3.39	3.33
10	6.94	5.46	4.83	4.47	4.24	4.07	3.95	3.85	3.78	3.72	3.62	3.52	3.42	3.37	3.31	3.26	3.20	3.14	3.08
11	6.72	5.26	4.63	4.28	4.04	3.88	3.76	3.66	3.59	3.53	3.43	3.33	3.23	3.17	3.12	3.06	3.00	2.94	2.88
12	6.55	5.10	4.47	4.12	3.89	3.73	3.61	3.51	3.44	3.37	3.28	3.18	3.07	3.02	2.96	2.91	2.85	2.79	2.72
13	6.41	4.97	4.35	4.00	3.77	3.60	3.48	3.39	3.31	3.25	3.15	3.05	2.95	2.89	2.84	2.78	2.72	2.66	2.60
14	6.30	4.86	4.24	3.89	3.66	3.50	3.38	3.29	3.21	3.15	3.05	2.95	2.84	2.79	2.73	2.67	2.61	2.55	2.49
15	6.20	4.77	4.15	3.80	3.58	3.41	3.29	3.20	3.12	3.06	2.96	2.86	2.76	2.70	2.64	2.59	2.52	2.46	2.40
16	6.12	4.69	4.08	3.73	3.50	3.34	3.22	3.12	3.05	2.99	2.89	2.79	2.68	2.63	2.57	2.51	2.45	2.38	2.32
17	6.04	4.62	4.01	3.66	3.44	3.28	3.16	3.06	2.98	2.92	2.82	2.72	2.62	2.56	2.50	2.44	2.38	2.32	2.25
18	5.98	4.56	3.95	3.61	3.38	3.22	3.10	3.01	2.93	2.87	2.77	2.67	2.56	2.50	2.44	2.38	2.32	2.26	2.19
19	5.92	4.51	3.90	3.56	3.33	3.17	3.05	2.96	2.88	2.82	2.72	2.62	2.51	2.45	2.39	2.33	2.27	2.20	2.13
20	5.87	4.46	3.86	3.51	3.29	3.13	3.01	2.91	2.84	2.77	2.68	2.57	2.46	2.41	2.35	2.29	2.22	2.16	2.09
21	5.83	4.42	3.82	3.48	3.25	3.09	2.97	2.87	2.80	2.73	2.64	2.53	2.42	2.37	2.31	2.25	2.18	2.11	2.04
22	5.79	4.38	3.78	3.44	3.22	3.05	2.93	2.84	2.76	2.70	2.60	2.50	2.39	2.33	2.27	2.21	2.14	2.08	2.00
23	5.75	4.35	3.75	3.41	3.18	3.02	2.90	2.81	2.73	2.67	2.57	2.47	2.36	2.30	2.24	2.18	2.11	2.04	1.97
24	5.72	4.32	3.72	3.38	3.15	2.99	2.87	2.78	2.70	2.64	2.54	2.44	2.33	2.27	2.21	2.15	2.08	2.01	1.94
25	5.69	4.29	3.69	3.35	3.13	2.97	2.85	2.75	2.68	2.61	2.51	2.41	2.30	2.24	2.18	2.12	2.05	1.98	1.91
26	5.66	4.27	3.67	3.33	3.10	2.94	2.82	2.73	2.65	2.59	2.49	2.39	2.28	2.22	2.16	2.09	2.03	1.95	1.88
27	5.63	4.24	3.65	3.31	3.08	2.92	2.80	2.71	2.63	2.57	2.47	2.36	2.25	2.19	2.13	2.07	2.00	1.93	1.85
28	5.61	4.22	3.63	3.29	3.06	2.90	2.78	2.69	2.61	2.55	2.45	2.34	2.23	2.17	2.11	2.05	1.98	1.91	1.83
29	5.59	4.20	3.61	3.27	3.04	2.88	2.76	2.67	2.59	2.53	2.43	2.32	2.21	2.15	2.09	2.03	1.96	1.89	1.81
30	5.57	4.18	3.59	3.25	3.03	2.87	2.75	2.65	2.57	2.51	2.41	2.31	2.20	2.14	2.07	2.01	1.94	1.87	1.79
40	5.42	4.05	3.46	3.13	2.90	2.74	2.62	2.53	2.45	2.39	2.29	2.18	2.07	2.01	1.94	1.88	1.80	1.72	1.64
60	5.29	3.93	3.34	3.01	2.79	2.63	2.51	2.41	2.33	2.27	2.17	2.06	1.94	1.88	1.82	1.74	1.67	1.58	1.48
120	5.15	3.80	3.23	2.89	2.67	2.52	2.39	2.30	2.22	2.16	2.05	1.94	1.82	1.76	1.69	1.61	1.53	1.43	1.31
∞	5.02	3.69	3.12	2.79	2.57	2.41	2.29	2.19	2.11	2.05	1.94	1.83	1.71	1.64	1.57	1.48	1.39	1.27	1.00

续表

$\alpha = 0.01$

n_2 \ n_1	1	2	3	4	5	6	7	8	9	10	12	15	20	24	30	40	60	120	∞
1	4 025	4 999.5	5 403	5 625	5 764	5 859	5 928	5 982	6 022	6 056	6 106	6 157	6 209	6 235	6 261	6 287	6 313	6 339	6 366
2	98.50	99.00	99.17	99.25	99.30	99.33	99.36	99.37	99.39	99.40	99.42	99.43	99.45	99.46	99.47	99.47	99.48	99.49	99.50
3	34.12	30.82	29.46	28.71	28.24	27.91	27.67	27.49	27.35	27.23	27.05	26.87	26.69	26.60	26.50	26.41	26.32	26.22	26.13
4	21.20	18.00	16.96	15.98	15.52	15.21	14.98	14.80	14.66	14.55	14.37	14.20	14.02	13.93	13.84	13.75	13.65	13.56	13.46
5	16.26	13.27	12.06	11.39	10.97	10.67	10.46	10.29	10.16	10.05	9.89	9.72	9.55	9.47	9.38	9.29	9.20	9.11	9.02
6	13.75	10.92	9.78	9.15	8.75	8.47	8.26	8.10	7.98	7.87	7.72	7.56	7.40	7.31	7.23	7.14	7.06	6.97	6.88
7	12.25	9.55	8.45	7.85	7.46	7.19	6.99	6.84	6.72	6.62	6.47	6.31	6.16	6.07	5.99	5.91	5.82	5.74	5.65
8	11.26	8.65	7.59	7.01	6.63	6.37	6.18	6.03	5.91	5.81	5.67	5.52	5.36	5.28	5.20	5.12	5.03	4.95	4.86
9	10.56	8.02	6.99	6.42	6.06	5.80	5.61	5.47	5.35	5.26	5.11	4.96	4.81	4.73	4.65	4.57	4.48	4.40	4.31
10	10.04	7.56	6.55	5.99	5.64	5.39	5.20	5.06	4.94	4.85	4.71	4.56	4.41	4.33	4.25	4.17	4.08	4.00	3.91
11	9.65	7.21	6.22	5.67	5.32	5.07	4.89	4.47	4.63	4.54	4.40	4.25	4.10	4.02	3.94	3.86	4.78	3.69	3.60
12	9.33	6.93	5.95	5.41	5.06	4.82	4.64	4.50	4.39	4.30	4.16	4.01	3.86	3.78	3.70	3.62	3.54	3.45	3.36
13	9.07	6.70	5.74	5.21	4.86	4.62	4.44	4.30	4.19	4.10	3.96	3.82	3.66	3.59	3.51	3.43	3.34	3.25	3.17
14	8.86	6.51	5.56	5.04	4.69	4.46	4.28	4.14	4.03	3.94	3.80	3.66	3.51	3.43	3.35	3.27	3.18	3.09	3.00
15	8.68	6.36	5.42	4.89	4.56	4.32	4.14	4.00	3.89	3.80	3.67	3.52	3.37	3.29	3.21	3.13	3.05	2.96	2.87
16	8.53	6.23	5.29	4.77	4.44	4.20	4.03	3.89	3.78	3.69	3.55	3.41	3.26	3.18	3.10	3.02	2.93	2.84	2.75
17	8.40	6.11	5.18	4.67	4.34	4.10	3.93	3.79	3.68	3.59	3.46	3.31	3.16	3.08	3.00	2.92	2.83	2.75	2.65
18	8.29	6.01	5.09	4.58	4.25	4.01	3.84	3.71	3.60	3.51	3.37	3.23	3.08	3.00	2.92	2.84	2.75	2.66	2.57
19	8.18	5.93	5.01	4.50	4.17	3.94	3.77	3.63	3.52	3.43	3.30	3.15	3.00	2.92	2.84	2.76	2.67	2.58	2.49
20	8.10	5.85	4.94	4.43	4.10	3.87	3.70	3.56	3.46	3.37	3.23	3.09	2.94	2.86	2.78	2.69	2.61	2.52	2.42
21	8.02	5.78	4.87	4.37	4.04	3.81	3.64	3.51	3.40	3.31	3.17	3.03	2.88	2.80	2.72	2.64	2.55	2.46	2.36
22	7.95	5.72	4.82	4.31	3.99	3.76	3.59	3.45	3.35	3.26	3.12	2.98	2.83	2.75	2.67	2.58	2.50	2.40	2.31
23	7.88	5.66	4.76	4.26	3.94	3.71	3.54	3.41	3.30	3.21	3.07	2.93	2.78	2.70	2.62	2.54	2.45	2.35	2.26
24	7.82	5.61	4.72	4.22	3.90	3.67	3.50	3.36	3.26	3.17	3.03	2.89	2.74	2.66	2.58	2.49	2.40	2.31	2.21
25	7.77	5.57	4.68	4.18	3.85	3.63	3.46	3.32	3.22	3.13	2.99	2.85	2.70	2.62	2.54	2.45	2.36	2.27	2.17
26	7.72	5.53	4.64	4.14	3.82	3.59	3.42	3.29	3.18	3.09	2.96	2.81	2.66	2.58	2.50	2.42	2.33	2.23	2.13
27	7.68	5.49	4.60	4.11	3.78	3.56	3.39	3.26	3.15	3.06	2.93	2.78	2.63	2.55	2.47	2.38	2.29	2.20	2.10
28	7.64	5.45	4.57	4.07	3.75	3.53	3.36	3.23	3.12	3.03	2.90	2.75	2.60	2.52	2.44	2.35	2.26	2.17	2.06
29	7.60	5.42	4.54	4.04	3.73	3.50	3.33	3.20	3.09	3.00	2.87	2.73	2.57	2.49	2.41	2.33	2.23	2.14	2.03
30	7.56	5.39	4.51	4.02	3.70	3.47	3.30	3.17	3.07	2.98	2.84	2.70	2.55	2.47	2.39	2.30	2.21	2.11	2.01
40	7.31	5.18	4.31	3.83	3.51	3.29	3.12	2.99	2.89	2.80	2.66	2.52	2.37	2.29	2.20	2.11	2.02	1.92	1.80
60	7.08	4.98	4.13	3.65	3.34	3.12	2.95	2.82	2.72	2.63	2.50	2.35	2.20	2.12	2.03	1.94	1.84	1.73	1.60
120	6.85	4.79	3.95	3.48	3.17	2.96	2.79	2.66	2.56	2.47	2.34	2.19	2.03	1.95	1.86	1.76	1.66	1.53	1.38
∞	6.63	4.61	3.78	3.32	3.02	2.80	2.64	2.51	2.41	2.32	2.18	2.04	1.88	1.79	1.70	1.59	1.47	1.32	1.00

续表

$\alpha = 0.005$

n_2 \ n_1	1	2	3	4	5	6	7	8	9	10	12	15	20	24	30	40	60	120	∞
1	16 211	20 000	21 615	22 500	23 056	23 437	23 715	23 925	24 091	24 224	24 426	24 630	24 836	24 940	25 044	22 148	25 253	25 359	25 465
2	198.5	199.0	199.2	199.2	199.3	199.3	199.4	199.4	199.4	199.4	199.4	199.4	199.4	199.5	199.5	199.5	199.5	199.5	199.5
3	55.55	49.80	47.47	46.19	45.39	44.84	44.43	44.13	43.88	43.69	43.39	43.08	42.78	42.62	42.47	42.31	42.15	41.99	41.83
4	31.33	26.28	24.26	23.15	22.46	21.97	21.62	21.35	21.14	20.97	20.70	20.44	20.17	20.03	19.89	19.75	19.61	19.47	19.32
5	22.78	18.31	16.53	15.56	14.94	14.51	14.20	13.96	13.77	13.62	13.38	13.15	12.90	12.78	12.66	12.53	12.40	12.27	12.14
6	18.63	14.54	12.92	12.03	11.46	11.07	10.79	10.57	10.39	10.25	10.03	9.81	9.59	9.47	9.36	9.24	9.12	9.00	8.88
7	16.24	12.40	10.88	10.05	9.52	9.16	8.89	8.68	8.51	8.38	8.18	7.97	7.75	7.65	7.53	7.42	7.31	7.19	7.08
8	14.69	11.04	9.60	8.81	8.30	7.95	7.69	7.50	7.34	7.21	7.01	6.81	6.61	6.50	6.40	6.29	6.18	6.06	5.95
9	13.61	10.11	8.72	7.96	7.47	7.13	6.88	6.69	6.54	6.42	6.23	6.03	5.83	5.73	5.62	5.52	5.41	5.30	5.19
10	12.83	9.43	8.08	7.34	6.87	6.54	6.30	6.12	5.97	5.85	5.66	5.47	5.27	5.17	5.07	4.97	4.86	4.75	4.64
11	12.23	8.91	7.60	6.88	6.42	6.10	5.86	5.68	5.54	5.42	5.24	5.05	4.86	4.76	4.65	4.55	4.44	4.34	4.23
12	11.75	8.51	7.23	6.52	6.07	5.76	5.52	5.35	5.20	5.09	4.91	4.72	4.53	4.43	4.33	4.23	4.12	4.01	3.90
13	11.37	8.19	6.93	6.23	5.79	5.48	5.25	5.08	4.94	4.82	4.64	4.46	4.27	4.17	4.07	3.97	3.87	3.76	3.65
14	11.06	7.92	6.68	6.00	5.56	5.26	5.03	4.86	4.72	4.60	4.43	4.25	4.06	3.96	3.86	3.76	3.66	3.55	3.44
15	10.80	7.70	6.48	5.80	5.37	5.07	4.85	4.67	4.54	4.42	4.25	4.07	3.88	3.79	3.69	3.58	3.48	3.37	3.26
16	10.58	7.51	6.30	5.64	5.21	4.91	4.69	4.52	4.38	4.27	4.10	3.92	3.73	3.64	3.54	3.44	3.33	3.22	3.11
17	10.38	7.35	6.16	5.50	5.07	4.78	4.56	4.39	4.25	4.14	3.97	3.79	3.61	3.51	3.41	3.31	3.21	3.10	2.98
18	10.22	7.21	6.03	5.37	4.96	4.66	4.44	4.28	4.14	4.03	3.86	3.68	3.50	3.40	3.30	3.20	3.10	2.99	2.87
19	10.07	7.09	5.92	5.27	4.85	4.56	4.34	4.18	4.04	3.93	3.76	3.59	3.40	3.31	3.21	3.11	3.00	2.89	2.78
20	9.94	6.99	5.82	5.17	4.76	4.47	4.26	4.09	3.96	3.85	3.68	3.50	3.32	3.22	3.12	3.02	2.92	2.81	2.69
21	9.83	6.89	5.73	5.09	4.68	4.39	4.18	4.01	3.88	3.77	3.60	3.43	3.24	3.15	3.05	2.95	2.84	2.73	2.61
22	9.73	6.81	5.65	5.02	4.61	4.32	4.11	3.94	3.81	3.70	3.54	3.36	3.18	3.08	2.98	2.88	2.77	2.66	2.55
23	9.63	6.73	5.58	4.95	4.54	4.26	4.05	3.88	3.75	3.64	3.47	3.30	3.12	3.02	2.92	2.82	2.71	2.60	2.48
24	9.55	6.66	5.52	4.89	4.49	4.20	3.99	3.83	3.69	3.59	3.42	3.25	3.06	2.97	2.87	2.77	2.66	2.55	2.43
25	9.48	6.60	5.46	4.84	4.43	4.15	3.94	3.78	3.64	3.54	3.37	3.20	3.01	2.92	2.82	2.72	2.61	2.50	2.38
26	9.41	6.54	5.41	4.79	4.38	4.10	3.89	3.73	3.60	3.49	3.33	3.15	2.97	2.87	2.77	2.67	2.56	2.45	2.33
27	9.34	6.49	5.36	4.74	4.34	4.06	3.85	3.69	3.56	3.45	3.28	3.11	2.93	2.83	2.73	2.63	2.52	2.41	2.29
28	9.28	6.44	5.32	4.70	4.30	4.02	3.81	3.65	3.52	3.41	3.25	3.07	2.89	2.79	2.69	2.59	2.48	2.37	2.25
29	9.23	6.40	5.28	4.66	4.26	3.98	3.77	3.61	3.48	3.38	3.21	3.04	2.86	2.76	2.66	2.56	2.45	2.33	2.21
30	9.18	6.35	5.24	4.62	4.23	3.95	3.74	3.58	3.45	3.34	3.18	3.01	2.82	2.73	2.63	2.52	2.42	2.30	2.18
40	8.83	6.07	4.98	4.37	3.99	3.71	3.51	3.35	3.22	3.12	2.95	2.78	2.60	2.50	2.40	2.30	2.18	2.06	1.93
60	8.49	5.79	4.73	4.14	3.76	3.49	3.29	3.13	3.01	2.90	2.74	2.57	2.39	2.29	2.19	2.08	1.96	1.83	1.69
120	8.18	5.54	4.50	3.92	3.55	3.28	3.09	2.93	2.81	2.71	2.54	2.37	2.19	2.09	1.98	1.87	1.75	1.61	1.43
∞	7.88	5.30	4.28	3.72	3.35	3.09	2.90	2.74	2.62	2.52	2.36	2.29	2.00	1.90	1.79	1.67	1.53	1.36	1.00

参考答案

习题一

1.1 (1) $\Omega=\{(正,正),(正,反)(反,正)(反,反)\}$.

(2) $\Omega=\{3,4,5,6,7,8,9\}$.

(3) ① $\Omega=\{(1,2),(1,3),(2,1),(2,3),(3,1),(3,2)\}$;

② $\Omega=\{(1,1)(1,2),(1,3),(2,1),(2,2),(2,3),(3,1),(3,2),(3,3)\}$;

③ $\Omega=\{(1,2),(1,3),(2,3)\}$.

1.2 (1) $A\overline{B}\overline{C}$;(2) $\overline{A}\overline{B}\overline{C}$; (3) $\overline{A}(B\cup C)$;(4) $A\cup B\cup C$;(5) $\overline{AB}\cup\overline{BC}\cup\overline{CA}$.

1.3 样本点 ω_i 表示"出现 i 点",$i=1,2,\cdots,6$.

$\overline{A}=\{\omega_1,\omega_3,\omega_5\}$,表示"出现奇数点".$\overline{B}=\{\omega_1,\omega_2,\omega_4,\omega_5\}$,表示"出现的点数不能被 3 整除".

$A\cup B=\{\omega_2,\omega_3,\omega_4,\omega_6\}$,表示"出现的点数能被 2 或 3 整除".

$\overline{A\cup B}=\{\omega_1,\omega_5\}$,表示"出现的点数既不能被 2 整除也不能被 3 整除".

$AB=\{\omega_6\}$,表示"出现的点数能被 6 整除".

1.4 0.037.

1.5 (1) 0.277 8;(2) 0.555 6;(3) 0.092 6;(4) 0.004 6.

1.6 0.74.

1.7 0.276.

1.8 $\dfrac{2^n n!}{(2n)!}$.

1.9 0.625.

1.10 0.067.

1.11 $\dfrac{5}{6}$.

1.12 $\dfrac{2}{3}$.

1.13 0.035.

1.14 0.85.

1.15 0.992.

1.16 0.03.

1.17 $\dfrac{29}{90}$.

1.18 (1) 0.087 1; (2) 0.999 8.

1.19 0.902.

1.20 略.

1.21 $\frac{8}{45}$.

1.22 0.005 5.

1.23 (1) 0.36;(2) 0.91.

1.24 0.321.

1.25 0.6.

习题二

2.1

X	0	1
p	$\frac{2}{5}$	$\frac{3}{5}$

2.2

X	0	1	2	3	4	5
p	$\frac{C_{95}^{20}}{C_{100}^{20}}$	$\frac{C_{95}^{19}C_5^1}{C_{100}^{20}}$	$\frac{C_{95}^{18}C_5^2}{C_{100}^{20}}$	$\frac{C_{95}^{17}C_5^3}{C_{100}^{20}}$	$\frac{C_{95}^{16}C_5^4}{C_{100}^{20}}$	$\frac{C_5^5C_{95}^{15}}{C_{100}^{20}}$

2.3

X	1	2	3	4
p	$\frac{10}{13}$	$\frac{33}{169}$	$\frac{72}{2\,197}$	$\frac{6}{2\,197}$

$$F(x)=P(X\leqslant x)=\begin{cases}0 & x<1\\ \frac{10}{13} & 1\leqslant x<2\\ \frac{163}{169} & 2\leqslant x<3.\\ \frac{2\,191}{2\,197} & 3\leqslant x<4\\ 1 & x\geqslant 4\end{cases}$$

2.4 $F(x)=P(X\leqslant x)=\begin{cases}0 & x<1\\ \frac{2}{5} & 1\leqslant x<2.\\ 1 & x\geqslant 2\end{cases}$

2.5 $a=\mathrm{e}^{-\lambda}$.

2.6

X	1	2	3	4
p	$\frac{4}{7}$	$\frac{12}{42}$	$\frac{24}{210}$	$\frac{6}{210}$

2.7 $P(X\geqslant 2)=0.997$.

2.8 $\frac{2}{3}\mathrm{e}^{-2}$.

2.9

X	0	1	2	3	4	5	6
p	0.262 1	0.393 2	0.245 8	0.081 9	0.051 4	0.001 5	0.000 1

2.10

X	0	1	2
p	$\frac{1}{4}$	$\frac{1}{2}$	$\frac{1}{4}$

2.11

X	1	2	3	4	5
p	0.9	0.09	0.009	0.000 9	0.000 1

2.12 (1) $F(x)=\begin{cases}0 & x<0\\ \frac{1}{4} & 0\leqslant x<1\\ \frac{3}{4} & 1\leqslant x<2\\ 1 & x\geqslant 2\end{cases}$；(2) $\frac{3}{4}$；(3) $\frac{3}{4}$.

2.13

X	0	1
p	$\frac{1}{3}$	$\frac{2}{3}$

2.14 (1) $X\sim B(4,0.8)$；(2) $P(X\geqslant 1)=0.998\ 4$.

2.15 (1) $C_{10}^{3}(0.7)^{3}(0.3)^{7}$；(2) $\sum_{i=3}^{10}C_{10}^{i}(0.7)^{i}(0.3)^{10-i}$.

2.16 (1) 0.072 9；(2) 0.409 5.

2.17 (1) $\frac{4^{8}}{8!}e^{-4}$；(2) $1-13e^{-4}$.

2.18 $n\geqslant 299$.

2.19 $a=\frac{1}{\sqrt{\pi}}e^{-\frac{1}{4}}$.

2.20 (1) $\frac{2}{\pi}$；(2) $\frac{1}{6}$；(3) $\frac{2}{\pi}\arctan e^{x}\ (-\infty<x<+\infty)$.

2.21 (1) $A=\frac{1}{2},B=\frac{1}{\pi}$；(2) $\frac{1}{2}$；(3) $f(x)=\frac{1}{\pi}\cdot\frac{1}{1+x^{2}}(-\infty<x<+\infty)$.

2.22 $F(x)=\begin{cases}0 & x<0\\ \frac{1}{2}x^{2} & 0\leqslant x<1\\ -\frac{1}{2}x^{2}+2x-1 & 1\leqslant x<2\\ 1 & x\geqslant 2\end{cases}$.

2.23 $\theta=2$.

2.24 (1) $\frac{1}{2}$；(2) $1-e^{-1}$；(3) $F(x)=\begin{cases}\frac{1}{2}e^{x} & x<0\\ 1-\frac{1}{2}e^{-x} & x\geqslant 0\end{cases}$.

2.25 (1) $F(x)=\begin{cases}0 & x<0\\ 4x^{3}-6x^{2}+3x & 0\leqslant x<1\\ 1 & x\geqslant 1\end{cases}$；(2) 0.392；(3) 0.256.

2.26 (1) $\frac{1}{2}$;(2) $\frac{\sqrt{2}}{4}$.

2.27 (1) A=1;(2) $f(x)=\begin{cases}2x & 0<x<1\\ 0 & \text{其他}\end{cases}$;(3) 0.4.

2.28 $f(x)=\begin{cases}10\,000 & -0.000\,05\leqslant x\leqslant 0.000\,05\\ 0 & \text{其他}\end{cases}$.

2.29 $f_Y(y)=\begin{cases}\dfrac{1}{\sqrt{\pi y}} & \dfrac{25}{4}\pi\leqslant y\leqslant 9\pi\\ 0 & \text{其他}\end{cases}$.

2.30 0.990 6;0.107 5;0.876 4.

2.31 0.532 8;1;0.977 2.

2.32 (1) 0.927 0;(2) $d=3.29$.

2.33 0.866 5.

2.34 15.9%;7%.

2.35 0.923 6;[242.25,357.75].

2.36 0.673 5.

2.37 $f_Y(y)=\dfrac{1}{\sqrt{2\pi}b\sigma}e^{-\frac{(y-a-b\mu)^2}{2b^2\sigma^2}}$.

2.38

Y	2	5	10	17
p	0.2	0.5	0.1	0.2

2.39 $f_Y(y)=\begin{cases}\dfrac{1}{4} & 0\leqslant y\leqslant 4\\ 0 & \text{其他}\end{cases}$.

2.40 $-\dfrac{1}{a}f\left(\dfrac{y-b}{a}\right)$.

习题三

3.1

X_1 \ X_2	0	1	2
0	$\frac{4}{16}$	$\frac{4}{16}$	$\frac{1}{16}$
1	$\frac{4}{16}$	$\frac{2}{16}$	0
2	$\frac{1}{16}$	0	0

3.2

X_1 \ X_2	0	1	2
0	0	$\frac{2}{15}$	$\frac{1}{15}$
1	$\frac{3}{15}$	$\frac{6}{15}$	0
2	$\frac{3}{15}$	0	0

3.3

Y \ X	0	1	2	3
1	0	$\frac{3}{8}$	$\frac{3}{8}$	0
3	$\frac{1}{8}$	0	0	$\frac{1}{8}$

3.4 (1) $k=12$;(2) 0.949 9.

3.5. (1) $A=6$;(2) 0.983; (3) $F(x,y)=\begin{cases}(1-e^{-2x})(1-e^{-3y}) & x>0,y>0\\ 0 & \text{其他}\end{cases}$.

3.6 (1) $f(x,y)=\dfrac{6}{\pi^2(4+x^2)(9+y^2)}$;(2) $\dfrac{3}{16}$.

3.7 (1) $c=1$;(2) $\left(1-\dfrac{1}{e}\right)^2$.

3.8 $f(x,y)=\begin{cases}\dfrac{1}{\pi ab} & (x,y)\in D\\ 0 & \text{其他}\end{cases}$.

3.9 $P(X<Y)=0.5$.

3.10 $P(X+Y\geqslant 1)=\dfrac{65}{72}$.

3.11 (1) $f(x,y)=\begin{cases}25e^{-5y} & 0\leqslant x\leqslant 0.2,y>0\\ 0 & \text{其他}\end{cases}$;(2) 0.367 9.

3.12 (1) $A=20$;(2) $F(x,y)=\left(\dfrac{1}{\pi}\arctan\dfrac{x}{4}+\dfrac{1}{2}\right)\left(\dfrac{1}{\pi}\arctan\dfrac{y}{5}+\dfrac{1}{2}\right)$.

3.13

X_1	0	1	2
p	$\frac{9}{16}$	$\frac{6}{16}$	$\frac{1}{16}$

X_2	0	1	2
p	$\frac{9}{16}$	$\frac{6}{16}$	$\frac{1}{16}$

3.14

X	0	1
p	$\frac{11}{21}$	$\frac{10}{21}$

Y	0	1
p	$\frac{14}{21}$	$\frac{7}{21}$

3.15 (1)

X \ Y	1	2	3
0	$\frac{1}{10}$	$\frac{2}{10}$	$\frac{1}{10}$
1	$\frac{3}{10}$	$\frac{1}{10}$	$\frac{2}{10}$

(2) $P(X=0|Y\neq 1)=\dfrac{1}{2}$, $P(X=1|Y\neq 1)=\dfrac{1}{2}$.

3.16 (1) $A=6$;

(2) $f_X(x)=\begin{cases}2e^{-2x} & x>0\\ 0 & x\leqslant 0\end{cases}$, $f_Y(y)=\begin{cases}3e^{-3y} & y>0\\ 0 & y\leqslant 0\end{cases}$;

3.17 (1) $f(x,y)=\begin{cases}\dfrac{1}{\pi a^2} & x^2+y^2\leqslant a^2\\ 0 & \text{其他}\end{cases}$.

(2) $f_X(x)=\begin{cases}\dfrac{2}{\pi a^2}\sqrt{a^2-x^2} & -a\leqslant x\leqslant a\\ 0 & \text{其他}\end{cases}$, $f_Y(y)=\begin{cases}\dfrac{2}{\pi a^2}\sqrt{a^2-y^2} & -a\leqslant y\leqslant a\\ 0 & \text{其他}\end{cases}$.

(3) $f_{X/Y}\left(\dfrac{x}{y}\right)=\dfrac{f(x,y)}{f_Y(y)}=\begin{cases}\dfrac{1}{2\sqrt{a^2-y^2}} & -\sqrt{a^2-y^2}\leqslant x\leqslant\sqrt{a^2-y^2}\\ 0 & \text{其他}\end{cases}$;

$f_{Y/X}\left(\dfrac{y}{x}\right)=\dfrac{f(x,y)}{f_X(x)}=\begin{cases}\dfrac{1}{2\sqrt{a^2-x^2}} & -\sqrt{a^2-x^2}\leqslant y\leqslant\sqrt{a^2-x^2}\\ 0 & \text{其他}\end{cases}$.

3.18 $f_X(x)=\begin{cases}2x & 0\leqslant x\leqslant 1\\ 0 & \text{其他}\end{cases}$, $f_Y(y)=\begin{cases}1+y & -1\leqslant y<0\\ 1-y & 0\leqslant y\leqslant 1\\ 0 & \text{其他}\end{cases}$.

3.19 (1) $f_X(x)=\begin{cases}2(1-x) & 0\leqslant x\leqslant 1\\ 0 & \text{其他}\end{cases}$, $f_Y(y)=\begin{cases}2(1-y) & 0\leqslant y\leqslant 1\\ 0 & \text{其他}\end{cases}$;

(2) 不独立.

3.20 (1) $f_X(x)=\begin{cases}2x\mathrm{e}^{-x^2} & x\geqslant 0\\ 0 & x<0\end{cases}$, $f_Y(y)=\begin{cases}2y\mathrm{e}^{-y^2} & y>0\\ 0 & y\leqslant 0\end{cases}$;

(2) 相互独立.

3.21 不独立.

3.22 不独立.

3.23 独立.

3.24 略.

3.25 $f(x,y)=\begin{cases}\mathrm{e}^{-y} & 0\leqslant x\leqslant 1, y>0\\ 0 & \text{其他}\end{cases}$.

3.26

U	1	2	3
p	0.2	0.5	0.3

V	0	1
p	0.5	0.5

X+Y	1	2	3	4
p	0.2	0.2	0.4	0.2

3.27 $f_Z(z)=\begin{cases}\mathrm{e}^{-\frac{z}{3}}(1-\mathrm{e}^{-\frac{z}{6}}) & z>0\\ 0 & \text{其他}\end{cases}$.

3.28 $f_Z(z)=\begin{cases}\dfrac{1}{2\sigma^2}\mathrm{e}^{-\frac{z}{2\sigma^2}} & z>0\\ 0 & z\leqslant 0\end{cases}$.

3.29 $f_Z(z)=\begin{cases}\frac{3}{2}(1-z^2) & 0\leqslant z\leqslant 1\\ 0 & \text{其他}\end{cases}$.

3.30 $F_Z(z)=\begin{cases}1-(1+z)e^{-z} & z\geqslant 0\\ 0 & z<0\end{cases}$, $f_Z(z)=\begin{cases}ze^{-z} & z\geqslant 0\\ 0 & z<0\end{cases}$.

习题四

4.1 $\frac{1}{3},\frac{2}{3},\frac{35}{24}$.

4.2 0.4;0.1;0.5.

4.3 $\frac{1}{3}$.

4.4 2;$\frac{1}{3}$.

4.5 $\frac{\pi}{24}(a+b)(a^2+b^2)$.

4.6 1, $\frac{1}{4}$.

4.7 $n\left[1-\left(\frac{n-1}{n}\right)^m\right]$.

4.8 $\sum_{i=1}^{n}p_i$.

4.9 $0.8n$;$0.36n$.

4.10 $\frac{n+1}{2}$;$\frac{n^2-1}{12}$.

4.11 4,19$\frac{1}{3}$.

4.12 0;$\frac{1}{2}$.

4.13 $a^2\sigma_1^2+b^2\sigma_2^2,a(\mu^2+\sigma_1^2)-b(\mu^2+\sigma_2^2)$.

4.14 $f_Z(z)=\frac{1}{\sqrt{20\pi}}e^{-\frac{(z-4)^2}{20}}$.

4.15 42;35.

4.16 0.7;0.6;0.21;0.24;−0.02;−0.09.

4.17 $\frac{7}{6}$;$\frac{7}{6}$;$\frac{11}{36}$;$\frac{11}{36}$;$-\frac{1}{36}$;$-\frac{1}{11}$.

4.18 2.

4.19 85;37.

4.20 1.

4.21 $\frac{a^2-b^2}{a^2+b^2}$.

4.22 $k!\ \theta^k$.

习题五

5.1 $n\geqslant 32\ 000$.

5.2 略.
5.3 略.
5.4 190.
5.5 0.997 4.
5.6 9.
5.7 0.56.
5.8 (1) 0.806;(2) 52.

习题六

6.1 20.25; 1.165.

6.2 (1) $\overline{X} \sim N\left(10, \frac{3}{2}\right)$;(2) 0.206 1.

6.3 0.95.

6.4 (1) 3.325;(2) 2.088;(3) 27.488;(4) 6.262.

6.5 (1) 2.228;(2) 1.812;(3) 2.228;(4) −2.764.

6.6 (1) 3.23;(2) $\frac{1}{3.39}$;(3) $\frac{1}{2.85}$; (4) 2.06.

6.7 (1) $f(x_1, x_2, \cdots, x_6) = \begin{cases} \theta^{-6} & 0 < x_1, x_2, \cdots, x_6 < \theta \\ 0 & \text{其他} \end{cases}$;

(2) T_1, T_4 是,T_2, T_3 不是.

6.8 (1) $c=1$;自由度为 2;(2) $d=\frac{\sqrt{6}}{2}$,自由度为 3.

6.9 $a=\frac{1}{20}, b=\frac{1}{100}$ 自由度为 2.

6.10 $Y \sim F(10,5)$.

习题七

7.1 (1) 矩估计值 $\hat{p} = \frac{1}{n}\sum_{i=1}^{n} x_i = \overline{x}$;(2) 最大似然估计值为 $\hat{p} = \frac{1}{n}\sum_{i=1}^{n} x_i = \overline{x}$.

7.2 $\hat{r}=83$.

7.3 (1) 矩估计值 $\hat{p}=\frac{1}{\overline{x}}$;(2) 最大似然估计值 $\hat{p} = \frac{n}{\sum_{i=1}^{n} x_i} = \frac{1}{\overline{x}}$.

7.4 (1) 矩估计量为 $\hat{\theta}=2\overline{X}$;(2) 最大似然估计量 $\hat{\theta}=\max(X_1, X_2, \cdots, X_n)$.

7.5 矩估计量 $\hat{\theta} = \frac{24 - \sum_{i=1}^{8} X_i}{32}$,矩估计值 $\hat{\theta} = \frac{24 - \sum_{i=1}^{8} x_i}{32} = \frac{1}{4}$;

最大似然估计值 $\hat{\theta}=\frac{7-\sqrt{13}}{12} \approx 0.282\ 9$.

7.6 矩估计值为 $\hat{\theta}=\frac{\overline{x}}{1-\overline{x}}$;最大似然估计值为 $\hat{\theta} = -\frac{n}{\sum_{i=1}^{n} \ln x_i}$.

7.7 (1) μ 的最大似然估计值为 $\hat{\mu}=\min(x_1, x_2, \cdots, x_n)$;

(2) λ 的矩估计为 $\hat{\lambda}=\frac{1}{\overline{X}-\mu}$.

7.8 最大似然估计值 $\hat{\lambda}=n/\sum_{i=1}^{n}x_i^{\alpha}$，最大似然估计量 $\hat{\lambda}=n/\sum_{i=1}^{n}X_i^{\alpha}$.

7.9 提示：$X_1,X_2,\cdots,X_n$ 相互独立，且与总体 X 同分布，

$E(X_i^2)=D(X_i)+(E(X_i))^2=\sigma^2+\mu^2,i=1,2,\cdots,n.$

$$E(\hat{\sigma}^2)=E\left(\frac{1}{n}\sum_{i=1}^{n}(X_i-\mu)^2\right)=\sigma^2.$$

7.10 是无偏估计. 提示：设 $Y=X-1,Y\sim N(0,\sigma^2)$. 因为 $E|X-1|=E|Y|=\sqrt{\frac{2}{\pi}}\sigma$，$E\left(\frac{1}{n}\sqrt{\frac{\pi}{2}}\sum_{i=1}^{n}|X_i-1|\right)=\sigma^2$.

7.11 $k=\frac{1}{2(n-1)}$.

7.12 $\overline{X}_{n+1}$最有效.

7.13 $\hat{\mu}_1,\hat{\mu}_2$ 均是 μ 的无偏估计量，$\hat{\mu}_1$ 比 $\hat{\mu}_2$ 更为有效.

7.14 $an+bm=1;a=4b,b=\frac{1}{m+4n}$时，$T$ 最有效.

7.15 (1) (2.121,2.129)；(2) (2.118,2.133).

7.16 $n\geqslant\frac{4\sigma_0{}^2u_{\alpha/2}^2}{L^2}$.

7.17 至少应抽查 171 名.

7.18 (169.562,170.438).

7.19 (2.734,19.26).

7.20 (0.084,0.161).

7.21 (1) (−0.018,0.318)；(2) (−0.044,0.344).

7.22 (1) (0.257,2.819)；(2) (0.227,2.966).

7.23 (1) 14.98 kh；(2) 0.630.

7.24* (4.804,5.196).

习题八

8.1 可以认为该日切割机生产的金属棒长度的均值是正常的.

8.2 有显著差异.

8.3 认为平均切断力不等于 8 kg.

8.4 认为这批元件不合格.

8.5 $T=\frac{\overline{X}\sqrt{n(n-1)}}{Q}$.

8.6 可以认为每包化肥的平均质量为 50 kg.

8.7 新产品的抗拉强度比老产品有明显提高.

8.8 认为溶液水分含量低于 0.5%，不合格.

8.9 认为该日生产的铜丝的折断力方差是 $40^2(\text{N}^2)$.

8.10 认为这批电池的寿命的波动性较以往有显著的变化.

8.11 认为该日的维尼纶方差不正常，显著变大了.

8.12 认为性别对 7 岁儿童的身高有显著影响.

8.13 认为两种香烟的尼古丁含量无显著差异.

8.14 认为两批红砖的抗折强度的方差无显著差异.

8.15 (1) 认为假设 $H_0:\sigma_1^2=\sigma_2^2$ 成立,可以用 t 检验比较 X 和 Y 的数学期望 μ_1 和 μ_2.(2) 肥料提高产量的效力显著.

8.16 可以认为该段公路上每 15 秒内通过的汽车辆数 X 服从泊松分布 $P(1.8)$.

习题九

9.1 总体均值 μ 的置信水平为 0.9 的置信区间为(1 064.9,1 255.1).

9.2 (1) 裤长与身高的关系为:$y=4.953\ 5+0.608\ 5x$.

(2) $F=377.444\ 8>199.5$,回归方程显著有效.

参考文献

[1] 盛骤,谢式千、潘承毅.概率论与数理统计[M].第 4 版.北京:高等教育出版社,2008.

[2] 曹振华,赵平.概率论与数理统计[M].南京:东南大学出版社,2008.

[3] 沈恒范.概率论与数理统计教程[M].第 4 版.北京:高等教育出版社,2003.

[4] 李博纳.概率论与数理统计[M].北京:清华大学出版社,2006.

[5] 秋芳,金炳陶.概率论与数理统计[M].南京:东南大学出版社,2008.

[6] 刘坤.概率论与数理统计[M].南京:南京大学出版社,2009.

[7] 李子强.概率论与数理统计教程[M].北京:科学出版社,2011.

[8] 车荣强 .概率论与数理统计[M].上海:复旦大学出版社,2012.

[9] 司守奎,孙兆亮.数学建模算法与应用.第 2 版.北京:国防工业出版社,2017.